Florian Wolff

Konsistenzbasierte Fehlerdiagnose nichtlinearer Systeme mittels Zustandsmengenbeobachtung

Schriften des
Instituts für Regelungs- und Steuerungssysteme
Karlsruher Institut für Technologie

Band 09

Konsistenzbasierte Fehlerdiagnose nichtlinearer Systeme mittels Zustandsmengenbeobachtung

von
Florian Wolff

Dissertation, Karlsruher Institut für Technologie
Fakultät für Elektrotechnik und Informationstechnik, 2010

Impressum

Karlsruher Institut für Technologie (KIT)
KIT Scientific Publishing
Straße am Forum 2
D-76131 Karlsruhe
www.uvka.de

KIT – Universität des Landes Baden-Württemberg und nationales
Forschungszentrum in der Helmholtz-Gemeinschaft

KIT Scientific Publishing 2010
Print on Demand

ISSN 1862-6688
ISBN 978-3-86644-585-7

Konsistenzbasierte Fehlerdiagnose nichtlinearer Systeme mittels Zustandsmengenbeobachtung

Zur Erlangung des akademischen Grades eines

DOKTOR-INGENIEURS

von der Fakultät für Elektrotechnik und Informationstechnik
des Karlsruher Instituts für Technologie
genehmigte

DISSERTATION

von

Dipl.-Ing. Florian Wolff
geboren in Freudenstadt

Tag der mündlichen Prüfung: 19.10.2010

Hauptreferent: Prof. Dr.-Ing. Volker Krebs
Korreferent: Prof. Dr.-Ing. Jan Lunze

Karlsruhe, den 20.10.2010

Vorwort

Die vorliegende Arbeit entstand während meiner Tätigkeit als Wissenschaftlicher Mitarbeiter am Institut für Regelungs- und Steuerungssysteme des Karlsruher Instituts für Technologie. Mein besonderer Dank gilt dem Institutsleiter im Ruhestand und Hauptreferenten dieser Arbeit, Herrn Prof. Dr.-Ing. Volker Krebs, für seine Unterstützung, die notwendige Forschungsfreiheit und das mir entgegengebrachte Vertrauen.
Ebenso gilt mein Dank Herrn Prof. Dr.-Ing. Jan Lunze für die freundliche Übernahme des Korreferats sowie die konstruktiven Diskussionen und Hinweise.

Das positive Arbeitsklima am Institut hat wesentlich zum Gelingen dieser Arbeit beigetragen. Ich danke allen Kollegen und nicht zuletzt auch den Nicht-Wissenschaftlern dafür, dass sie mit ihrem ständigen Einsatz und der Bereitschaft zu fachlichen und alltäglichen Gesprächen zu diesem positiven Umfeld beigetragen haben.
Ein besonderer Dank geht an meine Mitstreiter aus dem zweiten Stock, Michael Buchholz und Dirk Feßler, für die unzähligen fachlichen und persönlichen Diskussionen, die gelegentlich notwendigen Aufmunterungen sowie für die kritische Durchsicht dieser Arbeit.
Außerdem danke ich allen von mir betreuten Studierenden, die mit ihren Studien- oder Diplomarbeiten zu dieser Arbeit beigetragen haben.

Weiterhin gilt mein Dank der Daimler AG für die finanzielle Unterstützung, ohne die diese Arbeit in dieser Form nicht möglich gewesen wäre. Außerdem bedanke ich mich bei den Daimler-Kollegen für die Zusammenarbeit und die zahlreichen eingebrachten praktischen Anwendungsaspekte.

Nicht zuletzt haben auch meine Familie und meine Freunde wesentlich zum Gelingen dieser Arbeit beigetragen, indem sie mir stets den nötigen Rückhalt gaben. An dieser Stelle einen herzlichen Dank dafür! Besonders meinen Eltern danke ich für ihre permanente Unterstützung und außerdem für die fleißige Suche nach Rechtschreibfehlern.
Schließlich geht mein ganz besonderer Dank an meine Frau Sandra und meinen Sohn Daniel, ohne deren Liebe und Verständnis diese Arbeit sicher nicht so gut gelungen wäre. Mit Eurer Hilfe konnte ich viele Dinge immer wieder aus einem anderen Blickwinkel betrachten und auch den ab und zu notwendigen Abstand zur Arbeit gewinnen. Ich danke Dir, Sandra, für deine Liebe, deine Unterstützung und natürlich

auch für die Korrektur der Rechtschreibfehler und Dir, Daniel, für den gnadenlosen „Verriss" meiner Arbeit und dafür, dass du mir zeigst, wie erfrischend es immer wieder ist, die Welt mit Kinderaugen zu betrachten.

Karlsruhe, den 20.10.2010   Florian Wolff

Der Hauptunterschied zwischen etwas,
was möglicherweise kaputtgehen könnte
und etwas, was unmöglich kaputtgehen kann,
besteht darin, dass sich bei allem,
was unmöglich kaputtgehen kann,
falls es doch kaputtgeht, normalerweise herausstellt,
dass es unmöglich zerlegt oder repariert werden kann.

Douglas Noël Adams (1952-2001),
britischer Schriftsteller

Meiner Familie

Inhaltsverzeichnis

1 Einleitung   **1**

2 Fehlerdiagnose dynamischer Systeme   **7**
  2.1 Grundbegriffe der Fehlerdiagnose 8
     2.1.1 Fehlerarten 8
     2.1.2 Aufgaben eines Diagnoseverfahrens 11
     2.1.3 Robustheit und Empfindlichkeit 13
  2.2 Diagnoseverfahren im Überblick 14
     2.2.1 Signalbasierte Verfahren 14
     2.2.2 Modellbasierte Verfahren 15
  2.3 Das Grundprinzip der konsistenzbasierten Fehlerdiagnose 18
  2.4 Verwandte Arbeiten in der Literatur 21
  2.5 Unsicherheitsbehaftete Systeme im Zustandsraum 23

3 Lösungseinschließung gewöhnlicher Differenzialgleichungssysteme   **29**
  3.1 Berechnungen mit Mengen reeller Zahlen 31
     3.1.1 Intervallarithmetik 31
     3.1.2 Taylor-Modelle 38
  3.2 Intervall-Hermite-Obreschkoff-Verfahren (IHO-Verfahren) 49
     3.2.1 Validierung 52
     3.2.2 Enge Einschließung der Lösung 55
  3.3 Lösungseinschließung mit Taylor-Modellen (TM-Verfahren) 63
     3.3.1 Berechnung der Lösungseinschließung 67
     3.3.2 Präkonditionierung 71
  3.4 Vergleich der Verfahren 76

4 Zustandsmengenbeobachtung nichtlinearer Systeme   **81**
  4.1 Ablauf der Zustandsmengenbeobachtung 82
  4.2 Beobachter auf Basis des IHO-Verfahrens (IHO-Beobachter) 86
     4.2.1 Prädiktion einer Lösungsmenge 86
     4.2.2 Korrektur der Lösungsmenge 91
  4.3 Beobachter auf Basis von Taylor-Modellen (TM-Beobachter) 99
     4.3.1 Prädiktion einer Lösungsmenge 100
     4.3.2 Korrektur der Lösungsmenge 106
  4.4 Vergleich der Beobachterkonzepte 116
  4.5 Zusammenfassung 133

5 Konsistenzbasierte Diagnose mittels Zustandsmengenbeobachtung 135
  5.1 Fehlerkandidaten 136
  5.2 Diagnosealgorithmus 139
      5.2.1 Fehlerdetektion 140
      5.2.2 Fehlerisolation 141
  5.3 Eigenschaften des Diagnoseverfahrens 143

6 Anwendungen der konsistenzbasierten Diagnose 147
  6.1 Van-der-Pol-Oszillator 148
  6.2 Feder-Masse-Dämpfer 153
  6.3 Inverses Pendel 158
      6.3.1 Modellierung 159
      6.3.2 Diagnoseergebnisse 162
  6.4 Ansaugluft-Drosselklappe (ALD) 169
      6.4.1 Modellierung 170
      6.4.2 Diagnoseergebnisse im Laborversuch 175
      6.4.3 Diagnoseergebnisse im Fahrversuch 178
  6.5 Zusammenfassung 182

7 Zusammenfassung 183

A QR-Zerlegung 185
  A.1 QR-Zerlegung mit Spaltenpivotisierung 186

B Algorithmische Differenziation 189
  B.1 Rekursive Berechnung von Taylor-Koeffizienten 189
  B.2 Berechnung von Jacobi-Matrizen 191

C Intervallalgorithmen 193
  C.1 Einschließung von Matrixinversen 193
  C.2 Präkonditioniertes Intervall-Gauß-Seidel-Verfahren 194

Abbildungsverzeichnis 197

Nomenklatur 199

Literaturverzeichnis 203

Kapitel 1

Einleitung

Die zunehmende Integrationsdichte technischer Systeme ermöglicht in Verbindung mit der stetig steigenden Rechenkapazität moderner Mikrorechner die Realisierung immer umfangreicherer Funktionalität. Neben der Leistungsfähigkeit steigen allerdings auch die Anforderungen an die Zuverlässigkeit und Sicherheit beim Betrieb dieser komplexen Systeme. Der Einsatz geeigneter Verfahren zur Fehlerdiagnose stellt eine Möglichkeit dar, diesen gestiegenen Anforderungen Rechnung zu tragen.

Die prinzipielle Aufgabe von Diagnoseverfahren ist die frühzeitige und verlässliche Erkennung aufgetretener Fehler, um den zuverlässigen und sicheren Betrieb des betrachteten Systems zu überwachen. Eine frühzeitige Fehlererkennung ermöglicht es häufig, durch geeignete weiterführende Maßnahmen die Systemlebensdauer zu verlängern oder zumindest eine weitergehende Schädigung des Systems oder seiner Umwelt zu verhindern. Durch eine verlässliche Fehlererkennung, also die Vermeidung unnötiger Alarme, können die Zuverlässigkeit des Systems gesteigert und gleichzeitig Kosten durch überflüssige Wartungsarbeiten eingespart werden.

In der Vergangenheit wurde häufig auf den Einsatz von Diagnoseverfahren verzichtet, da diese nur im seltenen Ausnahmefall eines auftretenden Fehlers tatsächlich einen Vorteil zu erbringen schienen. Ein solcher Fehlerfall sollte möglichst durch geeignete Auslegung des zugrunde liegenden Systems vermieden werden, sodass der zusätzliche Aufwand für die Entwicklung und den Einsatz eines Diagnoseverfahrens meist als unnötig erachtet wurde.

Mittlerweile haben jedoch viele technische Systeme eine Komplexität erreicht, die es – beispielsweise schon aus wirtschaftlichen Gründen – nicht mehr erlaubt, den Aufwand zur Vermeidung von Fehlern so zu erhöhen, dass der Eintritt eines Fehlerfalls über die gesamte Lebensdauer des Systems als hinreichend unwahrscheinlich angesehen werden kann. Darüber hinaus erschwert oder verhindert die hohe Systemkomplexität die frühzeitige Erkennung eines Fehlers durch den Benutzer. Erkennt dieser schließlich doch einen Fehler, so sind häufig bereits umfangreiche Folgeschäden am System oder dessen Umwelt eingetreten, die durch den Einsatz eines geeigneten Diagnoseverfahrens vermeidbar gewesen wären. Des Weiteren ist, beispielsweise bei manchen sicherheitskritischen Anwendungen, der Einsatz geeigneter Diagnoseverfahren mittlerweile auch gesetzlich vorgeschrieben. Aus diesen Gründen rückte die Entwicklung leistungsfähiger Diagnoseverfahren in den letzten Jahren immer stärker in das Blickfeld von akademischer und industrieller Forschung.

Wie vielfältig die Einsatzbereiche solcher Diagnoseverfahren sind und welcher Nutzen sich sowohl für die Hersteller als auch für die Nutzer technischer Systeme aus ihrer Anwendung ergibt, kann am Beispiel der Automobilindustrie veranschaulicht werden. Schon bei der Produktion eines Kraftfahrzeugs kommen an verschiedenen Stellen Diagnoseverfahren zum Einsatz, die durch Überwachung der beteiligten Produktionsanlagen und Maschinen oder auch durch Funktionsüberprüfung einzelner Teile eine gleichbleibende Produktqualität sowie die korrekte Funktionalität des Endproduktes gewährleisten. Für den Hersteller bringt dies Kostenvorteile aufgrund geringerer Ausfallzeiten und einer hohen Wertigkeit des Produktes. Außerdem wirkt sich eine gesichert hohe Produktqualität positiv auf das Image und die Kundenzufriedenheit aus.

Auch nach der Produktion spielen Diagnoseverfahren heute eine wichtige Rolle für den sicheren und zuverlässigen Betrieb eines Kraftfahrzeugs. Beispiele für bereits serienmäßig eingesetzte oder sich noch in der Entwicklung befindende Diagnoseverfahren sind

- die Detektion von Verbrennungsaussetzern, die negative Auswirkungen auf die Lebensdauer der Abgasnachbehandlungssysteme haben können [Lin01],

- die Reifendrucküberwachung, die zum Beispiel mithilfe der für das Antiblockiersystem ohnehin vorhandenen Raddrehzahlsensoren durchgeführt werden kann [Gri02],

- die Überwachung des Elektronischen Stabilitätsprogramms (ESP), bei dem eine Fehlfunktion zu einem unerwünschten Bremseingriff mit verheerenden Folgen führen könnte [Zan06],

- die gesetzlich vorgeschriebene Überwachung des Abgasnachbehandlungssystems mit dem Drei-Wege-Katalysator als wesentlichem Bestandteil [Feß10], oder auch

- die Überwachung der Einhaltung des zulässigen Betriebsbereichs beim Einsatz einer Brennstoffzelle im Antriebssystem [Buc10].

Über die On-Board-Diagnose[1] hinaus kommen in regelmäßigen Abständen im Rahmen der Hauptuntersuchung ebenfalls Diagnoseverfahren zum Einsatz.

---

[1]Der Begriff „On-Board-Diagnose" (OBD) bezeichnet die Gesamtheit aller Diagnoseeinrichtungen zur ständigen Überwachung aller wichtigen Funktionen eines Kraftfahrzeugs im laufenden Betrieb. Neben den wesentlichen Steuergeräten werden dabei insbesondere alle abgasrelevanten Systeme überwacht.

Die genannten Beispiele zeigen anschaulich den vielfältigen Nutzen von Diagnoseverfahren, die teilweise bereits in Serienfahrzeugen zum Einsatz kommen, teilweise aber auch noch Gegenstand intensiver Forschungsarbeiten sind. Häufig sind die bisher in Kraftfahrzeugen serienmäßig eingesetzten Diagnoseverfahren lediglich Plausibilitätsprüfungen oder Schwellwertüberwachungen, die vom systemtheoretischen Standpunkt aus als wenig komplex einzustufen sind. Diese so genannten signalbasierten Diagnoseverfahren sind zwar einfach in ihrer Anwendung, erreichen aber bei weitem nicht die Leistungsfähigkeit modellbasierter Diagnoseverfahren, bei denen das Wissen über das betrachtete System in Form mathematischer Prozessmodelle zur Fehlererkennung herangezogen wird.

Modellbasierte Diagnoseverfahren ermöglichen eine Fehlererkennung durch einen Vergleich des durch die Messinformationen gegebenen tatsächlichen Systemverhaltens mit dem erwarteten Verhalten, das durch die verwendeten Prozessmodelle beschrieben wird. Mit ihnen können auch in komplexen Systemen Fehler erkannt werden, deren Existenz und Ursachen sich nicht offensichtlich in den gemessenen Signalen widerspiegeln. Aufgrund dieser Vorteile werden im Rahmen dieser Arbeit ausschließlich modellbasierte Diagnoseverfahren betrachtet.

Für den Einsatz modellbasierter Diagnoseverfahren ist es erforderlich, das vorhandene Wissen über das betrachtete System mithilfe eines mathematischen Prozessmodells zu formulieren. Gerade im Fall komplexerer Systeme, die häufig nichtlineare Phänomene aufweisen, ist jedoch die exakte Modellierung des Systemverhaltens nicht oder nur eingeschränkt möglich. Dabei ist es unerheblich, ob der Modellierung physikalische Zusammenhänge oder beispielsweise empirische Formeln zugrunde liegen. Außerdem werden bei der Modellierung praktisch immer vereinfachende Annahmen getroffen, die sich ebenfalls auf die Genauigkeit des resultierenden Systemmodells auswirken. Die resultierenden Systemmodelle enthalten daher im Allgemeinen Parameter, deren Zahlenwerte nicht zweifelsfrei aus Messungen identifiziert werden können. Des Weiteren können die Parameter bedingt durch die Fertigung oder im Betrieb gewissen Schwankungen unterliegen. Darüber hinaus sind üblicherweise auch die zur Diagnose zur Verfügung stehenden Messinformationen mit zufälligen oder systematischen Unsicherheiten wie Rauschen oder Sensoroffsets behaftet.

Solche Ungenauigkeiten oder Unsicherheiten führen zu Abweichungen zwischen dem tatsächlichen Systemverhalten und dem modellierten Verhalten, die als Auswirkungen von Fehlern missinterpretiert werden können. Um dies zu vermeiden, ist eine geeignete Berücksichtigung solcher Ungenauigkeiten beziehungsweise Unsicherheiten beim Entwurf eines Diagnoseverfahrens notwendig.

In dieser Arbeit wird ein modellbasiertes Diagnoseverfahren aus der Gruppe der konsistenzbasierten Verfahren vorgestellt, das die systematische Berücksichtigung von Mess- und Modellunsicherheiten in Form intervallwertiger Systemparameter und

Messgrößen ermöglicht. Unsichere Größen werden also durch beschränkte Mengen reeller Zahlen mit bekannter unterer und oberer Schranke beschrieben. Der tatsächliche Wert eines Modellparameters oder einer Messgröße ist unbekannt und darf innerhalb der vorgegebenen Grenzen beliebig variieren. Diese deterministische Beschreibung durch unbekannte, aber beschränkte Unsicherheiten (*„unknown, but bounded uncertainty“*) unterscheidet sich grundlegend von der weit verbreiteten klassischen Sichtweise, bei der üblicherweise stochastische Prozesse und Zufallsvariablen mit als bekannt angenommener Wahrscheinlichkeitsverteilung zur Beschreibung von stochastisch verteilten Unsicherheiten (*„stochastically distributed uncertainty“*) herangezogen werden.

Daher unterscheidet sich auch das im Rahmen des konsistenzbasierten Diagnoseverfahrens eingesetzte Konzept der Zustandsmengenbeobachtung grundlegend von klassischen Verfahren zur Zustandsbeobachtung wie dem Luenberger-Beobachter [Föl94, Lun08b] oder dem Kalman-Filter [Kal60, Kre80, Has08]. Statt der klassischen Rekonstruktion eines einzigen, charakteristischen Systemzustandsvektors werden bei der Zustandsmengenbeobachtung Mengen von Zustandsvektoren bestimmt, die mit dem Systemmodell und den Messgrößen einschließlich der Unsicherheiten erklärbar sind und daher auch als „mögliche Zustände“ bezeichnet werden. Gibt es keinen solchen möglichen Zustand, so sind Modell und Realität inkonsistent. Diese Eigenschaft wird im Rahmen des konsistenzbasierten Diagnoseverfahrens ausgenutzt.

Durch eine geeignete Bestimmung der Unsicherheiten bleibt dabei einerseits der erforderliche Modellierungsaufwand beschränkt, andererseits wird sichergestellt, dass vereinfachende Annahmen bei der Modellierung oder unsichere Messinformationen nicht fälschlicherweise als Auswirkung von tatsächlich gar nicht vorhandenen Fehlern interpretiert werden.

Die Arbeit ist wie folgt gegliedert:

Im Kapitel 2 werden zunächst einige Grundbegriffe der Fehlerdiagnose eingeführt und eine Klassifikation der verschiedenen existierenden Diagnoseansätze vorgenommen. Nach einer Einführung in das Grundprinzip der konsistenzbasierten Fehlerdiagnose unter besonderer Berücksichtigung der Zustandsmengenbeobachtung wird das in dieser Arbeit vorgestellte Verfahren im Hinblick auf bereits existierende Ansätze eingeordnet und abgegrenzt. Anschließend werden die in dieser Arbeit verwendete Beschreibungsform für nichtlineare dynamische Systeme vorgestellt und verschiedene Möglichkeiten zur Beschreibung von Unsicherheiten erläutert, wobei das Hauptaugenmerk auf der im Rahmen dieser Arbeit verwendeten deterministischen Beschreibungsform mittels Intervallen liegt.

Als notwendige Grundlage für die Zustandsmengenbeobachtung werden im Kapitel 3 Verfahren zur Lösungseinschließung gewöhnlicher Differenzialgleichungssysteme vorgestellt. Das Ziel dieser Verfahren ist die Einschließung der tatsächlichen Lösung durch geeignete untere und obere Schranken statt der klassischen Berechnung einer numerischen Näherungslösung. Dazu werden zunächst verschiedene Möglichkeiten zur Beschreibung von Mengen reeller Zahlen im Rechner sowie die Durchführung von Berechnungen mit diesen Mengen vorgestellt. Anschließend werden die beiden im Rahmen dieser Arbeit zur Zustandsmengenbeobachtung verwendeten Verfahren im Detail beschrieben und verglichen.

Das Konzept und die Umsetzung der Zustandsmengenbeobachtung selbst sind Gegenstand des Kapitels 4. Nach einem Überblick über den prinzipiellen Ablauf werden, aufbauend auf den Einschließungsverfahren aus dem Kapitel 3, zwei verschiedene Verfahren zur Zustandsmengenbeobachtung vorgestellt. Anschließend folgt ein Vergleich der beiden Beobachterkonzepte. Zwei Beispiele veranschaulichen die Vor- und Nachteile beider Konzepte.

Darauf aufbauend befasst sich das Kapitel 5 mit dem konsistenzbasierten Diagnoseverfahren durch Zustandsmengenbeobachtung. Zunächst wird das Konzept der Fehlerkandidaten vorgestellt. Anschließend werden die einzelnen Teile des Diagnosealgorithmus erläutert und schließlich die Eigenschaften des vorgestellten Diagnoseverfahrens diskutiert.

Das Kapitel 6 widmet sich schließlich den Anwendungen des vorgestellten Diagnoseverfahrens. Dabei wird das konsistenzbasierte Diagnoseverfahren in Kombination mit den beiden vorgestellten Beobachterkonzepten anhand mehrerer Anwendungsbeispiele untersucht. Nach zwei einführenden Simulationsbeispielen wird das Diagnoseverfahren am Beispiel eines inversen Pendels demonstriert, das als Standardproblem der Regelungstechnik bekannt ist. Für dieses System stehen Messdaten von einem Laboraufbau des Instituts für Regelungs- und Steuerungssysteme zur Verfügung. Schließlich wird das Verfahren zur Diagnose von Fehlern einer Ansaugluft-Drosselklappe eingesetzt, die in der Frischluftzufuhr moderner PKW-Dieselmotoren eingebaut ist. Dabei werden Messdaten sowohl aus einem Laboraufbau als auch aus Fahrversuchen verwendet. Als Teil des Abgasrückführsystems stellt diese Drosselklappe eine abgasrelevante Komponente dar, deren Überwachung gesetzlich vorgeschrieben ist.

Im Kapitel 7 werden die Arbeit und ihre wesentlichen Ergebnisse nochmals zusammengefasst.

In den Anhängen finden sich Beschreibungen für diese Arbeit relevanter, mathematischer Hilfsmittel, die aus Gründen der Übersichtlichkeit nicht in den jeweiligen Kapiteln im Detail erläutert werden.

Kapitel 2

Fehlerdiagnose dynamischer Systeme

Die erfolgreiche Erkennung von Fehlern in technischen Systemen erfordert häufig eine sehr spezielle Anpassung der verwendeten Verfahren an die betrachtete Anwendung. Ein Diagnoseverfahren kann daher oft nicht ohne weiteres getrennt von seinem jeweiligen Anwendungszweck betrachtet werden. Aus diesem Grund existieren in der Literatur unterschiedlichste Ansätze zur Fehlerdiagnose technischer Systeme, die in ihrer Vielfalt kaum zu überblicken sind. Allerdings lassen sich die meisten Diagnoseverfahren nach den ihnen zugrunde liegenden Prinzipien oft einer bestimmten Kategorie zuordnen. Gleichzeitig ergeben sich durch eine solche Klassifikation bereits allgemeine Aussagen über Gemeinsamkeiten, Unterschiede und Anwendungsgebiete der einzelnen Verfahren.

Leider wird das Verständnis der in der Literatur beschriebenen Verfahren häufig dadurch erschwert, dass die verwendete Terminologie trotz mehrfacher Versuche zur Standardisierung keineswegs einheitlich ist [Ise06]. Auch wenn diese Ansätze, wie beispielsweise die Initiative im Rahmen von SAFEPROCESS[1] zur Vereinheitlichung der Begriffsbildung der Fehlerdiagnose [IB97], bereits mehrere Jahre zurückliegen, hat sich die darin vorgeschlagene Terminologie noch nicht vollständig durchgesetzt.

Im Abschnitt 2.1 werden daher in Anlehnung an die SAFEPROCESS-Terminologie zunächst einige Grundbegriffe der Fehlerdiagnose eingeführt, um deren Bedeutung im Rahmen dieser Arbeit klarzustellen. Anschließend wird im Abschnitt 2.2 eine Übersicht über existierende Diagnoseansätze gegeben, die – wie allgemein üblich – nach den ihnen zugrunde liegenden Prinzipien verschiedenen Kategorien zugeordnet werden. Der Abschnitt 2.3 stellt das Grundprinzip der konsistenzbasierten Fehlerdiagnose vor, das dem in dieser Arbeit beschriebenen Verfahren zugrunde liegt. An-

---

[1]IFAC Technical Committee (TC) on Fault Detection, Supervision and Safety of Technical Processes

schließend wird im Abschnitt 2.4 zur Einordnung des entwickelten Verfahrens ein Überblick über bereits existierende verwandte Arbeiten gegeben. Das in dieser Arbeit beschriebene Verfahren gehört zur Klasse der modellbasierten Diagnoseverfahren. Daher wird im Abschnitt 2.5 die im Rahmen dieser Arbeit verwendete Beschreibungsform nichtlinearer dynamischer Systeme im Zustandsraum vorgestellt. Dabei wird insbesondere auf die verwendete deterministische Beschreibung von Mess- und Modellunsicherheiten eingegangen.

2.1 Grundbegriffe der Fehlerdiagnose

In diesem Abschnitt werden einige für das Verständnis der Arbeit notwendige Begriffe zu Diagnoseverfahren eingeführt, die sich an der im Rahmen der SAFEPROCESS-Initiative vorgeschlagenen Terminologie orientieren. Weitere Informationen dazu sind beispielsweise in [IB97, Ise06, CP99] zu finden.

2.1.1 Fehlerarten

Bevor die grundsätzlichen Aufgaben und Eigenschaften von Diagnoseverfahren vorgestellt werden können, muss zunächst festgelegt werden, was überhaupt unter einem Fehler zu verstehen ist. Natürlich hängt diese Festlegung wesentlich vom jeweils betrachteten, konkreten Anwendungsfall ab. Üblicherweise werden jedoch vom fehlerfreien Normalbetrieb abweichende Systemverhaltensweisen einer der Kategorien *Störung*, *Fehler* oder *Versagen* zugeordnet [IB97].

Definition 2.1: Störung

Eine Störung („disturbance") ist ein unbekannter und nicht kontrollierbarer Einfluss auf ein System.

Definition 2.2: Fehler

Ein Fehler („fault") ist eine unzulässige Abweichung wenigstens einer charakteristischen Eigenschaft eines Systems vom Normalzustand.

Definition 2.3: Versagen

Ein Versagen („failure") ist eine dauerhafte Unterbrechung der Systemfunktion, die dazu führt, dass das System die geforderte Aufgabe unter den gegebenen Bedingungen nicht mehr erfüllen kann.

Unter dem Begriff Störung werden üblicherweise Phänomene wie beispielsweise Messrauschen oder Einflüsse durch Temperaturschwankungen verstanden, die zwar dazu führen, dass das durch die Messinformationen gegebene tatsächliche Systemverhalten vom erwarteten fehlerfreien Systemverhalten abweicht, die jedoch keine Fehler des Systems im eigentlichen Sinne sind. Die erfolgreiche Unterscheidung zwischen Störungen und Fehlern ist eine wesentliche Herausforderung der Fehlerdiagnose.

Ein Fehler hat einen meist negativen Einfluss auf das Systemverhalten und führt dazu, dass das System die ihm zugedachte Aufgabe nicht mehr wie erwartet oder nicht mehr vollständig erfüllen kann. Auswirkungen von Fehlern können beispielsweise eine verminderte Qualität des Endproduktes eines Produktionsprozesses oder auch ein für Mensch und Umwelt gefährlicher weiterer Betrieb des Systems sein. Ein Fehler ist jedoch nicht mit dem vollständigen Ausfall der Systemfunktion gleichzusetzen, der durch den Begriff Versagen gekennzeichnet wird.

Häufig ziehen Fehler, die nicht oder nicht rechtzeitig erkannt werden, früher oder später weitere Fehler oder gar ein Versagen des Systems nach sich. Ein Fehler selbst kann je nach Anwendungsfall noch tolerierbar sein oder – beispielsweise durch eine geänderte Betriebsstrategie – behoben oder zumindest in seinen Auswirkungen begrenzt werden. Dazu ist es allerdings notwendig, den Fehler sicher und so früh wie möglich zu erkennen. Dies ist daher eine wesentliche Forderung an Diagnoseverfahren.

Je nach ihren Eigenschaften werden Fehler häufig noch unterteilt in *schleichende Fehler*, *abrupte Fehler* und *sporadische Fehler*, wobei diese Unterscheidung oft willkürlich ist und nach Zweckmäßigkeit erfolgt [Nyb99].

Definition 2.4: Schleichender Fehler

> *Ein schleichender Fehler („incipient fault") ist ein Fehler, dessen Ursache und Auswirkungen zunächst klein sind, die sich mit der Zeit jedoch immer mehr verstärken.*

Definition 2.5: Abrupter Fehler

> *Ein abrupter Fehler („abrupt fault") ist ein plötzlich auftretender Fehler, der zu einer schlagartigen Änderung des Systemverhaltens führt.*

Definition 2.6: Sporadischer Fehler

> *Ein sporadischer Fehler („intermittent fault") ist ein Fehler, der wiederholt auftritt und wieder verschwindet.*

Typische Beispiele für schleichende Fehler sind Verschleißerscheinungen oder zunehmende Reibung aufgrund von Ablagerungen. Abrupte Fehler können beispielsweise Leckagen oder Verstopfungen in Rohren oder Bauteilausfälle sein, während ein Wackelkontakt ein Beispiel für einen sporadischen Fehler ist. Während abrupte Fehler je nach Fehlerstärke relativ leicht zu erkennen sind, ist die erfolgreiche Erkennung schleichender oder sporadischer Fehler oft ungleich schwieriger und stellt eine besondere Herausforderung hinsichtlich der frühen Fehlererkennung dar.

Da aufgetretene Fehler ohne geeignete Gegenmaßnahmen oft weitere Fehler nach sich ziehen, ist die Unterscheidung von *einfachen* und *mehrfachen Fehlern* sinnvoll, die beispielsweise in [Nyb99] nachgelesen werden kann[2].

Definition 2.7: Einfacher und mehrfacher Fehler

Tritt im Zeitraum zwischen dem Auftreten eines Fehlers und dem Abschluss der Diagnose dieses Fehlers kein weiterer Fehler auf, so handelt es sich bei diesem Fehler um einen einfachen Fehler („single fault"). Anderenfalls spricht man von einem mehrfachen Fehler („multiple fault").

Mehrfache Fehler werden in der Literatur häufig nicht weiter betrachtet, da die notwendige Behandlung der möglichen Kombinationen einen unverhältnismäßig hohen Aufwand zur Folge hätte. Auch in dieser Arbeit werden lediglich einfache Fehler betrachtet. Dies erscheint aus folgenden Gründen gerechtfertigt:

- Da einzelne Fehler üblicherweise ohnehin nur selten auftreten, kann es als unwahrscheinlich angesehen werden, dass in der Zeit zwischen dem Auftreten des Fehlers und dem Abschluss der Diagnose ein weiterer, vom ersten Fehler unabhängiger Fehler auftritt. Tritt der weitere Fehler erst nach Abschluss der Diagnose des ersten Fehlers auf, so kann auch dieser Fehler wie der vorherige als ein einfacher Fehler angesehen und behandelt werden.

- Zieht ein Fehler einen weiteren Fehler nach sich, so kann die Zeitdauer bis zum Auftreten des zweiten Fehlers als obere Schranke für die zur Diagnose des ersten Fehlers zur Verfügung stehende Zeit angesehen werden. Da die Fehlerdiagnose ohnehin in möglichst kurzer Zeit abgeschlossen werden soll, stellt auch in diesem Fall die Beschränkung auf einfache Fehler keine wesentliche Einschränkung dar.

- Treten mehrere Fehler *gleichzeitig* auf, so kann diese Kombination von Fehlern im Sinne der Diagnose auch als einfacher Fehler betrachtet werden, dessen Auswirkung der kombinierten Auswirkung der zugrunde liegenden Fehler entspricht.

---

[2]Diese Definition ist in der Literatur nicht einheitlich, beispielsweise wird abweichend von der hier getroffenen Definition in [Mün06] von einem mehrfachen Fehler gesprochen, wenn *nach Abschluss* der Diagnose des ersten Fehlers ein weiterer Fehler auftritt.

2.1.2 Aufgaben eines Diagnoseverfahrens

Die zentrale Aufgabe eines Diagnoseverfahrens ist die frühzeitige und zuverlässige Erkennung von Fehlern. Dabei sind im Wesentlichen drei Teilaufgaben von Interesse, die nach SAFEPROCESS mit den Begriffen *Fehlerdetektion*, *Fehlerisolation* und *Fehleridentifikation* bezeichnet werden[3] [IB97].

Definition 2.8: Fehlerdetektion

Die Aufgabe der Fehlerdetektion („fault detection") ist die Beantwortung der Frage, ob im betrachteten System ein Fehler aufgetreten ist oder nicht.

Definition 2.9: Fehlerisolation

Die Beantwortung der Frage, welcher Fehler aufgetreten ist, beziehungsweise welcher Art der Fehler ist und welchen Teil des betrachteten Systems er betrifft, ist die Aufgabe der Fehlerisolation („fault isolation"). Sie folgt auf die Fehlerdetektion.

Definition 2.10: Fehleridentifikation

Die Fehleridentifikation beschäftigt sich mit der Frage, welche Stärke der Fehler aufweist, welche Ursache er hat und wie er sich entwickelt. Sie folgt auf die Fehlerisolation und liefert weitere, beispielsweise für eventuelle Gegenmaßnahmen notwendige Informationen.

Nicht immer können die genannten Teilaufgaben so klar voneinander getrennt werden. So ist es beispielsweise bei Diagnoseverfahren auf Basis von Parameterschätzverfahren möglich, durch Bestimmung von sich ändernden Systemparametern die Fragen nach der Art des Fehlers („Welcher Parameter ändert sich?") und seiner Stärke („Welchen neuen Wert hat der Parameter?") gemeinsam zu beantworten.

Der Begriff Fehlerdiagnose umfasst üblicherweise alle drei genannten Teilaufgaben. Häufig wird jedoch die Aufgabe der Fehleridentifikation nicht im Detail behandelt, da sie meist sehr spezifisches Wissen über das betrachtete System voraussetzt. Manchmal, beispielsweise bei sicherheitskritischen Anwendungen, kann auch die Frage nach der Entwicklung des Fehlers nicht beantwortet werden, da im Interesse der Sicherheit ein weiterer Betrieb des Systems nicht toleriert werden kann.

In der Literatur werden daher häufig auch nur die Teilaufgaben Fehlerdetektion und Fehlerisolation als Kernaufgaben der Fehlerdiagnose angesehen, die üblicherweise

---

[3] Auch hier gibt es in der Literatur zahlreiche abweichende Definitionen. So wird beispielsweise in [Fra94] die Fehleridentifikation als Fehleranalyse („*fault analysis*") bezeichnet, während in [Pla07] die Fehlerisolation als Fehleridentifikation und die Fehleridentifikation als Fehlerschätzung („*fault estimation*") bezeichnet wird.

unter der Abkürzung FDI („*fault detection and isolation*") zusammengefasst werden. Auch in dieser Arbeit werden, sofern jeweils nichts Gegenteiliges vermerkt ist, nur die Teilaufgaben Fehlerdetektion und Fehlerisolation betrachtet, die im Weiteren auch unter dem Begriff *Fehlererkennung* zusammengefasst werden.

Das Ergebnis der Diagnose muss der Umwelt, also dem Bedienpersonal oder übergeordneten Systemteilen eines Prozessleitsystems, mitgeteilt werden, um eine angemessene Reaktion zu ermöglichen. In Anlehnung an den alltäglichen Sprachgebrauch werden diese Mitteilungen häufig als *Alarme* bezeichnet. Je nachdem, ob das Ergebnis der Fehlerdetektion beziehungsweise der Fehlerisolation mit der Realität übereinstimmt oder nicht, können mehrere Fälle unterschieden werden, die in ähnlicher Form in [Nyb99] zu finden sind. Die Begriffe *korrekter Alarm*, *unterbliebener Alarm* und *Fehlalarm* beziehen sich in dieser Arbeit stets auf die Fehlerdetektion.

Definition 2.11: Korrekter Alarm

Ein korrekter Alarm („correct detection") liegt vor, wenn ein tatsächlich vorhandener Fehler im Rahmen der Fehlerdetektion richtig detektiert wird.

Definition 2.12: Unterbliebener Alarm

Ein unterbliebener Alarm („missed detection") liegt vor, wenn das betrachtete System einen Fehler aufweist, der im Rahmen der Fehlerdetektion nicht detektiert wird.

Definition 2.13: Fehlalarm

Wird im Rahmen der Fehlerdetektion ein Fehler detektiert, obwohl das betrachtete System fehlerfrei arbeitet, so spricht man von einem Fehlalarm („false alarm").

Analog dazu werden die Begriffe *korrekte Isolation*, *unterbliebene Isolation* und *falsche Isolation* verwendet, die sich auf die Fehlerisolation beziehen.

Definition 2.14: Korrekte Isolation

Stimmt der im Rahmen der Fehlerisolation isolierte Fehler mit dem tatsächlich vorhandenen Fehler überein, so spricht man von korrekter Isolation („correct isolation").

Definition 2.15: Unterbliebene Isolation

Kann der tatsächlich vorhandene Fehler im Rahmen der Fehlerisolation nicht isoliert werden, so spricht man von unterbliebener Isolation („missed isolation").

Definition 2.16: Falsche Isolation

Wird im Rahmen der Fehlerisolation ein Fehler isoliert und stimmt dieser Fehler nicht mit dem tatsächlich vorhandenen Fehler überein, so spricht man von falscher Isolation[4] *(„incorrect isolation").*

In diesem Zusammenhang sind natürlich auch die Fragen nach der Detektierbarkeit beziehungsweise der Isolierbarkeit von Fehlern von Interesse. Dabei geht es darum, ob ein Fehler in einem gegebenen System unabhängig von einem bestimmten Diagnoseverfahren prinzipiell detektiert beziehungsweise isoliert werden kann. Näheres dazu ist beispielsweise in [BKLS06] nachzulesen. In dieser Arbeit wird davon ausgegangen, dass alle betrachteten Fehler sowohl detektierbar als auch isolierbar sind.

2.1.3 Robustheit und Empfindlichkeit

Wie bereits erwähnt wurde, stellt die Forderung nach einer möglichst frühzeitigen und korrekten Erkennung von Fehlern die wesentliche Herausforderung der Fehlerdiagnose dar. In diesem Zusammenhang werden im Folgenden die Begriffe *Robustheit* und *Empfindlichkeit* verwendet, die beispielsweise auch in [Fra94] zu finden sind.

Definition 2.17: Robustheit

Robustheit („robustness") bezeichnet die Forderung, dass ein Diagnoseverfahren nur tatsächlich aufgetretene Fehler detektieren beziehungsweise isolieren soll.

Durch Robustheit sollen also Fehlalarme und falsche Isolationen ausgeschlossen sein. Insbesondere bedeutet dies, dass Störungen nicht fälschlicherweise als Fehler interpretiert werden dürfen.

Definition 2.18: Empfindlichkeit

Empfindlichkeit („sensitivity") bezeichnet die Forderung, dass ein Diagnoseverfahren aufgetretene Fehler zuverlässig und so früh wie möglich detektieren und isolieren soll.

Durch eine hohe Empfindlichkeit werden also unterbliebene Alarme und unterbliebene Isolationen vermieden.

Die genannten Ziele Robustheit und Empfindlichkeit stellen gegensätzliche Forderungen beim Entwurf von Diagnoseverfahren dar. Die Forderung nach Robustheit bedingt beispielsweise eine gewisse Unempfindlichkeit des Verfahrens gegenüber Mess-

---

[4]In der Literatur wird dieser Fall teilweise auch als *Falschalarm* bezeichnet, so zum Beispiel in [Mün06]. Die Bezeichnung falsche Isolation wird in dieser Arbeit verwendet, um einer Verwechslung mit dem Begriff Fehlalarm vorzubeugen, da die Begriffe Falschalarm und Fehlalarm umgangssprachlich oft synonym verwendet werden.

ungenauigkeiten oder Messrauschen. Diese Unempfindlichkeit kann jedoch nur auf Kosten der Fehlerempfindlichkeit erreicht werden, sodass die Gefahr besteht, insbesondere kleine Fehler zu übersehen. Daher muss beim Entwurf eines Diagnoseverfahrens für einen konkreten Anwendungsfall eine geeignete Abwägung zwischen diesen Zielen getroffen werden. In der Literatur werden die beiden Forderungen Robustheit und Empfindlichkeit teilweise auch nur unter dem Begriff Robustheit zusammengefasst [CP99, PFC00].

2.2　Diagnoseverfahren im Überblick

Diagnoseverfahren werden üblicherweise nach den ihnen zugrunde liegenden Prinzipien verschiedenen Kategorien zugeordnet. Weit verbreitet in der Literatur (beispielsweise in [CP99, Nyb99, Din08]) ist dabei die Einteilung in *signalbasierte Verfahren* und *modellbasierte Verfahren*.

Darüber hinaus bilden manchmal (beispielsweise in [Fra94, Mün06]) die *wissensbasierten Verfahren* eine eigene Klasse. Allerdings unterscheidet nach [Fra94] die wissensbasierten Verfahren von den modellbasierten Verfahren lediglich die Tatsache, dass ersteren ein qualitatives, heuristisches Modell und letzteren ein quantitatives, analytisches Modell zugrunde liegt, sodass die wissensbasierten Verfahren auch als Untergruppe der modellbasierten Verfahren angesehen werden können. Außerdem können Methoden wie Fuzzy-Logik oder Künstliche Neuronale Netze auch zur Ergebnisklassifikation im Zusammenspiel mit anderen, signal- oder modellbasierten Diagnoseverfahren eingesetzt werden. Aus diesem Grund wird in dieser Arbeit lediglich zwischen signalbasierten und modellbasierten Diagnoseverfahren unterschieden.

2.2.1　Signalbasierte Verfahren

Signalbasierte Diagnoseverfahren gehören zu den ältesten bekannten Diagnoseverfahren und sind in der Praxis aufgrund der einfachen Anwendung und der vergleichsweise geringen Anforderungen an die benötigte Rechenleistung weit verbreitet. Aus den zur Verfügung stehenden Messsignalen werden mithilfe geeigneter Verfahren Merkmale gewonnen, anhand derer auf vorhandene Fehler geschlossen werden kann. Typische Vertreter dieser Verfahren sind Grenzwertüberwachungen, Trendanalysen und Korrelationen oder auch Spektralanalysen [Fra94].

Der größte Nachteil signalbasierter Diagnoseverfahren ist jedoch ihre beschränkte Leistungsfähigkeit. So ist eine Fehlerisolation mit diesen Verfahren häufig schwierig oder gar unmöglich. Auch sind Fehler, die sich lediglich auf die Dynamik eines Systems auswirken, oft nicht zu erkennen.

Aus diesen Gründen können die steigenden Anforderungen an die Fehlerdiagnose mit signalbasierten Verfahren zunehmend nicht mehr erfüllt werden. Eine Alternative stellen in diesem Fall die wesentlich leistungsfähigeren modellbasierten Diagnoseverfahren dar.

2.2.2 Modellbasierte Verfahren

In sicherheitskritischen Anwendungen, wie beispielsweise in Flugleitsystemen der Luft- und Raumfahrt oder auch in Prozessleitsystemen von Kernkraftwerken, wird seit langem erfolgreich das Prinzip der *Geräteredundanz ("hardware redundancy")* eingesetzt. Dabei werden bestimmte Komponenten mehrfach verbaut, um im Falle von Fehlfunktionen beispielsweise auf Basis von Mehrheitsentscheidungen einen sicheren weiteren Betrieb des Systems zu ermöglichen. Allerdings hat der Einsatz redundanter Geräte hohe Kosten und Gewicht sowie zusätzlichen Platzbedarf zur Folge.

Die logische Konsequenz ist daher das Konzept der *analytischen Redundanz ("analytical redundancy")*, das schließlich zu den modellbasierten Diagnoseverfahren führt. Anstelle des tatsächlich vorhandenen, redundanten Systems kommt ein quantitatives oder qualitatives Modell des Systems zum Einsatz. Dies spart nicht nur Kosten und Gewicht, sondern ist auch potenziell zuverlässiger, da die Komplexität des Gesamtsystems im Vergleich zur Geräteredundanz geringer ist [Nyb99, CP99].

Wie der Name bereits andeutet, liegt den modellbasierten Diagnoseverfahren also ein Modell des betrachteten Systems zugrunde. Abweichungen des tatsächlichen Systemverhaltens vom erwarteten Verhalten, welches durch das verwendete Modell beschrieben wird, weisen auf aufgetretene Fehler hin.

Üblicherweise werden diese Abweichungen als *Residuen* bezeichnet. Ein Residuum ist also ein Signal, das im fehlerfreien Fall idealerweise identisch Null ist und im Falle eines Fehlers eine charakteristische Reaktion aufweist. Die Auswertung der verwendeten Residuen ermöglicht schließlich die Detektion oder Isolation von Fehlern. Die in der Realität nicht zu vermeidenden Störungen oder Ungenauigkeiten des verwendeten Systemmodells bewirken jedoch, dass die Residuen im Allgemeinen auch im fehlerfreien Fall ungleich Null sind, sodass beispielsweise die Fehlerdetektion die Verwendung von konstanten oder auch adaptiven Schwellwerten erfordert, die für den jeweiligen Anwendungsfall geeignet festzulegen sind.

Aufgrund der angesprochenen hohen Leistungsfähigkeit der modellbasierten Diagnoseverfahren wurden in den letzten Jahren auf diesem Gebiet intensive Forschungsanstrengungen unternommen. Zu den klassischen modellbasierten Diagnoseverfahren gehören *beobachterbasierte Verfahren ("observer-based approaches")*, *Verfahren auf Basis von Paritätsgleichungen ("parity relation methods")* und *Parameterschätzverfahren ("parameter estimation methods")*. Eine Klassifikation in *aktive* und *passive*

Verfahren ist in der Literatur ebenfalls zu finden (siehe beispielsweise [PQT00]) und basiert auf den jeweils verwendeten Ansätzen zur Erzielung von Robustheit.

Beobachterbasierte Verfahren

Mithilfe von Verfahren zur Zustandsbeobachtung werden innere Systemgrößen aus den bekannten Messinformationen rekonstruiert. Als Residuen werden üblicherweise die Abweichungen zwischen geschätzten und tatsächlichen Ausgangsgrößen verwendet. Die am weitesten verbreiteten Verfahren zur Zustandsbeobachtung sind der Luenberger-Beobachter [Föl94, Lun08b] und das Kalman-Filter und seine Varianten [Kal60, Kre80, Has08]. Insbesondere letztere werden auch oft zur Fehlerdiagnose eingesetzt (siehe beispielsweise [Feß10, Buc10]). Allerdings erfordert die Fehlerdiagnose mittels Zustandsbeobachtung nicht unbedingt eine möglichst gute Rekonstruktion der Systemzustände, sofern die Residuen tatsächlich nur aus den Ausgangsgrößen gebildet werden. Daher werden zum Zwecke der Fehlerdiagnose häufig auch andere Beobachterkonzepte eingesetzt, die an die speziellen Anforderungen der Diagnose angepasst sind. Zur Fehlerisolation werden oft so genannte *Beobachterbänke*, also mehrere parallele Zustandsbeobachter mit unterschiedlichen Systemmodellen, eingesetzt.

Ein in der Literatur zu Diagnoseverfahren häufig verwendetes Konzept ist der Beobachter mit unbekannten Eingängen („*unknown input observer*") [PFC00, CP99]. Dabei werden auf das System einwirkende Störungen als unbekannte Eingangsgrößen des Systems modelliert. Das Ziel des Beobachterentwurfs ist es dann, die Residuen von den unbekannten Eingängen zu entkoppeln, sodass Störungen als Änderungen der unbekannten Eingangsgrößen keine Auswirkung auf die Residuen haben. Die Entkopplung sorgt also für ein robustes Diagnoseergebnis. Allerdings kann die gewünschte Entkopplung in der Realität oft nur näherungsweise erreicht werden.

Beobachterbasierte Verfahren sind vielfältig einsetzbar, sehr leistungsfähig und in der Literatur bereits eingehend untersucht worden [PFC00, CP99, Ise06, Din08]. Alle klassischen Beobachterkonzepte haben jedoch aufgrund der Rückführung des Beobachtungsfehlers den Nachteil, dass sich das rekonstruierte Systemverhalten mit der Zeit auch an das eventuell fehlerbehaftete Systemverhalten anpasst, was Fehlerdetektion und -isolation erschweren kann.

Verfahren auf Basis von Paritätsgleichungen

Eine weitere Möglichkeit der Residuengenerierung stellt die Verwendung so genannter *Paritätsgleichungen* dar. Die Idee dabei ist es, ähnlich wie bei den beobachterbasierten Verfahren, durch einen Vergleich der tatsächlichen Ausgangsgrößen mit den aus einem Systemmodell resultierenden Ausgangsgrößen Fehler zu diagnostizieren. Anschaulich besteht diese Paritätsprüfung also in einem Vergleich von modelliertem und tatsächlichem Systemverhalten. Die Grundidee ist damit dieselbe wie bei der in dieser Arbeit verwendeten konsistenzbasierten Fehlerdiagnose.

Die Residuen werden – wie bei den beobachterbasierten Verfahren – aus den Abweichungen der tatsächlichen Ausgangsgrößen von den mit dem Modell berechneten Ausgangsgrößen bestimmt. Im Gegensatz zu den beobachterbasierten Verfahren existiert jedoch keine Rückführung des Ausgangsfehlers. Stattdessen werden die Residuen zur Erzielung gewünschter Eigenschaften wie beispielsweise Robustheit zusätzlich geeigneten Transformationen unterworfen. Es kann jedoch gezeigt werden, dass sich die resultierenden Paritätsgleichungen auch in Beobachterform als Beobachter mit endlicher Einstellzeit („*dead-beat-observer*") darstellen lassen [Fra94]. Die Paritätsgleichungen selbst können aber auch direkt mithilfe von Übertragungsfunktionen formuliert werden. Details zu Fehlerdiagnoseverfahren auf Basis von Paritätsgleichungen sind unter anderem in [Ger98, CP99, Ise06] nachzulesen.

Parameterschätzverfahren

Zur Fehlerdiagnose mittels Parameterschätzung werden Identifikationsverfahren zur Schätzung von Parametern eines Modells vorgegebener Struktur eingesetzt. Eine gute Übersicht zu Identifikationsverfahren ist beispielsweise in [Buc10] zu finden. Der Diagnoseansatz beruht auf der Annahme, dass sich Fehler im Systemverhalten in charakteristischen Abweichungen der Parameterwerte von den bekannten Nominalwerten äußern. Aus diesen Abweichungen der Parameterwerte werden die Residuen abgeleitet.

Die Verfahren erfordern eine ausreichend starke Anregung des Systemverhaltens zur korrekten Schätzung der Modellparameter. Diese Voraussetzung ist je nach Anwendungsfall im normalen Betrieb möglicherweise schwierig oder überhaupt nicht zu erfüllen. Vorteilhaft ist jedoch, dass – insbesondere bei Modellparametern mit konkreter physikalischer Bedeutung – die Fehlerisolation und -identifikation einfach durchzuführen ist. Weitere Informationen zur Fehlerdiagnose mittels Parameterschätzverfahren finden sich beispielsweise in [Fra90, Ise97, Ise06].

Aktive und passive Diagnoseansätze

Zur Erzielung eines robusten Diagnoseergebnisses müssen Unsicherheiten in den Ein- und Ausgangsgrößen ebenso wie Ungenauigkeiten der verwendeten Systemmodelle geeignet berücksichtigt werden. In der Literatur zu Diagnoseverfahren lassen sich dabei zwei prinzipielle Ansätze unterscheiden. Der *aktive Ansatz* zeichnet sich dadurch aus, dass die Residuengenerierung robust gegenüber Unsicherheiten gestaltet wird. Der *passive Ansatz* hingegen berücksichtigt die Auswirkungen der Unsicherheiten erst zum Schluss bei der Bildung des Diagnoseergebnisses [PQT00].

Die meisten bekannten modellbasierten Diagnoseverfahren folgen primär dem aktiven Ansatz, der daher in der Literatur wesentlich weiter verbreitet ist. So stellt beispielsweise ein idealer Beobachter mit unbekannten Eingängen einen typischen Vertreter des aktiven Ansatzes dar, bei dem Störungen als unbekannte Eingangsgrößen aufgefasst werden, deren Auswirkungen auf die Residuen möglichst unterdrückt werden soll.

Gelingt jedoch die angestrebte Entkopplung der Residuen von den unbekannten Eingängen nicht vollständig und müssen deswegen für die Residuen geeignete Schwellwerte festgelegt werden, so enthält das Verfahren zusätzlich auch Elemente des passiven Ansatzes. Da die unbekannten Eingangsgrößen eine Auswirkung auf die Residuen haben, muss dieser Einfluss bei der Residuenauswertung berücksichtigt werden. Das in dieser Arbeit beschriebene Diagnoseverfahren ist dem passiven Ansatz zuzurechnen, da Mess- und Modellunsicherheiten explizit betrachtet und ihre Auswirkungen bei der Konsistenzprüfung berücksichtigt werden.

2.3 Das Grundprinzip der konsistenzbasierten Fehlerdiagnose

Die Grundidee der konsistenzbasierten Diagnose besteht – wie bei den Verfahren auf Basis der Paritätsgleichungen – darin, das durch Messungen der Ausgangsgrößen gegebene tatsächliche Verhalten des betrachteten Systems als Reaktion auf die bekannten Eingangsgrößen mit dem durch ein geeignetes Modell berechneten Systemverhalten zu vergleichen, also deren Konsistenz zu prüfen [BKLS06, Pla07]. Entspricht das tatsächliche Systemverhalten nicht dem Verhalten des Systemmodells, das korrekt den fehlerfreien Normalbetrieb des Systems beschreibt, so lässt sich daraus der Schluss ziehen, dass ein Fehler aufgetreten sein muss. Daher ist die Inkonsistenz von modelliertem und tatsächlichem Systemverhalten der wesentliche Aspekt dieses Diagnoseansatzes.

Durch die Konsistenzprüfung werden also mit den Messungen inkonsistente Systemmodelle ausgeschlossen. Dies hat zur Folge, dass zum Zwecke der Fehlerdetektion der Einsatz eines einzigen Systemmodells, welches das fehlerfreie Verhalten des Systems korrekt beschreibt, ausreichend ist. Die Fehlerisolation wird ebenfalls durch Ausschluss inkonsistenter Modelle durchgeführt. Sie erfordert im Allgemeinen den Einsatz mehrerer Systemmodelle, die jeweils das charakteristische fehlerbehaftete Systemverhalten beschreiben.

Ein wesentlicher Vorteil dieses Diagnosekonzeptes nach dem Ausschlussprinzip liegt darin begründet, dass der Ausschluss durch die Konsistenzprüfung so durchgeführt werden kann, dass eine *garantierte Aussage* möglich ist: Die zu den als inkonsistent erkannten Systemmodellen gehörenden Fehlerfälle können *garantiert nicht* aufgetreten sein, sofern die verwendeten Modelle korrekt und die notwendigen Voraussetzungen erfüllt sind. Daraus folgt sofort, dass auf diese Weise weder Fehlalarme noch falsche Isolationen auftreten können.

Es muss jedoch darauf hingewiesen werden, dass aus der Konsistenz eines Systemmodells, welches das fehlerfreie Verhalten oder auch ein bestimmtes Fehlerverhalten beschreibt, nicht auf die Fehlerfreiheit oder das Vorhandensein des entsprechenden Fehlers geschlossen werden kann. Sind die Auswirkungen eines prinzipiell detektierbaren Fehlers zu gering, so kann das Systemmodell des fehlerfreien Falls nicht als inkonsistent ausgeschlossen werden und daher der Fehler unter den gegebenen Umständen nicht erkannt werden. Auch das Auftreten eines nicht detektierbaren Fehlers wird nicht zur Inkonsistenz des Systemmodells für den fehlerfreien Fall führen.

Zur Modellierung des betrachteten Systems können je nach Anwendungsfall unterschiedliche Beschreibungsformen herangezogen werden. Beispielhaft seien hier Beschreibungsformen für zeitgetriebene Systeme wie Übertragungsfunktionen und Zustandsraummodelle [Föl94, Lun08a, Lun08b] oder auch Beschreibungsformen für ereignisgetriebene Systeme wie Petri-Netze oder Automaten [Kie97, Lun06] genannt. In dieser Arbeit werden ausschließlich Systembeschreibungen im Zustandsraum behandelt und untersucht.

Ein konsistenzbasiertes Diagnoseverfahren mittels Zustandsmengenbeobachtung wurde in [Pla07] für zeitdiskrete lineare Systeme entwickelt. Dabei wird auf Basis eines möglicherweise unsicherheitsbehafteten Systemmodells sowie ebenfalls unsicherheitsbehafteter (Mess-)Informationen über die Ein- und Ausgangsgrößen eine Menge von Systemzuständen bestimmt, die konsistent mit dem Systemmodell und den Messungen einschließlich der Unsicherheiten sind. Resultiert aus den Berechnungen eine leere Menge, so gibt es keinen Systemzustand, der unter Berücksichtigung der Unsicherheiten sowohl mit dem verwendeten Systemmodell als auch mit den Messinformationen erklärt werden kann. Diese Tatsache wird schließlich zur Fehlerdiagnose genutzt.

Die beschriebene prinzipielle Vorgehensweise wird auch in dieser Arbeit verwendet und in der Abbildung 2.1 anhand eines zweidimensionalen Beispiels verdeutlicht. Ausgehend von einer gewissen Menge möglicher Zustände $\mathcal{X}(t_k)$ zum aktuellen Zeitpunkt t_k wird auf Basis des Systemmodells einschließlich etwaiger Unsicherheiten und der ebenfalls unsicheren Eingangsgröße eine Menge möglicher Folgezustände $\mathcal{X}_\mathrm{p}(t_{k+1})$ zum Folgezeitpunkt t_{k+1} prädiziert. Die folgende Messung der Ausgangsgröße $y(t_{k+1})$, die ebenfalls unsicherheitsbehaftet sein kann und daher in einer Men-

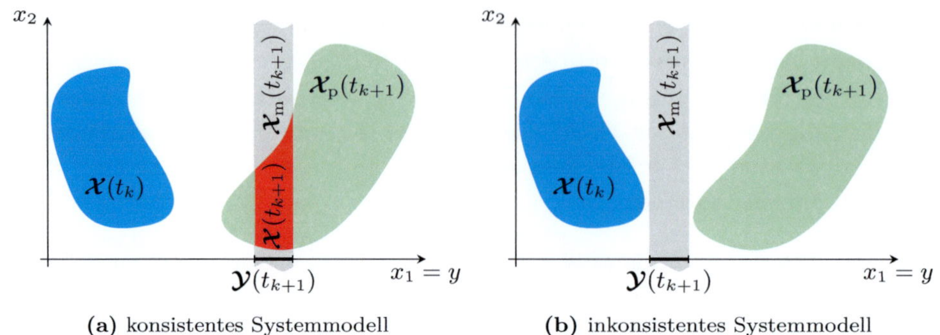

(a) konsistentes Systemmodell   **(b)** inkonsistentes Systemmodell

Abbildung 2.1: Konsistenzbasierte Fehlerdiagnose mittels Zustandsmengenbeobachtung im $\mathbb{R}^2$

ge möglicher Messwerte $\mathcal{Y}(t_{k+1})$ resultiert, lässt sich im Zustandsraum darstellen durch die Menge $\mathcal{X}_\mathrm{m}(t_{k+1})$ an Zuständen, welche „zur Messung passen", das heißt, welche die Messung erklären können. Im Beispiel in der Abbildung 2.1 gilt $y = x_1$ und die sich im Zustandsraum ergebende Menge $\mathcal{X}_\mathrm{m}(t_{k+1})$ stellt aufgrund der Unsicherheiten eine „verschmierte" Gerade dar, die orthogonal zur x_1-Achse verläuft. Die konsistente Zustandsmenge $\mathcal{X}(t_{k+1})$ enthält schließlich alle Zustände, die durch das Modell und die Messungen einschließlich der Unsicherheiten erklärt werden können. Sie ergibt sich daher als Schnittmenge von $\mathcal{X}_\mathrm{p}(t_{k+1})$ und $\mathcal{X}_\mathrm{m}(t_{k+1})$ (siehe Abbildung 2.1(a)). Eine leere Schnittmenge weist dagegen auf eine Inkonsistenz zwischen Modell und Messung hin (siehe Abbildung 2.1(b)). Die einzelnen Schritte werden in [Pla07] für den Fall linearer Systeme detailliert erläutert.

Die meisten in der Praxis auftretenden Systeme weisen jedoch Nichtlinearitäten auf, die mehr oder weniger schwierig zu behandeln sind. Häufig wird daher zur Systemanalyse oder zum Entwurf von Steuerungen oder Regelungen ein um einen geeigneten Arbeitspunkt linearisiertes Systemmodell anstelle der nichtlinearen Beschreibung verwendet.

Aufgrund des angestrebten garantierten Ausschlusses inkonsistenter Systemmodelle reicht jedoch hier eine näherungsweise lineare Systembeschreibung zur Fehlerdiagnose nicht aus, sodass direkt die nichtlineare Systembeschreibung verwendet werden muss. Die meisten Literaturstellen (siehe auch den folgenden Abschnitt 2.4), die eine zeitdiskrete nichtlineare Systembeschreibung zur Zustandsmengenbeobachtung verwenden, beschäftigen sich nicht mit der keineswegs trivialen Frage, wie diese ohne Vernachlässigung von Diskretisierungsfehlern aus einer zeitkontinuierlichen Beschreibung gewonnen werden kann.

Während zeitkontinuierliche lineare Systeme – üblicherweise unter Annahme stückweise konstanter Eingangsgrößen – exakt, das heißt ohne Diskretisierungsfehler, durch eine zeitdiskrete Darstellung beschrieben werden können (siehe beispielsweise [Föl93, Lun08b]), ist dies im Allgemeinen bei nichtlinearen Systemen nicht möglich. Genauso wie eine Vernachlässigung von Linearisierungsfehlern würde jedoch auch eine Vernachlässigung von Diskretisierungsfehlern beim Übergang von der zeitkontinuierlichen auf die zeitdiskrete Systembeschreibung zu Ungenauigkeiten im Systemmodell führen, die geeignet berücksichtigt werden müssten, um die angesprochene Garantie beim Ausschluss inkonsistenter Systemmodelle – und damit die Robustheit des Diagnoseverfahrens – erhalten zu können. Durch die direkte Verwendung der zeitkontinuierlichen Systemdarstellung wird dieses Problem im Folgenden vermieden.

Aus den oben genannten Gründen wird daher das in [Pla07] vorgestellte Verfahren in dieser Arbeit auf zeitkontinuierliche nichtlineare Systeme erweitert. Die Durchführung der Zustandsmengenbeobachtung für diese Systeme stellt dabei die wesentliche Herausforderung dar und bildet den theoretischen Schwerpunkt dieser Arbeit. Die Betrachtung nichtlinearer Systemmodelle ermöglicht darüber hinaus den Einsatz der Zustandsmengenbeobachtung zur kombinierten Zustands- und Parameterschätzung. Die zusätzlich mögliche Parameterschätzung eröffnet schließlich – gegenüber dem Verfahren aus [Pla07] – auch neue Möglichkeiten im Rahmen der Fehlerisolation.

Die in dieser Arbeit verwendete Systembeschreibung wird im Abschnitt 2.5 vorgestellt. Die Zustandsmengenbeobachtung für nichtlineare Systeme ist Gegenstand des Kapitels 4 und basiert auf Verfahren zur Lösungseinschließung gewöhnlicher Differenzialgleichungssysteme, die im Kapitel 3 behandelt werden. Der im Kapitel 5 beschriebene Diagnosealgorithmus ist ähnlich zu dem in [Pla07] vorgeschlagenen Verfahren.

2.4 Verwandte Arbeiten in der Literatur

Insgesamt existiert bisher in der Literatur nur eine relativ geringe Anzahl an Veröffentlichungen zum Thema der Zustandsmengenbeobachtung, von denen sich nur ein kleiner Anteil mit dem Thema Fehlerdiagnose beschäftigt. Dabei gehen die meisten Veröffentlichungen direkt von einer zeitdiskreten Systembeschreibung aus, während zeitkontinuierliche Systembeschreibungen deutlich seltener verwendet werden. Ein weiteres Unterscheidungsmerkmal stellt außerdem die verwendete Beschreibungsform der Zustandsmengen dar. Weit verbreitet ist dabei die Beschreibung mittels Intervallvektoren, die auch in dieser Arbeit zur Mengenbeschreibung verwendet werden. Weitere häufig verwendete Beschreibungsformen sind beispielsweise Polytope oder auch Ellipsoide. Im Folgenden wird ein kurzer Überblick über in der Literatur existierende, zu dieser Arbeit verwandte Arbeiten gegeben:

Zustandsmengenbeobachtung allgemein:

- [JKDW01] beschäftigt sich neben einer allgemeinen Einführung in die Intervall-analyse unter anderem mit den Themen robuste Regelung und Zustandsmen-genbeobachtung, wobei hier eine zeitdiskrete nichtlineare Systembeschreibung zugrunde liegt und Zustandsmengen häufig unterteilt und mittels Intervallvek-toren beschrieben werden.

- [Com05] beschreibt ein Verfahren zur Zustandsmengenbeobachtung nichtlinea-rer zeitkontinuierlicher Systeme, in dem Zonotope[5] als eher ungewöhnliche Art der Mengenbeschreibung eingesetzt werden.

- [RRC05] beschreibt einen Zustandsmengenbeobachter mit gleitendem Horizont (*„bounded error moving horizon state estimator"*) auf Basis des in dieser Arbeit ebenfalls verwendeten Intervallverfahrens. Ähnlichkeiten und Unterschiede zur Vorgehensweise in dieser Arbeit werden im Abschnitt 4.4 erläutert.

- [KRAH06] beschreibt einen Zustandsmengenbeobachter für nichtlineare zeit-kontinuierliche Systeme auf Basis der in dieser Arbeit ebenfalls verwendeten Taylor-Modelle. Ähnlichkeiten und Unterschiede zur Vorgehensweise in dieser Arbeit werden im Abschnitt 4.4 erläutert.

- [LS07a] beschreibt ein Verfahren zur Zustandsmengenbeobachtung nichtlinea-rer, zeitkontinuierlicher Systeme auf Basis des Einschließungsverfahrens aus [LS07b]. Dieses Einschließungsverfahren stellt eine Kombination aus den bei-den in dieser Arbeit verwendeten Einschließungsverfahren dar (siehe auch Ab-schnitt 3.4). Messgrößen werden durch *Constraint Propagation* [JKDW01] be-rücksichtigt, was im Gegensatz zu den Verfahren dieser Arbeit häufig eine Aufteilung der betrachteten Zustandsmengen erfordert.

- [Rau08] gibt einen allgemeinen Überblick über Intervallmethoden zur System-analyse und Reglersynthese auf Basis zeitdiskreter und zeitkontinuierlicher li-nearer und nichtlinearer Systembeschreibungen, darunter auch Ansätze zur Zu-standsmengenbeobachtung. Der Schwerpunkt liegt auf der Entwicklung eines einheitlichen Konzepts zur verifizierten Systemanalyse und robusten Synthese von Steuerungen und Regelungen.

- [LC09] verwendet die Zustandsmengenbeobachtung im Kontext der zuverlässi-gen Regelung linearer und nichtlinearer zeitdiskreter Systeme, wobei Zustands-mengen durch Polyeder beschrieben werden. Eine gezielte Ausnutzung der Struktur der Unsicherheiten ermöglicht dabei eine Verringerung der Überap-proximation. Im Fall nichtlinearer Systeme kommen darüber hinaus Auftei-lungsstrategien zur Verringerung der Überapproximation zum Einsatz.

---

[5]Ein n-dimensionales Zonotop ist das lineare Abbild eines m-dimensionalen Einheitswürfels im n-dimensionalen Raum. Es stellt damit eine spezielle Form von Polytopen dar.

Fehlerdiagnose mittels mengenbasierter Verfahren:

- [PQEH02, PSE$^+$06] erläutert den Einsatz so genannter *Intervallbeobachter* zur Fehlerdiagnose, die im Gegensatz zu den hier behandelten Zustandsmengenbeobachtern wie die klassischen Zustandsbeobachter eine Rückkopplung aufweisen und daher nicht auf einen konsistenzbasierten Diagnoseansatz führen.

- [Pla07] verwendet zeitdiskrete lineare Zustandsraummodelle zur konsistenzbasierten Fehlerdiagnose mittels Zustandsmengenbeobachtung, wobei die Zustandsmengen durch Polyeder beschrieben werden. Das dort beschriebene Diagnosekonzept liegt auch dieser Arbeit zugrunde, die Ansätze zur Zustandsmengenbeobachtung unterscheiden sich jedoch grundsätzlich.

- [LS08] beschreibt den Einsatz der Verfahren aus [LS07a] und [LS07b] (siehe oben) zur Fehlerdetektion, wobei neben einem rein simulationsbasierten Ansatz auch ein Verfahren zur Zustandsmengenbeobachtung zum Einsatz kommt. Der Einsatz der Verfahren zur Fehlerisolation wird jedoch nicht betrachtet.

- [Aßf09] beschäftigt sich mit der konsistenzbasierten Diagnose auf Basis zeitdiskreter nichtlinearer Systembeschreibungen. Die dabei auftretenden Zustandsmengen werden in Anlehnung an das Kalman-Filter durch Ellipsoide beschrieben.

2.5 Unsicherheitsbehaftete Systeme im Zustandsraum

Wie im vorangegangenen Abschnitt erläutert, wird für das in dieser Arbeit beschriebene konsistenzbasierte Diagnoseverfahren mittels Zustandsmengenbeobachtung eine Beschreibung des zeitkontinuierlichen nichtlinearen Systemverhaltens im Zustandsraum benötigt.

Definition 2.19: Zeitkontinuierliches nichtlineares Zustandsraummodell

Ein zeitkontinuierliches nichtlineares System in Zustandsdarstellung ist gegeben durch

$$\dot{\boldsymbol{x}}(t) = \boldsymbol{f}\left(\boldsymbol{x}(t), \boldsymbol{u}(t)\right), \tag{2.1a}$$

$$\boldsymbol{y}(t) = \boldsymbol{g}\left(\boldsymbol{x}(t), \boldsymbol{u}(t)\right). \tag{2.1b}$$

Dabei stellen $\boldsymbol{x}(t) \in \mathbb{R}^n$ den Zustandsvektor[6], $\boldsymbol{u}(t) \in \mathbb{R}^p$ den Eingangsvektor und $\boldsymbol{y}(t) \in \mathbb{R}^q$ den Ausgangsvektor dar. Die vektoriellen Funktionen $\boldsymbol{f}(\,\cdot\,)$ beziehungs-

---

[6]Bei Bedarf kann der Zustandsvektor ohne weiteres um zeitvariante oder parallel zu den Zustandsgrößen mitzuschätzende Parameter erweitert werden.

weise $g(\cdot)$ werden als Systemfunktion beziehungsweise Ausgangsfunktion bezeichnet. Die implizit in der Systemfunktion $f(\cdot)$ enthaltenen, konstanten Modellparameter werden mit $z \in \mathbb{R}^r$ bezeichnet. Die Gleichung (2.1a) heißt Systemgleichung oder Zustandsdifferenzialgleichung, die Gleichung (2.1b) wird Ausgangsgleichung genannt.

Anmerkungen:

- Da in dieser Arbeit ausschließlich zeitkontinuierliche Systeme betrachtet werden und daher keine Verwechslungsgefahr besteht, wird im Folgenden der Zusatz „zeitkontinuierlich" weggelassen. Ebenso entfällt die explizite Nennung des Arguments Zeit (t), sofern keine bestimmten Zeitpunkte gemeint sind.

- Die nichtlineare Darstellung aus der Definition 2.19 enthält den Spezialfall eines linearen Systems mit $f(x, u) = Ax + Bu$ und $g(x, u) = Cx + Du$. Dabei werden die Matrizen $A \in \mathbb{R}^{n \times n}$ als Dynamikmatrix, $B \in \mathbb{R}^{n \times p}$ als Eingangsmatrix, $C \in \mathbb{R}^{q \times n}$ als Ausgangsmatrix und $D \in \mathbb{R}^{q \times p}$ als Durchgriffsmatrix bezeichnet.

Die weiteren Ausführungen in dieser Arbeit beschränken sich auf den Spezialfall nichtlinearer Systeme mit linearer Ausgangsgleichung

$$g(x, u) = Cx + Du. \tag{2.2}$$

Diese Anforderung kann durch eine geschickte Formulierung der Zustandsgleichungen unter Verwendung geeigneter Zustandsvariablen für eine Vielzahl in der Praxis auftretender Systeme erfüllt werden und stellt daher keine schwerwiegende Einschränkung dar.

Die meisten technischen Systeme weisen keinen Durchgriff auf, sodass im Weiteren stets von Systemen ohne Durchgriff ausgegangen wird, für die $D = 0$ gilt. Dies stellt jedoch keine Einschränkung dar, da ein System mit Durchgriff für die Diagnose unter Verwendung der fiktiven Ausgangsgrößen $\tilde{y} = y - Du$ anstelle der tatsächlichen Ausgangsgrößen y stets als System ohne Durchgriff dargestellt werden kann.

Zusätzlich wird für die weiteren Betrachtungen das System nach [Lun08b] in Sensorkoordinaten dargestellt. Dazu wird die lineare Ausgangsgleichung (2.2) mit $D = 0$ betrachtet. Geht man davon aus, dass die zur Verfügung stehenden Ausgangsgrößen y keine Redundanz aufweisen, so hat die Matrix C den Höchstrang q. Mithilfe einer geeigneten Permutationsmatrix[7] P wird erreicht, dass die ersten q Spalten der

---

[7]Eine Permutationsmatrix P ist eine orthogonale Matrix, die aus der Einheitsmatrix durch Vertauschen einzelner Zeilen entsteht. Ist M eine beliebige Matrix passender Dimension, so werden durch PM die Zeilen und durch MP die Spalten von M vertauscht (siehe auch [GVL96]).

Matrix $\widetilde{C}$ linear unabhängig sind:

$$y = Cx = CP^{\mathrm{T}}Px = \begin{pmatrix} \widetilde{C}_1 & \widetilde{C}_2 \end{pmatrix} Px. \tag{2.3}$$

Die $q \times q$-Matrix $\widetilde{C}_1$ ist damit stets regulär. Durch die reguläre Transformation

$$\widetilde{x} = \begin{pmatrix} \widetilde{C}_1 & \widetilde{C}_2 \\ 0 & I_{n-q} \end{pmatrix} Px \qquad \Leftrightarrow \qquad x = P^{\mathrm{T}} \begin{pmatrix} \widetilde{C}_1^{-1} & -\widetilde{C}_1^{-1}\widetilde{C}_2 \\ 0 & I_{n-q} \end{pmatrix} \widetilde{x} \tag{2.4}$$

geht die allgemeine lineare Ausgangsgleichung in die spezielle Form

$$y = \begin{pmatrix} I_q & 0 \end{pmatrix} \widetilde{x} = \begin{pmatrix} \widetilde{x}_1 & \ldots & \widetilde{x}_q \end{pmatrix}^{\mathrm{T}} \tag{2.5}$$

über. Die transformierten Zustandsgrößen $\widetilde{x}$ stellen damit eine Linearkombination der ursprünglichen Zustandsgrößen x dar. Mithilfe des Zusammenhangs aus der Gleichung (2.4) können daher auch die ursprünglichen Zustandsgrößen x in der nichtlinearen Systemfunktion $f(\cdot)$ stets durch die transformierten Zustandsgrößen $\widetilde{x}$ ausgedrückt werden. Die spezielle Darstellung in Sensorkoordinaten stellt daher keine Einschränkung dar. Sie hat zur Folge, dass die Messmenge stets ein achsenparalleles Band darstellt (vergleiche auch Abbildung 2.1), was den Korrekturschritt der Zustandsmengenbeobachtung vereinfacht (siehe auch Abschnitt 4.1). Insgesamt ergibt sich die folgende Systemdarstellung, wobei der Übersichtlichkeit halber wieder x statt $\widetilde{x}$ geschrieben wird:

Definition 2.20: Nichtlineares Zustandsraummodell in Sensorkoordinaten

Ein nichtlineares Zustandsraummodell in Sensorkoordinaten ist gegeben durch die Gleichungen

$$\dot{x} = f(x, u), \tag{2.6a}$$

$$y = \begin{pmatrix} I_q & 0 \end{pmatrix} x. \tag{2.6b}$$

Um ein robustes Diagnoseergebnis zu erreichen, müssen Unsicherheiten in den Ein- und Ausgangsgrößen ebenso wie Ungenauigkeiten der verwendeten Systemmodelle geeignet berücksichtigt werden. Im Allgemeinen können Unsicherheiten, unter denen im Folgenden auch – beispielsweise durch vereinfachende Annahmen bei der Modellierung entstehende – Ungenauigkeiten des Systemmodells zu verstehen sind, durch verschiedene Ansätze beschrieben werden. In der Literatur am weitesten verbreitet ist die stochastische Beschreibung mithilfe so genannter Rauschprozesse, die als stochastische Prozesse mit als bekannt angenommener Verteilungs- beziehungsweise Dichtefunktion modelliert werden [JW00]. Meist werden dabei normalverteilte

Zufallsprozesse eingesetzt, die durch ihr erstes Moment (den Erwartungswert) sowie ihr zweites zentrales Moment (die Kovarianz) vollständig beschrieben sind.

Die weite Verbreitung dieser stochastischen Beschreibung von Unsicherheiten hängt mit der großen Bekanntheit des Kalman-Filters und seiner zahlreichen Varianten und Erweiterungen zusammen. Der größte Vorteil des Kalman-Filters bei der Zustandsschätzung ist aus Anwendersicht neben der exzellenten Beschreibung in der Literatur, dass es neben einem im Sinne einer minimalen Schätzfehlerkovarianz optimalen Schätzwert für den Systemzustand zusätzlich noch Informationen über die Güte der Schätzung liefert. Allerdings steht und fällt die Qualität der Schätzung natürlich mit der Güte des verwendeten Prozessmodells sowie einer korrekten Beschreibung der verwendeten Rauschprozesse. Bestimmte Arten von Unsicherheiten wie mittelwertbehaftetes Messrauschen oder Parameterunsicherheiten können jedoch nicht gut oder zumindest für den Anwender nicht intuitiv einsichtig durch stochastische Prozesse beschrieben werden. In diesen Fällen liefert ein Kalman-Filter möglicherweise keine ausreichend guten Ergebnisse.

Eine alternative Beschreibungsform stellen in diesem Fall die auch in dieser Arbeit verwendeten mengenbasierten Methoden dar. Alle unsicheren Größen, also die Systemeingangsgrößen $\boldsymbol{u}(t) \in \mathbb{R}^p$, die Ausgangsgrößen $\boldsymbol{y}(t) \in \mathbb{R}^q$ sowie die implizit in der Systemfunktion $\boldsymbol{f}(\cdot)$ enthaltenen, konstanten Modellparameter $\boldsymbol{z} \in \mathbb{R}^r$ und damit auch die Zustandsgrößen $\boldsymbol{x}(t) \in \mathbb{R}^n$, werden dabei durch deterministische Mengen reeller Zahlen beschrieben, von denen lediglich untere und obere Schranken als bekannt vorausgesetzt sind. Die tatsächlichen Werte der einzelnen Größen sind unbekannt und dürfen innerhalb der vorgegebenen Schranken beliebig variieren.

Alle durchzuführenden Berechnungen werden also mit Mengen reeller Zahlen anstatt einzelner reeller Zahlen durchgeführt. Sämtliche resultierenden Ergebnisse sind ebenfalls – möglicherweise leere – Mengen. Dies mag zunächst ungewohnt erscheinen, da anstelle einer bestmöglichen Lösung eine ganze Menge von Lösungen betrachtet werden muss. Der Vorteil ist jedoch, dass die resultierende Lösungsmenge (eines Gleichungssystems, einer Differenzialgleichung, ...) tatsächlich alle existierenden Lösungen enthält. Daher sind die mengenbasierten Verfahren die einzigen Verfahren, die unter Berücksichtigung von Unsicherheiten garantierte Aussagen erlauben [JKDW01, Pla07].

Da die im Kapitel 3 beschriebenen Verfahren – ähnlich dem bekannten Potenzreihenansatz zur Lösung von Differenzialgleichungen – auf Taylor-Reihenentwicklungen der Systemfunktion $\boldsymbol{f}(\cdot)$ beruhen, wird in dieser Arbeit vorausgesetzt, dass die Systemfunktion hinreichend oft stetig differenzierbar ist. Daher sind beispielsweise Betrags- oder Sprungfunktionen in $\boldsymbol{f}(\cdot)$ nicht zugelassen.

Außerdem wird vorausgesetzt, dass die Eingangsgrößen $\boldsymbol{u}(t)$ zwischen zwei betrachteten, aufeinanderfolgenden Zeitpunkten t_k und t_{k+1} innerhalb der konstanten Menge

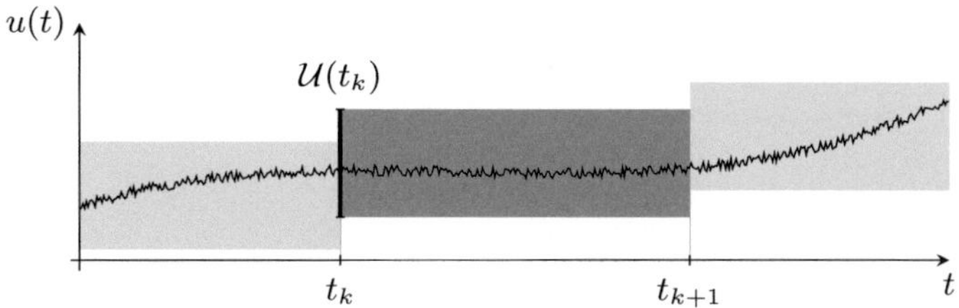

Abbildung 2.2: Einschließung der Eingangsgröße durch stückweise konstante Eingangsmengen

$\mathcal{U}(t_k)$ verlaufen, dass also

$$\boldsymbol{u}(t) \in \mathcal{U}(t_k) \text{ für } t_k \leq t < t_{k+1} \tag{2.7}$$

gilt. Diese Annahme ist vergleichbar der klassischen Annahme stückweise konstanter Eingangsgrößen. Genau genommen ist die hier gestellte Forderung an $\boldsymbol{u}(t)$ jedoch weniger restriktiv, da die tatsächlichen Eingangsgrößen, wie in der Abbildung 2.2 dargestellt, innerhalb der gegebenen Schranken variieren dürfen und keineswegs konstant sein müssen. Durch geeignete Wahl der unteren und oberen Schranken für $\mathcal{U}(t_k)$ kann die Voraussetzung der Gleichung (2.7) stets erfüllt werden (siehe auch Kapitel 4).

Die Basis für die weiteren Betrachtungen dieser Arbeit ist die folgende unsicherheitsbehaftete Systembeschreibung (vergleiche auch Definition 2.20):

Definition 2.21: Unsicheres nichtlineares Zustandsraummodell in Sensorkoordinaten

Ein unsicheres nichtlineares Zustandsraummodell in Sensorkoordinaten ist gegeben durch die Gleichungen

$$\dot{\boldsymbol{\mathcal{X}}} = \boldsymbol{f}\left(\boldsymbol{\mathcal{X}},\boldsymbol{\mathcal{U}}\right), \tag{2.8a}$$

$$\boldsymbol{\mathcal{Y}} = \begin{pmatrix} \boldsymbol{I}_q & \boldsymbol{0} \end{pmatrix} \boldsymbol{\mathcal{X}}. \tag{2.8b}$$

Dabei stellt $\boldsymbol{\mathcal{X}} \subset \mathbb{R}^n$ den Zustandsmengenvektor, $\boldsymbol{\mathcal{U}} \subset \mathbb{R}^p$ den Eingangsmengenvektor und $\boldsymbol{\mathcal{Y}} \subset \mathbb{R}^q$ den Ausgangsmengenvektor dar. Die Systemfunktion $\boldsymbol{f}(\cdot)$ muss hinreichend oft stetig differenzierbar sein. Sie enthält implizit die konstanten, unsicheren Modellparameter $\boldsymbol{\mathcal{Z}} \subset \mathbb{R}^r$. Für die unsicheren Eingangsgrößen wird zusätzlich die Bedingung (2.7) vorausgesetzt.

Im Kapitel 3 werden nun zunächst verschiedene Möglichkeiten zur Darstellung der verwendeten Mengen im Rechner sowie die Durchführung von Berechnungen mit diesen Mengen erläutert, bevor detailliert auf Verfahren zur Lösungseinschließung autonomer Differenzialgleichungssysteme eingegangen wird. Darauf aufbauend beschäftigt sich das Kapitel 4 mit der Durchführung der Zustandsmengenbeobachtung, die im Kapitel 5 zur konsistenzbasierten Fehlerdiagnose angewendet wird.

Kapitel 3

Lösungseinschließung gewöhnlicher Differenzialgleichungssysteme

Die Modellierung dynamischer Vorgänge in technischen Systemen führt häufig auf nichtlineare Differenzialgleichungssysteme, die im Allgemeinen nicht analytisch gelöst werden können. Zur Lösung solcher Differenzialgleichungssysteme werden daher numerische Verfahren eingesetzt, die jedoch üblicherweise nur eine mehr oder weniger gute Approximation der tatsächlichen Lösung liefern können. Zu den am weitesten verbreiteten Verfahren dieser Art gehören beispielsweise das Euler-Verfahren oder auch die Runge-Kutta-Verfahren, mit denen in vielen Fällen gute Ergebnisse erzielt werden können [SB00].

Die klassischen Simulationsverfahren lassen jedoch üblicherweise keine direkte Aussage über die Güte der berechneten Approximation zu. Insbesondere bei Verwendung eines ungeeigneten Verfahrens oder bei falscher Parametrierung – beispielsweise bei der Wahl der Schrittweite – kann die berechnete Näherungslösung beliebig von der tatsächlichen Lösung abweichen, ohne dass dies für den Anwender ersichtlich ist. Des Weiteren sind die in den Differenzialgleichungen auftretenden Parameter sowie die Anfangsbedingungen oft nicht exakt bekannt, was gegebenenfalls eine Vielzahl von Simulationen mit unterschiedlichen Parameterwerten erforderlich macht, um einen Überblick über das tatsächliche Systemverhalten zu gewinnen.

Eine Alternative zu den klassischen Näherungsverfahren stellen in diesen Fällen die so genannten *Einschließungsverfahren* dar, mit denen anstelle einer numerischen Näherungslösung mithilfe garantierter Schranken eine Einschließung aller Lösungen des betrachteten Differenzialgleichungssystems berechnet wird. Dabei können neben Parameterunsicherheiten auch Unsicherheiten in den Anfangsbedingungen sowie bei den Berechnungen auftretende Rundungsfehler aufgrund der beschränkten Rechengenauigkeit berücksichtigt werden. Darüber hinaus liefern diese Verfahren automatisch einen Beweis der Existenz einer Lösung, während die oben erwähnten Näherungsverfahren auch eine „Näherungslösung" berechnen können, wenn das betrachtete Differenzialgleichungssystem tatsächlich gar keine (eindeutige) Lösung besitzt.

Im Allgemeinen wird [Moo66] als Ursprung der *Intervallanalyse* angesehen, obwohl es bereits früher vereinzelte Veröffentlichungen zu diesem Thema gab (siehe beispielsweise [Moo59, Moo62, Boc66]). In der Folge wurden diese als *Intervallverfahren* bezeichneten Einschließungsverfahren immer wieder modifiziert und verbessert, wobei üblicherweise die Arbeiten [Eij81],[Loh88] und [Ned99] als weitere Meilensteine einer Entwicklung gelten, die bis heute noch nicht abgeschlossen ist. Allen diesen Intervallverfahren ist gemein, dass sie ursprünglich mit dem Ziel der validierenden Simulation nichtlinearer Differenzialgleichungssysteme entwickelt wurden. Daher wurde meist von nur geringen Unsicherheiten in den Parametern oder Anfangsbedingungen ausgegangen und das Hauptaugenmerk im Wesentlichen auf die Berechnung möglichst enger Schranken über einen möglichst langen Zeitraum – also auf eine effiziente Kontrolle der Rundungs- und Diskretisierungsfehler – gelegt. Die Anwendung dieser Verfahren zur Zustandsmengenbeobachtung erfordert aufgrund der anderen Zielsetzung eine Weiterentwicklung der Verfahren, die im Kapitel 4 beschrieben wird. Als Vertreter der Intervallverfahren wird in dieser Arbeit speziell das *Intervall-Hermite-Obreschkoff-Verfahren* (IHO-Verfahren) aus [Ned99] untersucht[1].

Die genannten Intervallverfahren basieren auf einer Taylor-Reihenentwicklung bezüglich der Zeit und beschreiben auftretende Unsicherheiten durch Intervalle beziehungsweise Intervallvektoren. Ein alternativer Lösungsansatz wurde in den 1990er Jahren an der Michigan State University mit den so genannten *Taylor-Modellen* entwickelt (siehe unter anderem [MB96, Ber97, BM98, Mak98, MB03]), die als zweites Verfahren in dieser Arbeit zur Zustandsmengenbeobachtung eingesetzt werden. Im Gegensatz zu den reinen Intervallverfahren wird bei den Taylor-Modellen eine multivariate Taylor-Reihenentwicklung bezüglich der Zeit und der Anfangsbedingungen verwendet. Die Taylor-Modelle setzen sich damit aus einem multivariaten Polynomanteil und einem Intervallrest zusammen, in dem sämtliche anfallenden Rundungs- und Diskretisierungsfehler akkumuliert werden.

Da in den Veröffentlichungen zu Taylor-Modellen oft wichtige Details fehlen und auch die Umsetzung im Programmpaket COSY INFINITY[2] aufgrund mangelnder Dokumentation des Quellcodes nur schwer verständlich ist, fanden die Taylor-Modelle bis heute nur eine geringe Verbreitung und waren auch teilweise kontroversen Diskussionen ausgesetzt (siehe beispielsweise [Neu02]). Mittlerweile existiert mit [Ebl07] je-

---

[1]Eine Implementierung dieses Verfahrens mit der Bezeichnung VNODE (Validated Numerical Ordinary Differential Equations) und die neuere Version VNODE-LP (LP steht für „Literate Programming") sind verfügbar unter `http://www.cas.mcmaster.ca/~nedialk/`

[2]Nach Registrierung erhältlich unter `http://bt.pa.msu.edu/index_cosy.htm`

doch auch eine verständlichere und mathematisch fundierte Abhandlung über Taylor-Modelle.

Alle Einschließungsverfahren erfordern die Durchführung von Berechnungen mit Mengen reeller Zahlen. Im Abschnitt 3.1 werden daher zunächst die in dieser Arbeit verwendeten Beschreibungsformen für Mengen reeller Zahlen eingeführt sowie die Durchführung von Berechnungen mit diesen Mengen erläutert. In den Abschnitten 3.2 und 3.3 werden dann das IHO-Verfahren sowie das Verfahren auf Basis der Taylor-Modelle detailliert erläutert. Diese beiden Verfahren werden im Rahmen dieser Arbeit zur Lösungseinschließung gewöhnlicher Differenzialgleichungssysteme verwendet. Den Abschluss dieses Kapitels bildet der Abschnitt 3.4 mit einem Vergleich der erläuterten Verfahren.

3.1 Berechnungen mit Mengen reeller Zahlen

Zur Durchführung von Berechnungen mit Mengen reeller Zahlen müssen neben einer geeigneten Darstellung der Mengen im Rechner auch die Berechnungsvorschriften zur Durchführung von Rechenoperationen mit diesen Mengen definiert sein. In dieser Arbeit werden dazu neben der Intervallarithmetik auch die Taylor-Modelle verwendet.

3.1.1 Intervallarithmetik

Die Ausführungen zu Intervallen in diesem Abschnitt orientieren sich an [JKDW01] und beschränken sich auf für diese Arbeit relevante Sachverhalte, ohne einen vollständigen Überblick über die Intervallarithmetik anzustreben.

Definition 3.1: Reelles Intervall

Ein reelles Intervall

$$[x] = [\underline{x}, \overline{x}] := \{x \in \mathbb{R} \mid \underline{x} \le x \le \overline{x}\} \tag{3.1}$$

ist eine kompakte und zusammenhängende Teilmenge der reellen Zahlen $\mathbb{R}$. Die Menge aller reellen Intervalle wird mit $\mathbb{IR}$ bezeichnet.

Nach dieser Definition werden Intervalle im Interesse einer einheitlichen Darstellung stets als geschlossene Mengen betrachtet, auch wenn sie, wie beispielsweise das Intervall $[0, \infty[$, im mathematischen Sinne offene Intervalle sein können. Die leere Menge $\emptyset$ wird in dieser Arbeit ebenfalls als Intervall aufgefasst, was in der Literatur jedoch nicht immer so gehandhabt wird. Ergibt eine Berechnung die leere Menge als Ergebnis, so bedeutet dies, dass keine Lösung existiert.

Die untere Schranke $\underline{x}$ sowie die obere Schranke $\overline{x}$ eines nichtleeren Intervalls $[x]$ sind gegeben durch

$$\underline{x} = \inf([x]) \ \text{ und } \ \overline{x} = \sup([x]) \,. \tag{3.2}$$

Eine reelle Zahl x kann auch als so genanntes *entartetes Intervall* oder *Punktintervall* aufgefasst werden, für das $\underline{x} = \overline{x} = x$ gilt. Damit kann die Intervallarithmetik auch als Erweiterung der klassischen Arithmetik reeller Zahlen angesehen werden. Bei Bedarf kann die Intervallarithmetik auch auf komplexe Intervalle erweitert werden. Dies wird jedoch im Rahmen dieser Arbeit nicht benötigt und daher im Folgenden nicht weiter betrachtet.

Der *Mittelpunkt* („*midpoint*") eines beschränkten und nichtleeren Intervalls $[x]$ ist gegeben durch

$$\widehat{x} := \frac{\underline{x} + \overline{x}}{2}, \tag{3.3}$$

die *Breite* („*width*") eines nichtleeren Intervalls durch

$$\mathrm{w}([x]) := \overline{x} - \underline{x} \tag{3.4}$$

und die *Größe* („*magnitude*") durch

$$\mathrm{mag}([x]) := \max\left\{|\underline{x}|, |\overline{x}|\right\}. \tag{3.5}$$

Im mengentheoretischen Sinn sind die Begriffe *Gleichheit* („*identity*"), *Teilmenge* („*subset*") und *echte Teilmenge* („*strict subset*") für zwei Intervalle $[x]$ und $[y]$ definiert durch

$$\begin{aligned}
[x] = [y] &\ \Leftrightarrow\ \underline{x} = \underline{y} \wedge \overline{x} = \overline{y}, & \tag{3.6}\\
[x] \subseteq [y] &\ \Leftrightarrow\ \underline{x} \geq \underline{y} \wedge \overline{x} \leq \overline{y} \text{ und} & \tag{3.7}\\
[x] \subset [y] &\ \Leftrightarrow\ [x] \subseteq [y] \wedge [x] \neq [y] \,. & \tag{3.8}
\end{aligned}$$

Der *Durchschnitt* („*intersection*") zweier Intervalle

$$[x] \cap [y] = \begin{cases} \left[\max\left\{\underline{x}, \underline{y}\right\}, \min\left\{\overline{x}, \overline{y}\right\}\right] & \text{falls } \max\left\{\underline{x}, \underline{y}\right\} \leq \min\left\{\overline{x}, \overline{y}\right\} \\ \emptyset & \text{sonst} \end{cases} \tag{3.9}$$

ist stets wieder ein Intervall, während die *Vereinigung* („*union*") zweier Intervalle im mengentheoretischen Sinn im Allgemeinen zunächst kein Intervall ist und daher im Sinne der Intervallarithmetik durch

$$[x] \cup [y] = \left[\min\left\{\underline{x}, \underline{y}\right\}, \max\left\{\overline{x}, \overline{y}\right\}\right] \tag{3.10}$$

definiert wird. Durch diese Definition impliziert die Vereinigung zweier Intervalle häufig eine Überapproximation, da dabei die Information über eine mögliche Lücke zwischen den beiden ursprünglichen Intervallen verloren geht. Manchmal werden solche Lücken in der Literatur gezielt berücksichtigt, um die Ergebnisse nachfolgender Berechnungen zu verbessern. Dies erfordert jedoch die separate Behandlung mehrerer Teilintervalle in den nachfolgenden Rechenschritten. Aufgrund einer möglichen kombinatorischen Explosion wird dieser Ansatz hier – wie auch überwiegend in der Literatur – nicht weiter verfolgt. Das Ergebnis der Vereinigung wird oft auch als *Hülle* („*hull*") bezeichnet.

Die Grundrechenarten Addition und Multiplikation lassen sich als Operationen auf den Intervallschranken ausdrücken:

$$[x] + [y] = \left[\underline{x} + \underline{y}, \overline{x} + \overline{y}\right], \tag{3.11}$$

$$[x]\,[y] = \left[\min\left\{\underline{x}\underline{y}, \underline{x}\overline{y}, \overline{x}\underline{y}, \overline{x}\overline{y}\right\}, \max\left\{\underline{x}\underline{y}, \underline{x}\overline{y}, \overline{x}\underline{y}, \overline{x}\overline{y}\right\}\right]. \tag{3.12}$$

Die Subtraktion kann mithilfe von

$$-[x] = [-\overline{x}, -\underline{x}] \tag{3.13}$$

auf die Addition zurückgeführt werden, die Division mithilfe der Inversion auf die Multiplikation:

$$\frac{1}{[x]} = \begin{cases} \emptyset & \text{falls } [x] = [0,0], \\[4pt] \left[\frac{1}{\overline{x}}, \frac{1}{\underline{x}}\right] & \text{falls } 0 \notin [x], \\[4pt] \left[\frac{1}{\overline{x}}, \infty\right] & \text{falls } [x] = [0, \overline{x}], \\[4pt] \left[-\infty, \frac{1}{\underline{x}}\right] & \text{falls } [x] = [\underline{x}, 0], \\[4pt] [-\infty, \infty] & \text{sonst.} \end{cases} \tag{3.14}$$

Addition und Multiplikation sind kommutativ und assoziativ, aber im Allgemeinen nicht distributiv. Stattdessen gilt lediglich die schwächere *Subdistributivität*

$$[x]\,([y] + [z]) \subseteq [x]\,[y] + [x]\,[z], \tag{3.15}$$

wobei die Gleichheit nur in Ausnahmefällen wie beispielsweise im Fall eines entarteten Intervalls $[x]$ gilt.

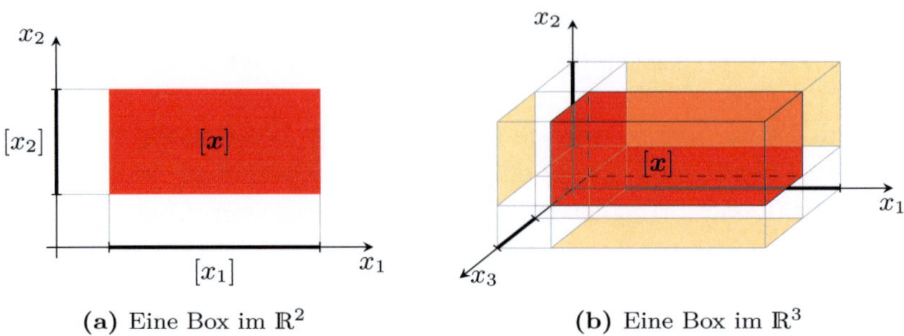

(a) Eine Box im $\mathbb{R}^2$ (b) Eine Box im $\mathbb{R}^3$

Abbildung 3.1: Intervallvektoren als Beschreibungsform für Mengen

Intervallvektoren und Intervallmatrizen

Ein Intervallvektor $[\boldsymbol{x}] \in \mathbb{IR}^n$ beziehungsweise eine Intervallmatrix $[\boldsymbol{A}] \in \mathbb{IR}^{m \times n}$ ist ein Vektor beziehungsweise eine Matrix mit Intervallelementen. Operationen wie Durchschnitt und Vereinigung oder auch Mittelpunkt und Breite von Intervallvektoren und -matrizen sind elementweise zu verstehen, während die Intervall-Grundrechenarten analog zum klassischen Fall auf Vektoren und Matrizen erweitert werden. Dabei ist allerdings zu beachten, dass beispielsweise das Produkt von Matrizen im Intervallsinn nicht assoziativ ist.

Intervallvektoren werden oft auch als *Boxen* bezeichnet und stellen achsenparallele Parallelepipede dar. Beispielhaft sind in der Abbildung 3.1 solche Boxen im $\mathbb{R}^2$ und im $\mathbb{R}^3$ dargestellt. Sie sind eine recht einfach zu handhabende Möglichkeit, Zustandsmengen darzustellen, die jedoch auch einige Nachteile aufweist, welche im Zusammenhang mit den Intervallfunktionen verdeutlicht werden.

Intervallfunktionen

Zur Auswertung allgemeiner nichtlinearer Funktionen im Intervallsinn werden noch Berechnungsvorschriften für die so genannten *elementaren Funktionen* (Potenz- und Exponentialfunktionen, trigonometrische Funktionen, hyperbolische Funktionen und die jeweiligen Umkehrfunktionen) benötigt. Im Falle monotoner Funktionen wie dem natürlichen Logarithmus (siehe Abbildung 3.2(a)) kann der Wertebereich einfach durch Betrachtung der Intervallgrenzen bestimmt werden:

$$\ln([x]) := [\ln(\underline{x}), \ln(\overline{x})] . \tag{3.16}$$

Die Auswertung nicht monotoner Funktionen ist dagegen aufwändiger und erfordert im Allgemeinen Fallunterscheidungen und Extremwertbetrachtungen. So muss bei-

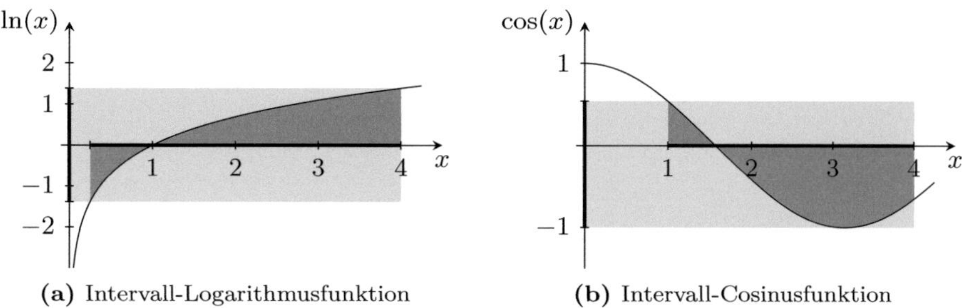

(a) Intervall-Logarithmusfunktion   **(b)** Intervall-Cosinusfunktion

Abbildung 3.2: Beispiele für Intervallfunktionen

spielweise für die Funktion $f(x) = \cos(x)$ zusätzlich zu den Funktionswerten an den Intervallrändern berücksichtigt werden, ob innerhalb des Intervalls eine Extremstelle $k\pi$ ($k \in \mathbb{Z}$) liegt oder nicht (siehe Abbildung 3.2(b)).

Zwei Besonderheiten bei der Durchführung von Berechnungen mit Intervallen, die je nach Berechnungsvorschrift zu extremer Überschätzung der Ergebnisse führen können, sollen im Folgenden noch kurz erläutert werden: der *Einhüllungs-Effekt* (*„Wrapping-Effekt"*) sowie der *Abhängigkeits-Effekt* (*„Dependency-Effekt"*), die üblicherweise auch in der deutschsprachigen Literatur unter der englischen Bezeichnung verbreitet sind.

Der Wrapping-Effekt hängt mit der Tatsache zusammen, dass das Ergebnis einer Berechnung stets wieder als Intervall dargestellt werden muss, sodass die Ergebnismenge unter Umständen Werte enthält, die in der tatsächlichen Lösungsmenge nicht enthalten sind[3]. Es soll an dieser Stelle jedoch darauf hingewiesen werden, dass das Gegenteil nicht passieren kann: Tatsächliche Lösungen werden niemals in der berechneten Ergebnismenge fehlen!

Beispiel 3.1: Wrapping-Effekt

Gegeben sei die Abbildungsvorschrift

$$y = \begin{pmatrix} \frac{3}{2} + \frac{1}{2}x_1 + \frac{1}{4}x_2 \\ 1 + \frac{1}{4}x_1 + \frac{1}{2}x_2 \end{pmatrix} = \begin{pmatrix} \frac{1}{2} & \frac{1}{4} \\ \frac{1}{4} & \frac{1}{2} \end{pmatrix} x + \begin{pmatrix} \frac{3}{2} \\ 1 \end{pmatrix} = Ax + b.$$

Die intervallmäßige Auswertung mit $[x] = (\begin{matrix}[-1,1] & [-1,1]\end{matrix})^{\mathrm{T}}$ ergibt den Intervallvektor $[y] = (\begin{matrix}\left[\frac{3}{4}, \frac{9}{4}\right] & \left[\frac{1}{4}, \frac{7}{4}\right]\end{matrix})^{\mathrm{T}}$. Wie aus der Abbildung 3.3 ersichtlich ist, enthält $[y]$ die tatsächliche Lösungsmenge $\mathcal{Y} = \{Ax + b \,|\, x \in [x]\}$ vollständig, überschätzt sie jedoch deutlich.

---

[3]Solche Anteile des Intervalls werden in der Literatur üblicherweise als *„unechte Lösungen"* (*„spurious solutions"*) bezeichnet.

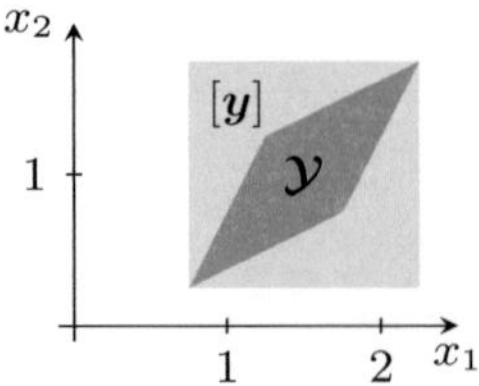

Abbildung 3.3: Wrapping-Effekt

Der Dependency-Effekt bewirkt eine Überschätzung der Ergebnismenge bei der intervallmäßigen Auswertung von Ausdrücken, die eine Variable mehrmals enthalten. In diesem Fall kann bei der Auswertung im Intervallsinn nicht berücksichtigt werden, dass die Werte der Variablen an unterschiedlichen Stellen im Ausdruck nicht beliebig innerhalb der eingesetzten Intervalle variieren, sondern voneinander abhängen.

Beispiel 3.2: Dependency-Effekt

Gegeben sei die Abbildungsvorschrift

$$y = (x + 1)(x + 2) = x^2 + 3x + 2 = xx + 3x + 2 = \left(x + \frac{3}{2}\right)^2 - \frac{1}{4},$$

die für das Intervall $[x] = [-2, 1]$ *ausgewertet werden soll. Je nach Darstellung der Abbildungsvorschrift führt dies auf unterschiedliche Ergebnisintervalle:*

$$y = (x + 1)(x + 2) \quad \Rightarrow \quad [y] = [-3, 6],$$
$$y = x^2 + 3x + 2 \quad \Rightarrow \quad [y] = [-4, 9],$$
$$y = xx + 3x + 2 \quad \Rightarrow \quad [y] = [-6, 9],$$
$$y = \left(x + \frac{3}{2}\right)^2 - \frac{1}{4} \quad \Rightarrow \quad [y] = \left[-\frac{1}{4}, 6\right].$$

Der tatsächliche Wertebereich $\left[-\frac{1}{4}, 6\right]$ *entspricht dem der letzten Darstellung, da in diesem Ausdruck die Variable x nur einmal vorkommt. Die übrigen Ergebnisintervalle stellen aufgrund des Dependency-Effekts eine mehr oder weniger starke Überschätzung der tatsächlichen Ergebnismenge dar, die jedoch vollständig in jeder berechneten Ergebnismenge enthalten ist.*

Leider kann keine allgemein gültige Regel angegeben werden, mit welcher Darstellungsform einer Berechnungsvorschrift die geringstmögliche Überschätzung erzielt werden kann. Aufgrund des Dependency-Effekts und der Subdistributivität lässt sich jedoch als Faustregel festhalten, dass ein Ausdruck vor der intervallmäßigen

Auswertung möglichst in faktorisierter Form so dargestellt werden sollte, dass jede Variable möglichst selten auftritt.

Damit können alle Funktionsausdrücke, die aus einer endlichen Anzahl an elementaren Funktionen und Verknüpfungen mit den arithmetischen Grundoperationen bestehen, im Intervallsinn ausgewertet werden, indem die einzelnen Variablen durch die betrachteten Intervalle ersetzt und mithilfe der definierten Intervalloperationen ausgewertet werden. Diese Art der Intervallauswertung mathematischer Ausdrücke ist in der Literatur als *natürliche Intervallauswertung* („*natural interval evaluation*") bekannt. Häufig wird stattdessen auch die so genannte *Mittelwertform* („*mean-value form*" oder „*centered form*") verwendet.

Definition 3.2: Mittelwertform

Die Mittelwertform einer über der betrachteten Box $[x] \in \mathbb{IR}^n$ differenzierbaren, vektorwertigen Funktion $f : \mathbb{R}^n \to \mathbb{R}^m$ ist gegeben durch

$$f_M\left([x]\right) := f\left(\widehat{x}\right) + \left.\frac{\partial f}{\partial x}\right|_{x=[x]} \left([x] - \widehat{x}\right). \tag{3.17}$$

Die Mittelwertform kann als affine Funktion in $[x]$ mit einer unsicheren Steigung interpretiert werden. Gegenüber der natürlichen Intervallauswertung hat sie den Vorteil, dass der Wertebereich von $f_M\left([x]\right)$ für $w([x]) \to 0$ stets gegen den tatsächlichen Wertebereich von f über $[x]$ strebt, was bei der natürlichen Intervallauswertung nicht der Fall sein muss [JKDW01]. Außerdem liefert die Mittelwertform im Vergleich zur natürlichen Intervallauswertung oft engere Ergebnisintervalle.

Implementierung

Zur Implementierung der Intervallarithmetik bietet sich die Verwendung einer objektorientierten Programmiersprache wie beispielsweise C++ an. Durch die so genannte Überladung von Operatoren, also beispielsweise die Definition der Addition für Intervalle, lassen sich Ausdrücke analog zur klassischen Schreibweise bei reellen Zahlen notieren, was der Lesbarkeit sowie der Anwendbarkeit des Quellcodes zugute kommt. Es existieren mehrere Intervall-Bibliotheken in verschiedenen Programmiersprachen, so zum Beispiel die Intervallbibliothek INTLAB[4] für MATLAB [Rum99] oder das Paket PROFIL/BIAS[5] [Knü99], das in C/C++ geschrieben ist. In [JKDW01] sind darüber hinaus Hinweise für die eigene Implementierung zu finden, die auch die Grundlage für die im Rahmen dieser Arbeit entstandene eigene Implementierung der Intervallarithmetik waren.

---

[4]Erhältlich unter `http://www.ti3.tu-harburg.de/rump/intlab/`.
[5]Erhältlich unter `http://www.ti3.tu-harburg.de/keil/profil/`.

Auf die Details der Rechnerimplementierung soll daher hier nicht weiter eingegangen werden. Wichtig ist jedoch die Tatsache, dass durch eine geeignete Implementierung auch Rundungsfehler durch die beschränkte Rechengenauigkeit sowie die Approximation reeller Zahlen durch Gleitkommazahlen mit beschränkter Genauigkeit berücksichtigt werden können. Dies wird ermöglicht durch das Konzept der *gerichteten Rundung* („*directed rounding*"), das auch im Gleitkomma-Standard IEEE 754 festgelegt ist [Gol91]. Es ermöglicht durch Umschaltung des Rundungsmodus des Prozessors, dass bei der Berechnung des Infimums des Ergebnisintervalls immer abgerundet und bei der Berechnung des Supremums immer aufgerundet wird, sodass das Ergebnisintervall die tatsächliche Ergebnismenge auch in der Rechnerdarstellung stets enthält. Weitere Details hierzu sind unter anderem in [JKDW01] zu finden.

3.1.2   Taylor-Modelle

Der größte Nachteil der Intervallarithmetik ist die potenziell große Überschätzung der Ergebnismenge aufgrund des Wrapping-Effekts oder des Dependency-Effekts. Die Taylor-Modelle stellen mit ihrer Mischung aus symbolischer und numerischer Rechnung eine Alternative dar, mit der diese Probleme weitgehend vermieden werden können. Die dazu notwendige komplexe Mengenbeschreibung erfordert allerdings neben einem höheren Speicheraufwand auch eine deutlich höhere Rechenleistung. Die Ausführungen in diesem Abschnitt orientieren sich an [Mak98] und [Ebl07], wobei sich die Darstellung wieder – wie bei der Intervallarithmetik – auf für diese Arbeit relevante Sachverhalte beschränkt.

Die Grundidee der Taylor-Modelle wird anhand des bekannten Taylorschen Satzes verdeutlicht:

Satz 3.1: Satz von Taylor

Sei $f : \mathcal{D} \subset \mathbb{R}^n \to \mathbb{R}$ eine auf $\mathcal{D}$ mindestens $\ell + 1$-mal stetig differenzierbare Funktion. Dann gilt mit dem Entwicklungspunkt $\boldsymbol{x}_0 \in \mathcal{D}$: Für alle $\boldsymbol{x} \in \mathcal{D}$ existiert ein $\xi \in [0, 1]$ so, dass die Funktion f durch

$$f(\boldsymbol{x}) = \underbrace{\sum_{k=0}^{\ell} \frac{1}{k!} \left(\sum_{i=1}^{n} (x_i - x_{0,i}) \frac{\partial}{\partial x_i} \right)^k f(\boldsymbol{x}_0)}_{\text{Taylor-Polynom}}$$

$$+ \underbrace{\frac{1}{(\ell+1)!} \left(\sum_{i=1}^{n} (x_i - x_{0,i}) \frac{\partial}{\partial x_i} \right)^{\ell+1} f(\boldsymbol{x}_0 + (\boldsymbol{x} - \boldsymbol{x}_0)\xi)}_{\text{Restglied}} \tag{3.18}$$

dargestellt werden kann.

Eine beliebige, hinreichend oft stetig differenzierbare Funktion $\boldsymbol{f}(\cdot)$ lässt sich also als Summe ihres Taylor-Polynoms und des zugehörigen Restglieds schreiben. Das Taylor-Polynom ist dabei ein Polynom in n Variablen, das durch Entwicklung der Funktion f um den Entwicklungspunkt $\boldsymbol{x}_0$ bis zur Ordnung ℓ entsteht. Im hier betrachteten mehrdimensionalen Fall entspricht die Ordnung eines Terms der Summe der Exponenten der einzelnen Variablen. Für das Restglied existieren neben der hier verwendeten Lagrangeschen Darstellung noch verschiedene andere Darstellungsformen, die jedoch in dieser Arbeit nicht von Interesse sind. Da der Parameter ξ nicht genau bekannt ist, kann das Restglied nicht exakt berechnet, sondern lediglich abgeschätzt werden, was beispielsweise mithilfe der Intervallarithmetik möglich ist.

Es erscheint daher naheliegend, eine Funktion durch eine Kombination aus einem multivariaten Polynom und einer (Über-)Abschätzung des Restglieds in Form eines Intervalls darzustellen, wobei die Genauigkeit der Einschließung durch die Ordnung ℓ des Taylor-Polynoms gesteuert werden kann. Im Interesse einer kompakteren Darstellung und vor allem zur Vereinfachung der Implementierung auf dem Rechner ist es vorteilhaft, einen festen Definitionsbereich für die Variablen eines Taylor-Modells und ebenso einen festen Entwicklungspunkt anzunehmen. Um dies deutlich zu kennzeichnen, werden im Folgenden die Variablen eines Taylor-Modells mit $\boldsymbol{a} \in \mathbb{R}^n$ bezeichnet. Für den Definitionsbereich und den Entwicklungspunkt gilt stets

$$\boldsymbol{D_a} = [-1, 1] \times \cdots \times [-1, 1] \in \mathbb{IR}^n \text{ und } \boldsymbol{a}_0 = \boldsymbol{0}, \qquad (3.19)$$

sofern nichts Gegenteiliges vermerkt ist. Dies stellt für die Anwendungen im Rahmen dieser Arbeit keine Einschränkung dar, da jede allgemeine Funktion $f(x)$ mithilfe einer geeigneten Transformation so dargestellt werden kann, dass die Annahmen der Gleichung (3.19) erfüllt sind:

$$f(x) \text{ mit } x \in [x] \quad \Rightarrow \quad f\left(\widehat{x} + \frac{\mathrm{w}([x])}{2} \cdot a\right) \text{ mit } a \in [-1, 1]. \qquad (3.20)$$

Ein Taylor-Modell wird damit auf folgende Art und Weise definiert:

Definition 3.3: Taylor-Modell ℓ-ter Ordnung

Ein Taylor-Modell ℓ-ter Ordnung einer auf $\boldsymbol{D_a} = [-1, 1] \times \cdots \times [-1, 1] \in \mathbb{IR}^n$ mindestens $\ell + 1$-mal stetig differenzierbaren Funktion $f : \boldsymbol{D_a} \subset \mathbb{R}^n \to \mathbb{R}$ ist genau dann durch

$$\mathcal{T}(\boldsymbol{a}) := \mathcal{P}(\boldsymbol{a}) + \mathcal{I} \qquad (3.21)$$

gegeben, wenn für alle $\boldsymbol{a} \in \boldsymbol{D_a}$

$$f(\boldsymbol{a}) \in \mathcal{P}(\boldsymbol{a}) + \mathcal{I} \qquad (3.22)$$

gilt. Der Polynomanteil $\mathcal{P}(\boldsymbol{a})$ ist gegeben durch das Taylor-Polynom der Ordnung ℓ von f mit dem Entwicklungspunkt $\boldsymbol{a}_0 = \boldsymbol{0}$. Der Intervallrest $\mathcal{I} \in \mathbb{IR}$ stellt eine garantierte Einschließung des Restglieds dar.

Anmerkungen:

- In [Mak98] wird für die Taylor-Modelle zunächst ein frei wählbarer Definitionsbereich und ein beliebiger Entwicklungspunkt angenommen und nur im Zusammenhang mit der Implementierung auf den hier vorgestellten Sonderfall eingegangen. Diese allgemeinere Formulierung ist jedoch für die hier betrachteten Anwendungen nicht erforderlich und wird daher im Interesse einer übersichtlicheren Darstellung nicht weiter verfolgt.

- Der Polynomanteil sowie der Intervallrest hängen von der gewählten Ordnung ℓ ab. In der weiteren Darstellung wird jedoch auf die Verwendung eines Index (wie beispielsweise $\mathcal{T}_\ell(\boldsymbol{a})$) verzichtet, da sich bereits aus dem Kontext ergibt, welche Ordnung die betrachteten Taylor-Modelle aufweisen.

- Die Ordnung ℓ eines Taylor-Modells stellt die maximale Ordnung des verwendeten Taylor-Polynoms dar. Der Polynomanteil kann jedoch durchaus auch eine niedrigere Maximalordnung aufweisen, wenn sich einzelne Koeffizienten zu null ergeben und daher verschwinden (vergleiche auch Beispiel 3.3).

Anschaulich stellt ein Taylor-Modell einer Funktion f einen Schlauch dar, der den exakten Verlauf über dem betrachteten Definitionsbereich vollständig einschließt. Die untere Schranke ergibt sich aus dem Polynomanteil und $\inf(\mathcal{I})$, während die obere Schranke sich aus dem Polynomanteil und $\sup(\mathcal{I})$ ergibt. Damit unterscheiden sich die beiden Schranken lediglich in einer Konstanten. Die Ordnung des Taylor-Modells beeinflusst die Genauigkeit der Einschließung, also den Abstand zwischen unterer und oberer Schranke.

Eine konstante Zahl $c \in \mathbb{R}$ stellt den Spezialfall eines Taylor-Modells mit $\mathcal{T}(\boldsymbol{a}) = c$ dar, also ein Taylor-Modell bestehend aus einem Polynom nullter Ordnung und einem verschwindenden Intervallrest. Ein Intervall $[c] \in \mathbb{IR}$ wird dargestellt durch

$$\mathcal{T} = \underbrace{\widehat{c}}_{=:\mathcal{P}} + \underbrace{([c] - \widehat{c})}_{=:\mathcal{I}}. \tag{3.23}$$

Die hier vorgenommene Aufteilung in Mittelpunkt und Intervallrest ist streng genommen nicht notwendig, da das Intervall $[c]$ auch als Taylor-Modell mit verschwindendem Polynomanteil und $\mathcal{I} = [c]$ dargestellt werden könnte. Die Darstellung in der Gleichung (3.23) hat jedoch den Vorteil, dass sie konsistent mit der Darstellung einer reellen Zahl als entartetes Intervall ist. Vektorielle Taylor-Modelle lassen sich auf einfache Art und Weise durch Zusammenfassung mehrerer skalarer Taylor-Modelle in einem Vektor bilden.

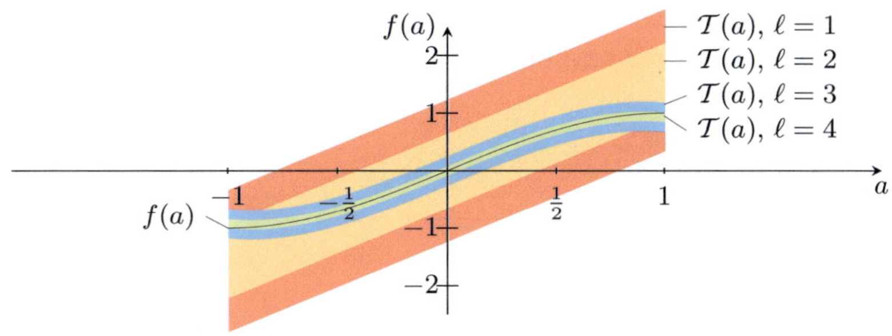

Abbildung 3.4: Einschließung von $f(a) = \sin\left(\frac{\pi a}{2}\right)$ durch Taylor-Modelle

Durch die Verwendung eines Intervalls zur Einschließung des Restglieds impliziert die Verwendung von Taylor-Modellen stets die Verwendung der Intervallarithmetik. Der große Vorteil der Taylor-Modelle ist jedoch, dass die Terme niedriger Ordnung des Taylor-Polynoms durch den Polynomanteil repräsentiert werden, sodass die Abhängigkeiten einzelner Variablen im Wesentlichen berücksichtigt werden können und nicht wie bei der Intervallarithmetik vollständig vernachlässigt werden. Damit werden die Auswirkungen des Dependency-Effekts drastisch reduziert. Darüber hinaus ermöglicht die Verwendung eines Polynomanteils hinreichend hoher Ordnung die weitgehende Vermeidung des Wrapping-Effekts aufgrund der Darstellbarkeit nicht-konvexer Mengen. Beide Effekte sind nach wie vor vorhanden, wirken jedoch nur noch auf den Intervallrest, der bei geeigneter Wahl der Ordnung wesentlich kleiner als der Anteil des Polynoms an der Mengenbeschreibung ist.

Beispiel 3.3: Funktionseinschließung durch Taylor-Modelle

Betrachtet wird die Funktion

$$f(a) = \sin\left(\frac{\pi a}{2}\right)$$

über dem Definitionsbereich $\mathcal{D}_a = [-1, 1]$, die in der Abbildung 3.4 dargestellt ist und durch Taylor-Modelle verschiedener Ordnung eingeschlossen werden soll. Ein Taylor-Modell der Ordnung $\ell = 1$ ergibt sich mit $[a] = [-1, 1]$ und $[\xi] = [0, 1]$ zu

$$\mathcal{T}(a) = \underbrace{\left(f(0) + a \cdot \frac{d}{da} f(0) \right)}_{\mathcal{P}(a)} + \underbrace{\left(-\frac{1}{2}[a]^2 \frac{d^2}{da^2} f([\xi] \cdot [a]) \right)}_{\mathcal{I}}$$

$$= \left(\frac{\pi}{2}a \right) + \left(-[a]^2 \frac{\pi^2}{8} \sin\left(\frac{\pi [\xi] \cdot [a]}{2} \right) \right) = \frac{\pi}{2}a + \left[-\frac{\pi^2}{8}, \frac{\pi^2}{8} \right].$$

Analog erhält man Taylor-Modelle höherer Ordnung, die aufgrund des abnehmenden Intervallrests eine mit steigender Ordnung zunehmend bessere Repräsentati-

on der Funktion f darstellen (vergleiche auch Abbildung 3.4, $\mathcal{T}(a)$ für $\ell = 5$ ist von $f(a)$ praktisch nicht mehr zu unterscheiden und daher nicht eingezeichnet):

$$\ell = 2: \quad \mathcal{T}(a) = \frac{\pi}{2}a + \left[-\frac{\pi^3}{48}, \frac{\pi^3}{48}\right],$$

$$\ell = 3: \quad \mathcal{T}(a) = \frac{\pi}{2}a - \frac{\pi^3}{48}a^3 + \left[-\frac{\pi^4}{384}, \frac{\pi^4}{384}\right],$$

$$\ell = 4: \quad \mathcal{T}(a) = \frac{\pi}{2}a - \frac{\pi^3}{48}a^3 + \left[-\frac{\pi^5}{3840}, \frac{\pi^5}{3840}\right],$$

$$\ell = 5: \quad \mathcal{T}(a) = \frac{\pi}{2}a - \frac{\pi^3}{48}a^3 + \frac{\pi^5}{3840}a^5 + \left[-\frac{\pi^6}{46080}, \frac{\pi^6}{46080}\right].$$

Zum Vergleich: Eine reine Intervallauswertung von $f(a)$ führt auf $f([a]) = [-1, 1]$.

Addition, Subtraktion und Multiplikation von Taylor-Modellen

Die additive Verknüpfung zweier Funktionen $f(a)$ und $g(a)$ ist wohldefiniert. Sind f und g durch Taylor-Modelle ℓ-ter Ordnung $\mathcal{T}_f = \mathcal{P}_f + \mathcal{I}_f$ und $\mathcal{T}_g = \mathcal{P}_g + \mathcal{I}_g$ gegeben, dann erhält man ein Taylor-Modell $\mathcal{T}_{f+g}$ für $f + g$ aus der Summe der beiden Taylor-Modelle $\mathcal{T}_f$ und $\mathcal{T}_g$ zu

$$\mathcal{T}_{f+g} = \mathcal{T}_f + \mathcal{T}_g = \mathcal{P}_f + \mathcal{I}_f + \mathcal{P}_g + \mathcal{I}_g = \underbrace{(\mathcal{P}_f + \mathcal{P}_g)}_{=:\mathcal{P}_{f+g}} + \underbrace{(\mathcal{I}_f + \mathcal{I}_g)}_{=:\mathcal{I}_{f+g}}. \tag{3.24}$$

Das Taylor-Modell $\mathcal{T}_{f+g}$, das ebenfalls ℓ-ter Ordnung ist, erhält man also durch einfache Addition der Polynomanteile und der Intervallreste. Aufgrund der Kommutativität und der Assoziativität der Intervalladdition ist leicht einzusehen, dass die Addition von Taylor-Modellen ebenfalls kommutativ und assoziativ ist. Die Subtraktion von Taylor-Modellen lässt sich ohne weiteres mithilfe von

$$-\mathcal{T}_g = -\mathcal{P}_g - \mathcal{I}_g \tag{3.25}$$

auf die Addition zurückführen.

Deutlich mehr Aufwand als die Addition erfordert die Berechnung eines Taylor-Modells $\mathcal{T}_{f\cdot g}$ für das Produkt $f\cdot g$ aus den einzelnen Taylor-Modellen $\mathcal{T}_f = \mathcal{P}_f + \mathcal{I}_f$ und $\mathcal{T}_g = \mathcal{P}_g + \mathcal{I}_g$ der Ordnung ℓ. Dies liegt daran, dass das Produkt der Polynomanteile im Allgemeinen ein Polynom der maximalen Ordnung 2ℓ ergibt. Damit bei der Durchführung von Berechnungen die Ordnung der Taylor-Modelle nicht immer weiter ansteigt und das Ergebnis weiterhin ein gültiges Taylor-Modell nach Definition 3.3 darstellt, muss die Multiplikation so durchgeführt werden, dass das Ergebnis wieder als Taylor-Modell der Ordnung ℓ dargestellt werden kann und trotzdem die tatsächliche Ergebnismenge vollständig eingeschlossen wird. Um dies zu erreichen, wird nach [Ebl07] zunächst der Zusammenhang

$$\mathcal{T}_f \mathcal{T}_g = (\mathcal{P}_f + \mathcal{I}_f)(\mathcal{P}_g + \mathcal{I}_g) \subseteq \mathcal{P}_f \mathcal{P}_g + \mathcal{I}_f (\mathcal{P}_g + \mathcal{I}_g) + \mathcal{P}_f \mathcal{I}_g \tag{3.26}$$

betrachtet[6]. Aufgrund der Subdistributivität der Intervallarithmetik gilt hier anstelle des Gleichheitszeichens im Allgemeinen nur die schwächere Teilmengenbeziehung. Der Term $\mathcal{P}_f \mathcal{P}_g$ stellt ein Polynom der maximalen Ordnung 2ℓ dar und wird gemäß

$$\mathcal{P}_f \mathcal{P}_g = \mathcal{P}_{f \cdot g} + \mathcal{P}_{\mathrm{Rest}} \tag{3.27}$$

aufgeteilt in ein Polynom $\mathcal{P}_{f \cdot g}$ der Maximalordnung ℓ, das den Polynomanteil des Ergebnis-Taylor-Modells $\mathcal{T}_{f \cdot g}$ darstellt, und ein Restpolynom $\mathcal{P}_{\mathrm{Rest}}$, das alle Terme mit höheren Ordnungen als ℓ enthält.

Das Restpolynom $\mathcal{P}_{\mathrm{Rest}}$ wird nun zusammen mit den übrigen Termen der Gleichung (3.26) dem Intervallrest $\mathcal{I}_{f \cdot g}$ zugeschlagen. Dazu wird eine *Wertebereichseinschließung* („*bound*") $\mathrm{bd}(\mathcal{P})$ für die auftretenden Polynome benötigt, die auf verschiedene Arten berechnet werden kann. Neben der reinen Auswertung in Intervallarithmetik, die aufgrund des Dependency-Effekts nicht zu empfehlen ist, existieren verschiedene Ansätze zur Berechnung einer Wertebereichseinschließung, beispielsweise auf Basis der Mittelwertform (vergleiche Definition 3.2) oder auch iterative Verfahren zur Minimum- und Maximumsuche [Mak98, Ebl07]. Damit ergibt sich der Intervallrest zu

$$\mathcal{I}_{f \cdot g,1} = \mathrm{bd}(\mathcal{P}_{\mathrm{Rest}}) + \mathcal{I}_f (\mathrm{bd}(\mathcal{P}_g) + \mathcal{I}_g) + \mathrm{bd}(\mathcal{P}_f) \mathcal{I}_g. \tag{3.28}$$

Vertauscht man in der Gleichung (3.26) die Funktionen f und g, so ergibt sich analog eine zweite Möglichkeit zur Berechnung des Intervallrests

$$\mathcal{I}_{f \cdot g,2} = \mathrm{bd}(\mathcal{P}_{\mathrm{Rest}}) + \mathcal{I}_g (\mathrm{bd}(\mathcal{P}_f) + \mathcal{I}_f) + \mathrm{bd}(\mathcal{P}_g) \mathcal{I}_f, \tag{3.29}$$

wobei im Allgemeinen $\mathcal{I}_{f \cdot g,1} \neq \mathcal{I}_{f \cdot g,2}$ gilt. Da beide Formen des Intervallrests jeweils zusammen mit dem Polynomanteil $\mathcal{P}_{f \cdot g}$ die tatsächliche Ergebnismenge vollständig einschließen, wird schließlich die Multiplikation zweier Taylor-Modelle durch

$$\mathcal{T}_{f \cdot g} := \mathcal{P}_{f \cdot g} + (\mathcal{I}_{f \cdot g,1} \cap \mathcal{I}_{f \cdot g,2}) = \mathcal{P}_{f \cdot g} + \mathcal{I}_{f \cdot g} \tag{3.30}$$

definiert. Damit ist die Multiplikation von Taylor-Modellen kommutativ, aber im Allgemeinen weder assoziativ noch distributiv, sondern nur subdistributiv.

---

[6] In [Mak98] wird stattdessen das Produkt der beiden Taylor-Modelle vollständig ausmultipliziert, was jedoch im Allgemeinen einen größeren Intervallrest zur Folge hat. Die weiteren Schritte werden analog zur hier beschriebenen Vorgehensweise durchgeführt.

Mit der Addition und der Multiplikation von Taylor-Modellen stehen alle benötigten Werkzeuge zur Berechnung von Taylor-Modellen für allgemeine Ausdrücke zur Verfügung. Polynomiale Ausdrücke in einer oder mehreren Variablen lassen sich mithilfe des Horner-Schemas [BSMM01] oder seiner multivariaten Erweiterung [PS00] in eine Form überführen, die ausschließlich aus Additionen und Multiplikationen besteht.

Auch die elementaren Funktionen sowie die Division von Taylor-Modellen lassen sich mittels Additionen und Multiplikationen ausdrücken, was im Folgenden näher erläutert wird.

Taylor-Modelle für elementare Funktionen

Mithilfe des Taylorschen Satzes (Satz 3.1) kann auch die Frage beantwortet werden, wie Taylor-Modelle für elementare Funktionen wie beispielsweise $\mathrm{e}^{f(a)}$ berechnet werden können. Zur korrekten Berechnung des Polynomanteils und zur Erzielung eines möglichst kleinen Intervallrests sind jedoch zusätzliche Schritte notwendig, die hier am Beispiel der Exponentialfunktion verdeutlicht werden.

Zunächst wird dazu die Taylor-Reihenentwicklung der Exponentialfunktion e^x um $x_0 = 0$ betrachtet, wobei wieder $\xi \in [0,1]$ gilt:

$$\mathrm{e}^x = \sum_{k=0}^{\ell} \frac{x^k}{k!} + \frac{1}{(\ell+1)!} x^{\ell+1} \mathrm{e}^{\xi x}. \tag{3.31}$$

Ist man nun an der Berechnung eines Taylor-Modells $\mathcal{T}_{\mathrm{e}^f}$ für $\mathrm{e}^{f(a)}$ interessiert, so könnte man die Variable x in der Summe der Gleichung (3.31) einfach durch ein Taylor-Modell $\mathcal{T}_f$ der Funktion $f(a)$ ersetzen. Allerdings ist leicht einzusehen, dass auch Reihenglieder höherer Ordnung als ℓ, die in der Gleichung (3.31) durch das Restglied dargestellt werden, immer dann einen Einfluss auf den Polynomanteil von $\mathcal{T}_{\mathrm{e}^f}$ haben, wenn $\mathcal{T}_f$ einen Term nullter Ordnung enthält. In diesem Fall enthält jede Potenz von $\mathcal{T}_f$ im Allgemeinen Terme ab nullter Ordnung. Würde man diesen Beitrag nicht im Polynomanteil berücksichtigen, so ergäbe sich daraus neben einem „verfälschten" Polynomanteil, der von dem gesuchten Taylor-Polynom des Gesamtausdrucks abweicht, ein möglicherweise unnötig großer Intervallrest.

Das Taylor-Modell $\mathcal{T}_f$ wird daher so aufgespalten, dass der Polynomanteil $\widetilde{\mathcal{P}}_f$ keinen konstanten Term mehr aufweist:

$$\mathcal{T}_f(\boldsymbol{a}) = \mathcal{P}_f(\boldsymbol{a}) + \mathcal{I}_f = c_f + \widetilde{\mathcal{P}}_f(\boldsymbol{a}) + \mathcal{I}_f = c_f + \widetilde{\mathcal{T}}_f(\boldsymbol{a}). \tag{3.32}$$

Der konstante Anteil $c_f \in \mathbb{R}$ entspricht dabei gerade dem konstanten Term des Polynoms $\mathcal{P}_f(\boldsymbol{a})$ und ergibt sich daher aus $c_f = \mathcal{P}_f(\boldsymbol{0})$. Mit $\mathrm{bd}\left(\widetilde{\mathcal{T}}_f\right) = \mathrm{bd}\left(\widetilde{\mathcal{P}}_f\right) + \mathcal{I}_f$

erhält man dann

$$\mathcal{T}_{\mathrm{e}^f} = \mathrm{e}^{\mathcal{T}_f} = \mathrm{e}^{c_f}\mathrm{e}^{\widetilde{\mathcal{T}}_f} = \mathrm{e}^{c_f}\underbrace{\left(\sum_{k=0}^{\ell}\frac{\widetilde{\mathcal{T}}_f^{\,k}}{k!}\right)}_{=:\mathcal{P}_{\mathrm{e}^f}} + \underbrace{\mathrm{e}^{c_f}\left(\frac{1}{(\ell+1)!}\left(\mathrm{bd}\left(\widetilde{\mathcal{T}}_f\right)\right)^{\ell+1}\mathrm{e}^{[0,1]\mathrm{bd}\left(\widetilde{\mathcal{T}}_f\right)}\right)}_{=:\mathcal{I}_{\mathrm{e}^f}}.$$

$$(3.33)$$

Da $\widetilde{\mathcal{P}}_f$ keinen konstanten Term aufweist, ist der Polynomanteil $\mathcal{P}_{\mathrm{e}^f}$ durch die Potenzen von $\widetilde{\mathcal{T}}_f$ bis zur Ordnung ℓ vollständig bestimmt. Die Berechnung von $\mathcal{P}_{\mathrm{e}^f}$ basiert wieder auf dem Horner-Schema und kann daher durch wiederholte Addition und Multiplikation von Taylor-Modellen ausgeführt werden. Die im Gegensatz zum reinen Einsetzen im Polynomanteil verbleibenden Terme liefern außerdem keinen Beitrag bei der Berechnung des Intervallrests, sodass dieser so klein wie möglich gehalten werden kann.

Auf ähnliche Art und Weise können für die übrigen elementaren Funktionen ebenfalls Berechnungsvorschriften mit Taylor-Modellen angegeben werden, die in [Mak98] und in [Ebl07] aufgeführt sind und daher hier nicht wiederholt werden. Zur Vervollständigung der Grundoperationen ist jedoch noch die Durchführung der Division von Interesse. Mit der Voraussetzung $0 \notin \mathcal{T}_f(\boldsymbol{a})$ für alle $\boldsymbol{a} \in \boldsymbol{\mathcal{D}_a}$ wird eine mögliche Division durch null ausgeschlossen. Aus der Taylor-Reihenentwicklung von $f(x) = \frac{1}{x}$ um den Entwicklungspunkt $x = c_f$ gemäß

$$\frac{1}{x} = \sum_{k=0}^{\ell}(-1)^k\frac{(x-c_f)^k}{c_f^{k+1}} + (-1)^{\ell+1}\frac{(x-c_f)^{\ell+1}}{c_f^{\ell+2}}\frac{1}{\left(1+\xi\frac{x-c_f}{c_f}\right)^{\ell+2}} \qquad (3.34)$$

ergibt sich mit der Zerlegung von $\mathcal{T}_f$ nach der Gleichung (3.32) die Berechnungsvorschrift

$$\mathcal{T}_{1/f} = \underbrace{\sum_{k=0}^{\ell}(-1)^k\frac{\widetilde{\mathcal{T}}_f^{\,k}}{c_f^{k+1}}}_{=:\mathcal{P}_{1/f}} + \underbrace{(-1)^{\ell+1}\frac{\mathrm{bd}\left(\widetilde{\mathcal{T}}_f\right)^{\ell+1}}{c_f^{\ell+2}}\frac{1}{\left(1+[0,1]\frac{\mathrm{bd}\left(\widetilde{\mathcal{T}}_f\right)}{c_f}\right)^{\ell+2}}}_{=:\mathcal{I}_{1/f}}. \qquad (3.35)$$

Integration

Ein großer Vorteil der Taylor-Modelle, der auch bei der Anwendung zur Lösung gewöhnlicher Differenzialgleichungen eine wesentliche Rolle spielt, ist die Tatsache, dass ohne weiteres eine Berechnungsvorschrift für die Integration angegeben werden kann. Die Anwendung des Integraloperators auf Taylor-Modelle unterscheidet sich damit nicht von der Anwendung gewöhnlicher Operationen wie Addition, Multiplikation oder den oben erläuterten elementaren Funktionen.

Die unbestimmte Integration eines Taylor-Modells $\mathcal{T}(\boldsymbol{a}) = \mathcal{P}(\boldsymbol{a}) + \mathcal{I}$ der Ordnung ℓ über eine Variable a_i basiert im Wesentlichen auf der Integration des multivariaten Polynomanteils. Die Integration des Polynoms erfordert nur eine Erhöhung des Exponenten der betrachteten Variable in allen vorhandenen Termen sowie die Division der einzelnen Terme durch den jeweils neuen Exponenten. Sie ist daher einfach durchzuführen. Nach der Integration hat der Polynomanteil jedoch nicht mehr die Maximalordnung ℓ, sondern $\ell + 1$. Um eine Erhöhung der Ordnung des Taylor-Modells zu vermeiden, wird daher der Polynomanteil in $\mathcal{P}_\int(\boldsymbol{a}) + \mathcal{P}_{\text{Rest}}(\boldsymbol{a})$ aufgespalten, wobei $\mathcal{P}_\int$ alle Terme bis zur maximalen Ordnung ℓ enthält und $\mathcal{P}_{\text{Rest}}$ alle Terme der Ordnung $\ell + 1$. Die Integration des Intervallrests wird analog zur Integration über eine konstante reelle Zahl durchgeführt. Insgesamt ergibt sich damit

$$
\begin{aligned}
\int \mathcal{P}(\boldsymbol{a}) + \mathcal{I}\, da_i &= \mathcal{P}_\int(\boldsymbol{a}) + \mathcal{P}_{\text{Rest}}(\boldsymbol{a}) + \int \mathcal{I}\, da_i \\
&\subseteq \mathcal{P}_\int(\boldsymbol{a}) + \mathrm{bd}(\mathcal{P}_{\text{Rest}}(\boldsymbol{a})) + \mathrm{bd}(a_i)\,\mathcal{I} \\
&= \mathcal{P}_\int(\boldsymbol{a}) + \underbrace{\mathrm{bd}(\mathcal{P}_{\text{Rest}}(\boldsymbol{a})) + [-1,1]\,\mathcal{I}}_{\mathcal{I}_\int} = \mathcal{T}_\int.
\end{aligned}
\tag{3.36}
$$

Anmerkungen:

- Die hier geschilderte Vorgehensweise stammt aus [Ebl07]. In [Mak98] wird bereits vor der Integration der Polynomanteil in Terme bis zur Ordnung $\ell - 1$ und Terme der Ordnung ℓ aufgespalten und die Berechnung des Intervallrests mithilfe der Wertebereichseinschließung der Terme ℓ-ter Ordnung durchgeführt. Dies führt jedoch im Allgemeinen auf einen größeren Intervallrest, da dann die Division durch den erhöhten Exponenten der Integrationsvariablen unterbleibt.

- Im Zusammenhang mit der Lösungseinschließung gewöhnlicher Differenzialgleichungssysteme (siehe Abschnitt 3.3) findet die Integration über die Variable Zeit (τ) statt, deren Definitionsbereich mit $\mathcal{D}_\tau = [0,1]$ von dem der übrigen Variablen abweicht. Dies bedeutet jedoch nur, dass in Gleichung (3.36) $\mathrm{bd}(\tau) = [0,1]$ anstelle von $\mathrm{bd}(a_i) = [-1,1]$ gesetzt werden muss.

Verkettung von Taylor-Modellen

Eine in dieser Arbeit ebenfalls häufig auftretende Operation mit Taylor-Modellen stellt die *Verkettung* oder auch *Komposition* („*composition*") dar. Eine Verkettung muss dann durchgeführt werden, wenn die Variablen $\tilde{a}_i$ eines Taylor-Modells

$$
\mathcal{T}(\tilde{\boldsymbol{a}}) = \mathcal{P}(\tilde{\boldsymbol{a}}) + \mathcal{I}
\tag{3.37}
$$

selbst wieder durch Taylor-Modelle $\widetilde{a}_i = \mathcal{T}_{\widetilde{a}_i}(a)$ gegeben sind. Mit

$$\mathbf{\mathcal{T}}_{\widetilde{a}}(a) = \left(\mathcal{T}_{\widetilde{a}_1}(a) \quad \ldots \quad \mathcal{T}_{\widetilde{a}_n}(a)\right)^{\mathrm{T}} \tag{3.38}$$

berechnet sich das zusammengesetzte Taylor-Modell gemäß

$$\mathcal{T}\left(\mathbf{\mathcal{T}}_{\widetilde{a}}(a)\right) = \mathcal{P}\left(\mathbf{\mathcal{T}}_{\widetilde{a}}(a)\right) + \mathcal{I}. \tag{3.39}$$

Die Berechnung von $\mathcal{P}\left(\mathbf{\mathcal{T}}_{\widetilde{a}}(a)\right)$ erfordert die Auswertung des Polynomanteils $\mathcal{P}$ durch Einsetzen der Komponenten von $\mathbf{\mathcal{T}}_{\widetilde{a}}(a)$. Führt man die Auswertung von $\mathcal{P}$ mittels eines multivariaten Horner-Schemas [PS00] durch, so erfordert dieser Schritt ausschließlich Additionen von Taylor-Modellen und Multiplikationen von Taylor-Modellen mit Taylor-Modellen und mit den Koeffizienten des Polynomanteils, also mit skalaren reellen Zahlen.

Bei der Verkettung ist zu beachten, dass der Wertebereich von $\mathbf{\mathcal{T}}_{\widetilde{a}}$ vollständig innerhalb des Definitionsbereichs $\mathbf{\mathcal{D}}_{\widetilde{a}}$ des Taylor-Modells $\mathcal{T}(\widetilde{a})$ liegen muss, dass also

$$\mathrm{bd}(\mathbf{\mathcal{T}}_{\widetilde{a}}) \subseteq \mathbf{\mathcal{D}}_{\widetilde{a}} = [-1,1] \times \cdots \times [-1,1] \in \mathrm{I\!I\!R}^n \tag{3.40}$$

erfüllt ist. Anderenfalls kann der Intervallrest und damit das resultierende Taylor-Modell nur für den Teil der dargestellten Menge korrekt berechnet werden, für den die Bedingung (3.40) erfüllt ist.

Die *Aufspaltung* („*decomposition*") als Umkehroperation der Verkettung wird in dieser Arbeit durch die Schreibweise $\left(\mathcal{T} \circ \mathbf{\mathcal{T}}_{\widetilde{a}}\right)(a)$ gekennzeichnet. Sie spielt bei der Lösungseinschließung gewöhnlicher Differenzialgleichungssysteme mittels Taylor-Modellen im Rahmen der Präkonditionierung ebenfalls eine wichtige Rolle (siehe Abschnitt 3.3.2).

Implementierung

Ähnlich wie im Fall der Intervallarithmetik bietet sich zur Implementierung der Taylor-Modelle die Verwendung einer objektorientierten Programmiersprache an, die unter anderem durch Operatorüberladung eine kompakte Schreibweise für den Anwender ermöglicht. Im Gegensatz zur Intervallarithmetik existieren bisher jedoch – mit einer Ausnahme – praktisch keine ausreichend dokumentierten Implementierungen der Taylor-Modelle. Die ursprüngliche Implementierung im Programmpaket COSY INFINITY ist zwar nach Registrierung erhältlich, darf allerdings nicht beliebig modifiziert oder erweitert werden. Auch wäre eine Modifikation des Quellcodes aufgrund der mangelnden Dokumentation sehr schwierig zu realisieren. Darüber hinaus ist das Zusatzpaket COSY-VI, das die Umsetzung des im Abschnitt 3.3 beschriebenen Einschließungsverfahrens für Differenzialgleichungssysteme enthält, nicht im

Paket COSY INFINITY enthalten. Es muss separat bei den Autoren angefordert werden und darf ohne deren Zustimmung nicht modifiziert oder weitergegeben werden. Im Zusammenhang mit [Ebl07] entstand zwar eine frei verfügbare Implementierung der Taylor-Modelle und des Einschließungsverfahrens, jedoch hat diese eher noch experimentellen Charakter und ist daher ebenfalls nicht ohne weiteres einsetzbar.

Daher wurde im Rahmen dieser Arbeit eine eigene Implementierung erstellt. Bei der Implementierung der Taylor-Modelle waren dabei insbesondere die folgenden Punkte zu beachten:

Der Hauptteil des Implementierungsaufwands besteht neben der korrekten Umsetzung der Grundoperationen Addition und Multiplikation in der effizienten Speicherung und Verarbeitung der Koeffizienten des multivariaten Polynoms. Der Polynomanteil der Maximalordnung ℓ besteht bei n Variablen aus bis zu

$$\binom{n+\ell}{\ell} = \frac{(n+\ell)!}{n!\ell!} \tag{3.41}$$

Termen [MB99], für die jeweils der Koeffizient sowie die Exponenten der auftretenden Variablen zu speichern sind. Da in der Praxis jedoch ein großer Anteil der Terme verschwindet, sollte zur effizienten Speichernutzung eine dynamische Struktur – beispielsweise eine verkettete Liste oder ein Verfahren auf Basis einer Hashtabelle [Ebl07, Kap05] – verwendet werden. Um den Rechenaufwand sowie den Speicherbedarf weiter zu begrenzen, wird in [BM04] zusätzlich eine *Bereinigungsstrategie* („*sweeping*") erläutert, die Terme mit vernachlässigbar kleinem Beitrag aus dem Polynomanteil entfernt und dem Intervallrest zuschlägt.

Da die Koeffizienten des Polynomanteils durch Gleitkommazahlen und nicht durch Intervalle dargestellt werden, muss eine geeignete Strategie zur Berücksichtigung von Rundungsfehlern implementiert werden. In [BM04, RMB05] wird dazu das Konzept der *begleitenden Variable* („*tallying variable*") beschrieben. In dieser begleitenden Variable werden während der Durchführung einer Operation – beispielsweise der Addition zweier Taylor-Modelle – alle anfallenden Rundungsfehler gesammelt und zum Schluss zum Intervallrest hinzuaddiert.

In [Ebl07] werden darüber hinaus weitere Ansätze zur Beschleunigung der Berechnungen mit Taylor-Modellen vorgestellt, darunter eine Strategie zur *Referenzzählung*, mit der das Anlegen unnötiger Kopien von Taylor-Modellen während verschiedener Berechnungen vermieden werden kann, oder eine *Aufzeichnungsmöglichkeit*, die bei wiederholten Berechungen mit identischen Polynomanteilen, aber unterschiedlichen Intervallresten die wiederholte Durchführung von identischen Berechnungen des Ergebnispolynoms vermeiden hilft. Diese Ansätze zur Beschleunigung der Berechnungen haben jedoch keinen Einfluss auf die Ergebnisse selbst und wurden daher im Rahmen dieser Arbeit nicht weiter betrachtet.

3.2 Intervall-Hermite-Obreschkoff-Verfahren (IHO-Verfahren)

Zur Berechnung einer garantierten Lösungseinschließung für ein gegebenes Differenzialgleichungssystem wird in dieser Arbeit als Vertreter der Intervallverfahren das *Intervall-Hermite-Obreschkoff-Verfahren (IHO-Verfahren)* betrachtet. In den folgenden Ausführungen wird zunächst von Systemen ohne Eingangsgrößen ausgegangen (vergleiche auch Definition 2.21):

$$\dot{\boldsymbol{\mathcal{X}}} = \boldsymbol{f}\left(\boldsymbol{\mathcal{X}}\right), \quad \boldsymbol{\mathcal{X}}_0 = \boldsymbol{\mathcal{X}}(t_0). \tag{3.42}$$

Die Berücksichtigung unsicherer Eingangsgrößen wird im Kapitel 4 erläutert.

Das IHO-Verfahren stellt eine Erweiterung des Hermite-Obreschkoff-Verfahrens für Intervalle dar. Es wurde in [Ned99] vorgestellt und wird in der Literatur zu Intervallverfahren oft als sehr gutes Einschließungsverfahren erwähnt.

Das Hermite-Obreschkoff-Verfahren wurde ursprünglich als implizites Lösungsverfahren für steife Differenzialgleichungssysteme entwickelt (siehe [Gri95, Ned99] und die dort angegebene Literatur). Es geht auf eine Hermitesche Quadraturformel[7] von Obreschkoff zurück [Obr40]. Das Hermite-Obreschkoff-Verfahren basiert auf einer Taylor-Reihenentwicklung der Systemfunktion $\boldsymbol{f}(\cdot)$ beziehungsweise der Lösung $\boldsymbol{x}(t)$ bezüglich der Zeit t. Der Ansatz ist also vergleichbar dem bekannten Potenzreihenansatz zur Lösung gewöhnlicher Differenzialgleichungen [MW99]. Das dabei auftretende implizite Intervallgleichungssystem wird mithilfe eines Prädiktor-Korrektor-Ansatzes gelöst.

Die gesuchte Lösungseinschließung zum Zeitpunkt $t_{k+1} = t_k + h_k$ wird aus der bekannten Lösungseinschließung zum Zeitpunkt t_k berechnet, wobei die *Schrittweite h_k* nicht konstant sein muss. Dabei werden keine Informationen über frühere Zeitpunkte t_i mit $i < k$ benötigt. Das IHO-Verfahren ist also ein implizites Einschritt-Verfahren. Ausgehend von einer gegebenen Menge möglicher Zustände $\boldsymbol{\mathcal{X}}(t_k)$ wird also eine möglichst enge Einschließung der Menge aller möglichen Zustände zum Folgezeitpunkt $\boldsymbol{\mathcal{X}}(t_{k+1})$ gesucht.

Ein Integrationsschritt besteht – wie bei den meisten Intervallverfahren – aus zwei Teilschritten, die in der Literatur auch als *Algorithmus I* und *Algorithmus II* bezeichnet werden:

---

[7]Quadraturformeln werden zur näherungsweisen numerischen Berechnung bestimmter Integrale eingesetzt, wenn der Integrand nicht elementar integrierbar ist oder eine exakte Integration zu aufwändig wäre. Quadraturformeln, die ausschließlich Funktionswerte des Integranden verwenden, nennt man auch *Mittelwertformeln*. Gehen in eine Quadraturformel zusätzlich – wie hier beim Hermite-Obreschkoff-Verfahren – Ableitungen ein, so nennt man sie auch *Hermitesche Quadraturformel* [BSMM01].

Algorithmus I (Validierung): Berechnung einer *a-priori-Einschließung* („a-priori enclosure") in Form eines Intervallvektors $\mathcal{X}([t_k, t_{k+1}]) = \left[\boldsymbol{x}\left([t_k, t_{k+1}]\right)\right]$, der garantiert alle zeitkontinuierlichen Trajektorien $\boldsymbol{x}(t)$ mit $\boldsymbol{x}(t_k) \in \mathcal{X}(t_k)$ und $t \in [t_k, t_{k+1}]$ enthält (vergleiche Abschnitt 3.2.1).

Mathematisch betrachtet werden mit diesem Teilschritt die Existenz und die Eindeutigkeit der Lösung des Anfangswertproblems bewiesen. Die aus diesem Teilschritt resultierende Einschließung des Taylor-Reihenrests wird für den folgenden Algorithmus II benötigt.

Algorithmus II (Enge Einschließung): Berechnung einer möglichst *engen Einschließung* $\mathcal{X}(t_{k+1})$ der Folgezustandsmenge auf Basis der Ergebnisse des vorangegangenen Algorithmus I. Die Einschließung $\mathcal{X}(t_{k+1})$ enthält die Endpunkte $\boldsymbol{x}(t_{k+1})$ aller Trajektorien $\boldsymbol{x}(t)$, die der Anfangsmenge $\mathcal{X}(t_k)$ entspringen (siehe Abschnitt 3.2.2).

Im Interesse einer möglichst geringen Überapproximation wird im IHO-Verfahren nach [Ned99] zur Beschreibung der Folgezustandsmenge neben einem reinen Intervallvektor $[\boldsymbol{x}]$ ein weiterer Intervallvektor $[\boldsymbol{r}]$ verwendet, der in einem transformierten Koordinatensystem gemäß $\widehat{\boldsymbol{x}} + \boldsymbol{A}\,[\boldsymbol{r}]$ dargestellt wird. Jede dieser beiden Beschreibungsformen enthält garantiert alle Folgezustände $\boldsymbol{x}(t_{k+1})$.

Mit den beiden Mengenbeschreibungen in Form des reinen Intervallvektors $[\boldsymbol{x}]$ und des transformierten Intervallvektors $\widehat{\boldsymbol{x}} + \boldsymbol{A}\,[\boldsymbol{r}]$ ergeben sich die Darstellungen der aktuellen Zustandsmenge und der Folgezustandsmenge im k-ten Integrationsschritt zu

$$\mathcal{X}(t_k) = [\boldsymbol{x}(t_k)] \cap \left(\widehat{\boldsymbol{x}}(t_k) + \boldsymbol{A}(t_k)\,[\boldsymbol{r}(t_k)]\right), \tag{3.43a}$$

$$\mathcal{X}(t_{k+1}) = [\boldsymbol{x}(t_{k+1})] \cap \left(\widehat{\boldsymbol{x}}(t_{k+1}) + \boldsymbol{A}(t_{k+1})\,[\boldsymbol{r}(t_{k+1})]\right). \tag{3.43b}$$

Die Schreibweise $\widehat{\boldsymbol{x}} + \boldsymbol{A}\,[\boldsymbol{r}]$ in den Gleichungen (3.43a) und (3.43b) stellt lediglich eine Kurzform der ausführlicheren Schreibweise $\{\widehat{\boldsymbol{x}} + \boldsymbol{A}\boldsymbol{r}\,|\,\boldsymbol{r} \in [\boldsymbol{r}]\}$ dar. Eine Auswertung des Ausdrucks $\widehat{\boldsymbol{x}} + \boldsymbol{A}\,[\boldsymbol{r}]$ in Intervallarithmetik würde aufgrund des Wrapping-Effekts (vergleiche Abbildung 3.3) eine möglicherweise sehr große Überapproximation bewirken, weswegen im IHO-Verfahren diese Mengenbeschreibung implizit durch getrennte Behandlung der Elemente $\widehat{\boldsymbol{x}}$, $\boldsymbol{A}$ und $[\boldsymbol{r}]$ verwendet wird.

Die tatsächliche aktuelle Zustandsmenge als Schnittmenge der beiden verwendeten Beschreibungsformen kann im Allgemeinen nicht explizit durch Intervallvektoren beschrieben werden, sodass die beiden Beschreibungsformen der Gleichung (3.43a) getrennt durch das IHO-Verfahren bearbeitet werden müssen. Analog gilt dies für die Folgezustandsmenge aus der Gleichung (3.43b). Während für den Validierungsschritt (vergleiche Abschnitt 3.2.1) nur der Intervallvektor $[\boldsymbol{x}(t_k)]$ benötigt wird, werden zur Berechnung der engen Einschließung im IHO-Verfahren beide Beschreibungsformen herangezogen.

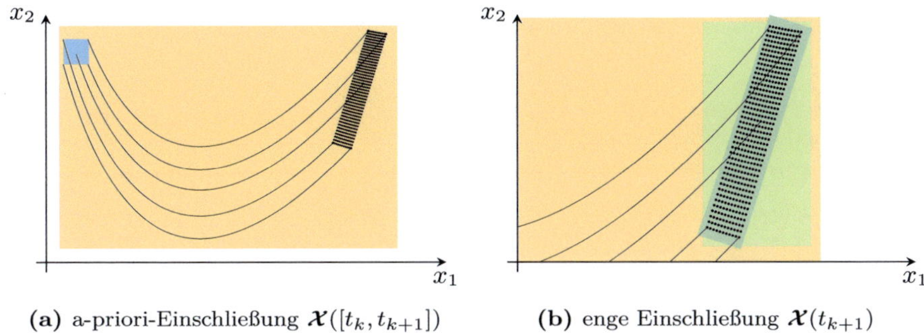

(a) a-priori-Einschließung $\mathcal{X}([t_k, t_{k+1}])$ **(b)** enge Einschließung $\mathcal{X}(t_{k+1})$

Abbildung 3.5: Lösungseinschließung mit dem IHO-Verfahren (blau: $\mathcal{X}(t_k)$, orange: $\mathcal{X}([t_k, t_{k+1}])$, grün: $\mathcal{X}(t_{k+1})$)

In der Abbildung 3.5 sind die beiden Teilschritte des IHO-Verfahrens beispielhaft veranschaulicht. Im Algorithmus I (vergleiche Abbildung 3.5(a)) wird ausgehend von der in blau dargestellten aktuellen Zustandsmenge $\mathcal{X}(t_k)$ eine a-priori-Einschließung $\mathcal{X}([t_k, t_{k+1}])$ berechnet, die in orange dargestellt ist. Sie enthält für das betrachtete Zeitintervall $[t_k, t_{k+1}]$ alle zeitkontinuierlichen Trajektorien, die $\mathcal{X}(t_k)$ entspringen. Die jeweiligen Endpunkte $x(t_{k+1})$ sind beispielhaft als schwarze Punkte dargestellt. Der Algorithmus II (siehe Abbildung 3.5(b)) schließt dann die Menge aller Endpunkte $x(t_{k+1})$ möglichst eng ein. Dazu werden die beiden in $\mathcal{X}(t_{k+1})$ zusammengefassten Mengendarstellungen verwendet, die hier in grün eingezeichnet sind (vergleiche Gleichung (3.43b)).

Sowohl der Algorithmus I als auch der Algorithmus II basieren auf einer Taylor-Reihenentwicklung ℓ-ter Ordnung[8] der Trajektorienschar $\mathcal{X}(t)$ um den aktuellen Zeitpunkt t_k. Mit der Kurzschreibweise

$$\langle \mathcal{X}(t_k) \rangle_i := \frac{1}{i!} \frac{d^i}{dt^i} \mathcal{X}(t_k) \tag{3.44a}$$

für den i-ten Taylor-Koeffizienten von $\mathcal{X}(t)$ zum Zeitpunkt t_k sowie der Abkürzung

$$\langle \mathcal{X}([t_k, t]) \rangle_{\ell+1} := \frac{1}{(\ell+1)!} \frac{d^{\ell+1}}{dt^{\ell+1}} \mathcal{X}(t_k + (t - t_k)\xi) \tag{3.44b}$$

---

[8] Wie bei den Taylor-Modellen bezeichnet hier ℓ die Ordnung des Taylor-Polynoms. Im Gegensatz dazu ist in der ursprünglichen Herleitung aus [Ned99] mit dem Begriff „Ordnung" – in Anlehnung an die Fehlerordnung klassischer Simulationsverfahren – die Ordnung des Restglieds gemeint, sodass dort das Taylor-Polynom nur die Ordnung $\ell - 1$ hat.

für den Koeffizienten des Taylor-Reihenrests lautet diese Taylor-Reihenentwicklung mit $\xi \in [0,1]$

$$
\begin{aligned}
\boldsymbol{X}(t) &= \sum_{i=0}^{\ell} \left(\frac{1}{i!} \frac{d^i}{dt^i} \, \boldsymbol{X}(t_k) \right) (t - t_k)^i + \frac{1}{(\ell+1)!} \left(\frac{d^{\ell+1}}{dt^{\ell+1}} \, \boldsymbol{X}(t_k + (t - t_k)\xi) \right) (t - t_k)^{\ell+1} \\
&= \sum_{i=0}^{\ell} \left\langle \boldsymbol{X}(t_k) \right\rangle_i (t - t_k)^i + \left\langle \boldsymbol{X}\left([t_k, t]\right) \right\rangle_{\ell+1} (t - t_k)^{\ell+1} .
\end{aligned}
\tag{3.45}
$$

Die Bestimmung einer Einschließung des Taylor-Reihenrests ist eine zentrale Aufgabe der Validierung im Algorithmus I (siehe Abschnitt 3.2.1).

Die Taylor-Koeffizienten der Lösungsmenge $\boldsymbol{X}(t)$ bis zur Ordnung ℓ können rekursiv aus den Taylor-Koeffizienten der Systemfunktion gewonnen werden:

$$
\left\langle \boldsymbol{X}(t_k) \right\rangle_0 = \frac{1}{0!} \frac{d^0}{dt^0} \, \boldsymbol{X}(t_k) = \boldsymbol{X}(t_k),
\tag{3.46a}
$$

$$
\begin{aligned}
\left\langle \boldsymbol{X}(t_k) \right\rangle_i &= \frac{1}{i!} \frac{d^i}{dt^i} \, \boldsymbol{X}(t_k) = \frac{1}{i} \left(\frac{1}{(i-1)!} \frac{d^{i-1}}{dt^{i-1}} \left(\frac{d}{dt} \, \boldsymbol{X}(t_k) \right) \right) \\
&= \frac{1}{i} \left(\frac{1}{(i-1)!} \frac{d^{i-1}}{dt^{i-1}} \boldsymbol{f}(\boldsymbol{X}(t_k)) \right) = \frac{1}{i} \left\langle \boldsymbol{f}(\boldsymbol{X}(t_k)) \right\rangle_{i-1} \quad (i > 0).
\end{aligned}
\tag{3.46b}
$$

Die Taylor-Koeffizienten der Systemfunktion $\boldsymbol{f}(\cdot)$ erhält man wiederum aus der Berechnungsvorschrift der Systemfunktion selbst mithilfe der Rechenregeln für Taylor-Koeffizienten, die im Anhang B zusammengefasst sind. Auf ähnliche Art und Weise lassen sich auch die im Algorithmus II benötigten Jacobi-Matrizen bestimmen (vergleiche Abschnitt 3.2.2 und Anhang B). Damit erhält man sämtliche benötigten Ableitungen bezüglich der Zeit und des Zustands mit diesem als *Algorithmische Differenziation* bezeichneten Verfahren aus der Berechnungsvorschrift der Systemfunktion [Gri00]. Dies ist ohne weiteres auch auf Basis der Intervallarithmetik möglich [Moo66]. Es sind daher zur Anwendung des IHO-Verfahrens weder Approximationen durch Differenzenquotienten oder ähnliches erforderlich, noch muss der Anwender die benötigten Ableitungen explizit angeben.

3.2.1   Validierung

Im Algorithmus I als erstem Teil jedes Integrationsschrittes wird zunächst eine a-priori-Einschließung $\boldsymbol{X}([t_k, t_{k+1}])$ aller zeitkontinuierlichen Trajektorien $\boldsymbol{x}(t)$ mit $\boldsymbol{x}(t_k) \in \boldsymbol{X}(t_k)$ für das Zeitintervall $[t_k, t_{k+1}]$ berechnet und damit gleichzeitig die Existenz und die Eindeutigkeit der Lösung des Anfangswertproblems nachgewiesen. Dies ist vom mathematischen Standpunkt aus unbedingt erforderlich, da die Berechnung der engen Lösungseinschließung im Algorithmus II nur sinnvoll möglich ist, wenn das betrachtete Differenzialgleichungssystem auch tatsächlich eine eindeutige Lösung besitzt.

Auch wenn die im Rahmen dieser Arbeit betrachteten Differenzialgleichungssysteme als Modelle real existierender technischer Systeme praktisch immer eine eindeutige Lösung haben[9], kann der Validierungsschritt nicht einfach entfallen, da im zweiten Teilschritt für die Einschließung der Lösung $\mathcal{X}(t_{k+1})$ eine Einschließung des Taylor-Reihenrests benötigt wird.

Die Validierung – also der Beweis der Existenz und Eindeutigkeit der Lösung des Differenzialgleichungssystems – basiert beim IHO-Verfahren aus [Ned99] auf einem Satz von Corliss und Rihm [CR96] und wurde in [NJP01] weiter verbessert.

Satz 3.2: Satz von Corliss und Rihm

Sei $\boldsymbol{x}(t_k) \in \big[\boldsymbol{x}\big([t_k, t_k + h_k]\big)\big]$ so, dass kein Element von $\boldsymbol{x}(t_k)$ auf dem Rand von $\big[\boldsymbol{x}\big([t_k, t_k + h_k]\big)\big]$ liegt. Das Differenzialgleichungssystem $\dot{\boldsymbol{x}} = \boldsymbol{f}(\boldsymbol{x})$ mit dem Anfangswert $\boldsymbol{x}(t_k)$ hat für alle $t \in [t_k, t_k + h_k]$ eine eindeutige Lösung

$$\boldsymbol{x}(t) \in \sum_{i=0}^{\ell} \langle \boldsymbol{x}(t_k) \rangle_i \, (t - t_k)^i + \big\langle \big[\boldsymbol{x}\big([t_k, t]\big)\big] \big\rangle_{\ell+1} (t - t_k)^{\ell+1} , \tag{3.47}$$

wenn für alle $t \in [t_k, t_k + h_k]$ gilt:

$$\sum_{i=0}^{\ell} \langle \boldsymbol{x}(t_k) \rangle_i \, (t - t_k)^i + \big\langle \big[\boldsymbol{x}\big([t_k, t]\big)\big] \big\rangle_{\ell+1} (t - t_k)^{\ell+1} \subseteq \big[\boldsymbol{x}\big([t_k, t]\big)\big] . \tag{3.48}$$

Das Ziel der Validierung im Algorithmus I ist es nun, eine Schrittweite h_k und einen Intervallvektor $\mathcal{X}\big([t_k, t_k + h_k]\big) = \big[\boldsymbol{x}\big([t_k, t_k + h_k]\big)\big]$ so zu finden, dass die Gleichung (3.48) für jedes Element der gegebenen Anfangsmenge $\mathcal{X}(t_k) = [\boldsymbol{x}(t_k)]$ erfüllt ist. Dazu geht man nach [NJP01] von einer gewünschten Schrittweite h_k aus, die entweder als konstant angenommen oder beispielsweise durch eine Schrittweitensteuerung (siehe [Ned99]) vorgegeben werden kann. Mit $t - t_k \in [0, h_k]$ und der gegebenen Anfangsmenge $[\boldsymbol{x}(t_k)]$ erhält man aus der Gleichung (3.48) die Bedingung

$$\sum_{i=0}^{\ell} [0, h_k]^i \, \langle [\boldsymbol{x}(t_k)] \rangle_i + [0, h_k]^{\ell+1} \big\langle \big[\boldsymbol{x}\big([t_k, t_{k+1}]\big)\big] \big\rangle_{\ell+1} \subseteq \big[\boldsymbol{x}\big([t_k, t_{k+1}]\big)\big] . \tag{3.49}$$

---

[9]Ein Beispiel für eine Differenzialgleichung, die keine eindeutige Lösung besitzt, ist die in der Literatur weit verbreitete Beschreibung von Reibungseffekten mithilfe einfacher Signumfunktionen [OAW+98]. Die fehlende Eindeutigkeit der Lösung ist in diesem Fall auf die stark vereinfachte Beschreibung des Reibungseffekts zurückzuführen. Da im Rahmen dieser Arbeit unstetige Systemfunktionen ohnehin ausgeschlossen sind, muss dieser Fall nicht weiter betrachtet werden. Beispiele zur Berücksichtigung von Reibungseffekten in den in dieser Arbeit verwendeten Verfahren sind im Kapitel 6 zu finden.

Mithilfe der Algorithmischen Differenziation (vergleiche Anhang B) kann die Summe der Taylor-Koeffizienten $\langle[\boldsymbol{x}(t_k)]\rangle_i$ auf der linken Seite der Gleichung (3.49) leicht berechnet werden, wobei sich eine Auswertung mittels des Hornerschemas als vorteilhaft erweist.

Zur Bestimmung von $[\boldsymbol{x}([t_k, t_{k+1}])]$ geht man nun von der Annahme aus, dass sich der $\ell+1$-te Taylor-Koeffizient von einem Integrationsschritt zum nächsten nur wenig ändert:

$$\left\langle\left[\boldsymbol{x}([t_k, t_{k+1}])\right]\right\rangle_{\ell+1} \approx \left\langle\left[\boldsymbol{x}([t_{k-1}, t_k])\right]\right\rangle_{\ell+1}. \tag{3.50}$$

Mit dieser Annahme bestimmt man unter zusätzlicher Verwendung eines Sicherheitsfaktors von $[-2, 2]$ den Intervallvektor

$$\left[\boldsymbol{x}([t_k, t_{k+1}])\right] = \sum_{i=0}^{\ell} [0, h_k]^i \langle[\boldsymbol{x}(t_k)]\rangle_i + [-2, 2]\,\mathrm{mag}\left(\left\langle\left[\boldsymbol{x}([t_{k-1}, t_k])\right]\right\rangle_{\ell+1}\right) [0, h_k]^{\ell+1}. \tag{3.51}$$

Dieser Intervallvektor stellt zunächst lediglich eine Schätzung und keine garantierte Einschließung dar. Nur wenn die Bedingung (3.49) für den gewählten Intervallvektor tatsächlich erfüllt ist, stellt dieser die gesuchte a-priori-Einschließung dar. Den benötigten $\ell+1$-ten Taylor-Koeffizienten $\left\langle\left[\boldsymbol{x}\left([t_k, t_{k+1}]\right)\right]\right\rangle_{\ell+1}$ zur Überprüfung der Bedingung (3.49) erhält man wieder mithilfe der Algorithmischen Differenziation.

Ist die Bedingung (3.49) für den gewählten Intervallvektor $[\boldsymbol{x}([t_k, t_{k+1}])]$ erfüllt, dann ist sichergestellt, dass das betrachtete Differenzialgleichungssystem für alle $t \in [t_k, t_{k+1}]$ eine eindeutige Lösung besitzt und somit die Voraussetzungen für die Berechnung einer engen Einschließung $\boldsymbol{\mathcal{X}}(t_{k+1})$ im Algorithmus II erfüllt sind. Neben der garantierten a-priori-Einschließung $\boldsymbol{\mathcal{X}}([t_k, t_{k+1}]) = [\boldsymbol{x}([t_k, t_{k+1}])]$ sind damit gleichzeitig die Koeffizienten des Taylor-Reihenrests

$$\left\langle\left[\boldsymbol{x}([t_k, t_{k+1}])\right]\right\rangle_i, \quad (i = 0, \dots, \ell + 1). \tag{3.52}$$

bekannt, die im Algorithmus II benötigt werden.

Ist die Bedingung (3.49) nicht erfüllt, so wird der Algorithmus I unter Verwendung einer kleineren Schrittweite wiederholt, bis entweder die Bedingung (3.49) erfüllt ist oder eine minimale Schrittweite $h_{\min}$ (beispielsweise 10^{-9}) unterschritten wird. In diesem Fall kann die Existenz und Eindeutigkeit der Lösung des Differenzialgleichungssystems nicht nachgewiesen und daher die Integration nicht fortgesetzt werden. Es kann also vorkommen, dass die Schrittweite durch den Algorithmus I verkleinert wird, was beim Einsatz des Verfahrens zur Zustandsmengenbeobachtung beachtet werden muss (vergleiche Abschnitt 4.1).

Für den ersten Integrationsschritt kann die Gleichung (3.51) nicht verwendet werden, da dann natürlich keine Taylor-Koeffizienten aus dem vorherigen Integrationsschritt zur Verfügung stehen. In diesem Fall wird zur Überprüfung der Bedingung (3.49) nach [NJP01] der folgende Intervallvektor herangezogen:

$$[\boldsymbol{x}\left([t_0, t_1]\right)] = \sum_{i=0}^{\ell} [0, h_0]^i \left\langle[\boldsymbol{x}(t_0)]\right\rangle_i + [-2, 2]\,\mathrm{mag}\big(\langle[\widetilde{\boldsymbol{x}}]\rangle_{\ell+1}\big)\,[0, h_k]^{\ell+1} \quad \text{mit} \tag{3.53}$$

$$[\widetilde{\boldsymbol{x}}] = \sum_{i=0}^{\ell} [0, h_0]^i \left\langle[\boldsymbol{x}(t_0)]\right\rangle_i + [-2, 2]\,\mathrm{mag}\big(\langle[\boldsymbol{x}\left(t_0\right)]\rangle_{\ell+1}\big)\,[0, h_k]^{\ell+1}. \tag{3.54}$$

Nach dem erfolgreichen Abschluss der Validierung im Algorithmus I kann nun eine möglichst enge Einschließung der Zustandsmenge $\boldsymbol{\mathcal{X}}(t_{k+1})$ in der Form nach Gleichung (3.43b) berechnet werden.

3.2.2 Enge Einschließung der Lösung

Die Lösung des Anfangswertproblems $\dot{\boldsymbol{x}} = \boldsymbol{f}(\boldsymbol{x})$, $\boldsymbol{x}(t_0) = \boldsymbol{x}_0$ berechnet sich nach dem Hermite-Obreschkoff-Verfahren als Lösung des impliziten nichtlinearen Gleichungssystems

$$\sum_{i=0}^{\mu} \alpha_i (-h_k)^i \left\langle\boldsymbol{x}(t_{k+1})\right\rangle_i = \sum_{j=0}^{\nu} \beta_j h_k^j \left\langle\boldsymbol{x}(t_k)\right\rangle_j + \gamma h_k^{\mu+\nu+1} \left\langle\boldsymbol{x}\left([t_k, t_{k+1}]\right)\right\rangle_{\mu+\nu+1} \tag{3.55}$$

mit

$$\alpha_i = \frac{\mu!\,(\mu + \nu - i)!}{(\mu + \nu)!\,(\mu - i)!},\ \beta_j = \frac{\nu!\,(\mu + \nu - j)!}{(\mu + \nu)!\,(\nu - j)!}\ \text{und}\ \gamma = (-1)^\mu \frac{\mu!\nu!}{(\mu + \nu)!}. \tag{3.56}$$

Die Hermite-Obreschkoff-Gleichung (3.55) kann als Erweiterung einer Taylor-Reihe aufgefasst werden (vergleiche auch Gleichung (3.45)), denn sie geht für $\mu = 0$ in eine Taylor-Reihe über:

$$\boldsymbol{x}(t_{k+1}) = \sum_{j=0}^{\nu} h_k^j \left\langle\boldsymbol{x}(t_k)\right\rangle_j + h_k^{\nu+1} \left\langle\boldsymbol{x}\left([t_k, t_{k+1}]\right)\right\rangle_{\nu+1}. \tag{3.57a}$$

Mithilfe dieser Gleichung kann im Sinne einer *Vorwärtslösung* aus den Taylor-Koeffizienten der Lösung zum aktuellen Zeitpunkt t_k eine Lösung zum Folgezeitpunkt t_{k+1} berechnet werden. Analog erhält man für $\nu = 0$ eine *Rückwärtslösung*

$$\boldsymbol{x}(t_k) = \sum_{i=0}^{\mu} (-h_k)^i \left\langle\boldsymbol{x}(t_{k+1})\right\rangle_i + (-h_k)^{\mu+1} \left\langle\boldsymbol{x}\left([t_k, t_{k+1}]\right)\right\rangle_{\mu+1}. \tag{3.57b}$$

Während im klassischen Hermite-Obreschkoff-Verfahren der Fehler der näherungsweisen Integration – also das Restglied – vernachlässigt wird, muss dieser im IHO-Verfahren berücksichtigt werden.

Die Ordnung des Verfahrens wird durch die Koeffizienten μ und ν festgelegt. Wie in der Literatur üblich, werden diese Koeffizienten hier durch einen Vergleich der Ordnung $\mu + \nu + 1$ des Restglieds aus (3.55) mit der Ordnung $\ell + 1$ des Restglieds einer Taylor-Reihenentwicklung der Ordnung ℓ zu $\mu = \left\lceil \frac{\ell}{2} \right\rceil$ und $\nu = \left\lfloor \frac{\ell}{2} \right\rfloor$ gewählt.

Zur Lösung des impliziten nichtlinearen Gleichungssystems (3.55) bietet sich analog zur Vorgehensweise klassischer impliziter Simulationsverfahren ein Prädiktor-Korrektor-Schema[10] an. Dabei wird im Prädiktor zunächst mithilfe eines expliziten Verfahrens eine Lösung prädiziert, die anschließend im Korrektor mithilfe der impliziten Gleichung verbessert wird.

Prädiktor

In [Ned99] wird für den Prädiktor die Taylor-Reihe aus der Gleichung (3.57a) verwendet. Setzt man in diese Gleichung die Zustandsmenge $\boldsymbol{\mathcal{X}}(t_k)$ (siehe Gleichung (3.43a)) ein und formt mithilfe der Mittelwertform (vergleiche Definition 3.2) die Taylor-Koeffizienten gemäß

$$
\begin{aligned}
\langle \boldsymbol{\mathcal{X}}(t_k) \rangle_j &= \frac{1}{j!} \frac{d^j}{dt^j} \boldsymbol{\mathcal{X}}(t_k) \\
&= \frac{1}{j!} \frac{d^j}{dt^j} \widehat{\boldsymbol{\mathcal{X}}}(t_k) + \left(\frac{\partial}{\partial \boldsymbol{x}} \frac{1}{j!} \frac{d^j}{dt^j} \boldsymbol{\mathcal{X}}(t_k) \right) \left(\boldsymbol{\mathcal{X}}(t_k) - \widehat{\boldsymbol{\mathcal{X}}}(t_k) \right) \\
&= \left\langle \widehat{\boldsymbol{\mathcal{X}}}(t_k) \right\rangle_j + \left(\frac{\partial}{\partial \boldsymbol{x}} \langle \boldsymbol{\mathcal{X}}(t_k) \rangle_j \right) \left(\boldsymbol{\mathcal{X}}(t_k) - \widehat{\boldsymbol{\mathcal{X}}}(t_k) \right)
\end{aligned}
\tag{3.58}
$$

um, so erhält man die prädizierte Zustandsmenge

$$
\boldsymbol{\mathcal{X}}_{\mathrm{p}}(t_{k+1}) = \sum_{j=0}^{\nu} h_k^j \left\langle \widehat{\boldsymbol{\mathcal{X}}}(t_k) \right\rangle_j + \left(\sum_{j=0}^{\nu} h_k^j \frac{\partial}{\partial \boldsymbol{x}} \langle \boldsymbol{\mathcal{X}}(t_k) \rangle_j \right) \left(\boldsymbol{\mathcal{X}}(t_k) - \widehat{\boldsymbol{\mathcal{X}}}(t_k) \right)
$$
$$
+ h_k^{\nu+1} \left\langle \left[\boldsymbol{x}\big([t_k, t_{k+1}]\big) \right] \right\rangle_{\nu+1} .
\tag{3.59}
$$

Durch Algorithmische Differenziation (siehe auch Anhang B) in Intervallarithmetik berechnet man nun die notwendigen Taylor-Koeffizienten und Jacobi-Matrizen und

---

[10]Die in diesem Zusammenhang verwendeten Bezeichnungsweisen „Prädiktor" und „Korrektor" dürfen nicht verwechselt werden mit den für die Zustandsmengenbeobachtung verwendeten Bezeichnungen „Prädiktion" und „Korrektur" (vergleiche Abschnitt 4.2).

damit die Summen

$$[\boldsymbol{s}] = \sum_{j=0}^{\nu} h_k^j \left\langle \widehat{\boldsymbol{\mathcal{X}}}(t_k) \right\rangle_j = \sum_{j=0}^{\nu} h_k^j \left\langle \widehat{\boldsymbol{x}}(t_k) \right\rangle_j \quad \text{und} \tag{3.60a}$$

$$[\boldsymbol{S}] = \sum_{j=0}^{\nu} h_k^j \frac{\partial}{\partial \boldsymbol{x}} \left\langle \boldsymbol{\mathcal{X}}(t_k) \right\rangle_j = \sum_{j=0}^{\nu} h_k^j \frac{\partial}{\partial \boldsymbol{x}} \left\langle [\boldsymbol{x}(t_k)] \right\rangle_j . \tag{3.60b}$$

Die Einschließung des Restglieds in Form des Intervallvektors $\left\langle [\boldsymbol{x}([t_k, t_{k+1}])] \right\rangle_{\nu+1}$ ist bereits aus dem Algorithmus I bekannt (siehe Gleichung (3.52)). Mit der transformierten Mengendarstellung $\widehat{\boldsymbol{x}}(t_k) + \boldsymbol{A}(t_k)\,[\boldsymbol{r}(t_k)]$ erhält man

$$\boldsymbol{\mathcal{X}}(t_k) - \widehat{\boldsymbol{\mathcal{X}}}(t_k) = \widehat{\boldsymbol{x}}(t_k) + \boldsymbol{A}(t_k)\,[\boldsymbol{r}(t_k)] - \widehat{\boldsymbol{x}}(t_k) = \boldsymbol{A}(t_k)\,[\boldsymbol{r}(t_k)], \tag{3.61}$$

sodass sich schließlich der prädizierte Intervallvektor gemäß

$$[\boldsymbol{x}_{\mathrm{p}}(t_{k+1})] = [\boldsymbol{s}] + \left([\boldsymbol{S}]\,\boldsymbol{A}(t_k)\right)[\boldsymbol{r}(t_k)] + h_k^{\nu+1} \left\langle [\boldsymbol{x}([t_k, t_{k+1}])] \right\rangle_{\nu+1} \tag{3.62}$$

berechnen lässt. Die Klammersetzung verdeutlicht hier wie auch in den weiteren Gleichungen die Ausführungsreihenfolge der Intervallmultiplikationen zur Erzielung einer möglichst geringen Überapproximation.

Der Intervallvektor $[\boldsymbol{s}]$ (siehe Gleichung (3.60a)) stellt – abgesehen von den bei der Summation angesammelten Rundungsfehlern – als Summe der Taylor-Koeffizienten auf Basis des aktuellen Mittelpunkts $\left\langle \widehat{\boldsymbol{x}}(t_k) \right\rangle_j$ einen entarteten Intervallvektor dar. Die Gleichung (3.62) kann daher folgendermaßen interpretiert werden: Die prädizierte Zustandsmenge ergibt sich aus einer auf Basis des aktuellen Mittelpunkts $\widehat{\boldsymbol{x}}(t_k)$ berechneten Näherungslösung $[\boldsymbol{s}]$ und der zusätzlichen Berücksichtigung der Ausdehnung der aktuellen Zustandsmenge mittels $\left([\boldsymbol{S}]\,\boldsymbol{A}(t_k)\right)[\boldsymbol{r}(t_k)]$ sowie des Taylor-Reihenrests $h_k^{\nu+1} \left\langle [\boldsymbol{x}([t_k, t_{k+1}])] \right\rangle_{\nu+1}$. Der zweite und dritte Summand in der Gleichung (3.62) stellen also den wesentlichen Unterschied des mengenbasierten Verfahrens im Vergleich zu klassischen reellwertigen Simulationsverfahren dar.

Korrektor

Die Aufgabe des Korrektors besteht darin, die im Prädiktor berechnete Einschließung $\boldsymbol{\mathcal{X}}_{\mathrm{p}}(t_{k+1})$ mithilfe der impliziten Gleichung (3.55) zu verbessern. Analog zum Prädiktor wird dazu zunächst die Gleichung (3.55) mithilfe der Mittelwertform (vergleiche Definition 3.2) umgeschrieben. Mit den Taylor-Koeffizienten $\left\langle \boldsymbol{\mathcal{X}}(t_k) \right\rangle_j$ der Zustandsmenge $\boldsymbol{\mathcal{X}}(t_k)$ nach der Gleichung (3.58) und dem entsprechenden Zusammenhang

$$\left\langle \boldsymbol{\mathcal{X}}(t_{k+1}) \right\rangle_i = \left\langle \widehat{\boldsymbol{\mathcal{X}}}(t_{k+1}) \right\rangle_i + \left(\frac{\partial}{\partial \boldsymbol{x}} \left\langle \boldsymbol{\mathcal{X}}(t_{k+1}) \right\rangle_i \right) \left(\boldsymbol{\mathcal{X}}(t_{k+1}) - \widehat{\boldsymbol{\mathcal{X}}}(t_{k+1}) \right) \tag{3.63}$$

für $\boldsymbol{\mathcal{X}}(t_{k+1})$ ergibt sich

$$\sum_{i=0}^{\mu} \alpha_i(-h_k)^i \left\langle \widehat{\boldsymbol{\mathcal{X}}}(t_{k+1}) \right\rangle_i + \left(\sum_{i=0}^{\mu} \alpha_i(-h_k)^i \frac{\partial}{\partial \boldsymbol{x}} \langle \boldsymbol{\mathcal{X}}(t_{k+1}) \rangle_i \right) \left(\boldsymbol{\mathcal{X}}(t_{k+1}) - \widehat{\boldsymbol{\mathcal{X}}}(t_{k+1}) \right)$$

$$= \sum_{j=0}^{\nu} \beta_j h_k^j \left\langle \widehat{\boldsymbol{\mathcal{X}}}(t_k) \right\rangle_j + \left(\sum_{j=0}^{\nu} \beta_j h_k^j \frac{\partial}{\partial \boldsymbol{x}} \langle \boldsymbol{\mathcal{X}}(t_k) \rangle_j \right) \left(\boldsymbol{\mathcal{X}}(t_k) - \widehat{\boldsymbol{\mathcal{X}}}(t_k) \right)$$

$$+ \gamma h_k^{\mu+\nu+1} \left\langle \left[\boldsymbol{x}([t_k, t_{k+1}]) \right] \right\rangle_{\mu+\nu+1}. \qquad (3.64)$$

Für den Reihenrest wird dabei die im Validierungsschritt mit $\ell = \mu + \nu$ berechnete Einschließung des Taylor-Reihenrests $\left\langle \left[\boldsymbol{x}([t_k, t_{k+1}]) \right] \right\rangle_{\ell+1}$ eingesetzt, die Koeffizienten α_i, β_j und γ entsprechen denen der Gleichung (3.56). Eine engere Lösungseinschließung $\boldsymbol{\mathcal{X}}(t_{k+1}) \subseteq \boldsymbol{\mathcal{X}}_{\mathrm{p}}(t_{k+1})$ kann nun nach [Ned99] wie im Folgenden ausgeführt berechnet werden.

Die Taylor-Koeffizienten und Jacobi-Matrizen der linken Seite der Gleichung (3.64) werden mithilfe der prädizierten Lösung berechnet und daraus die Summen

$$[\boldsymbol{s}_{\mathrm{r}}] = \sum_{i=0}^{\mu} \alpha_i(-h_k)^i \left\langle \widehat{\boldsymbol{\mathcal{X}}}_{\mathrm{p}}(t_{k+1}) \right\rangle_i = \sum_{i=0}^{\mu} \alpha_i(-h_k)^i \langle \widehat{\boldsymbol{x}}_{\mathrm{p}}(t_{k+1}) \rangle_i \quad \text{und} \qquad (3.65a)$$

$$[\boldsymbol{S}_{\mathrm{r}}] = \sum_{i=0}^{\mu} \alpha_i(-h_k)^i \frac{\partial}{\partial \boldsymbol{x}} \langle \boldsymbol{\mathcal{X}}_{\mathrm{p}}(t_{k+1}) \rangle_i = \sum_{i=0}^{\mu} \alpha_i(-h_k)^i \frac{\partial}{\partial \boldsymbol{x}} \langle [\boldsymbol{x}_{\mathrm{p}}(t_{k+1})] \rangle_i \qquad (3.65b)$$

gebildet. Analog zur Gleichung (3.57b) können die Summen (3.65) wegen der negativen Schrittweite als mit α_i gewichtete näherungsweise Rückwärtslösung (Index „r") interpretiert werden. Auf die gleiche Art und Weise (vergleiche Gleichung (3.57a)) erhält man die mit β_j gewichtete näherungsweise Vorwärtslösung (Index „v"):

$$[\boldsymbol{s}_{\mathrm{v}}] = \sum_{j=0}^{\nu} \beta_j h_k^j \left\langle \widehat{\boldsymbol{\mathcal{X}}}(t_k) \right\rangle_j = \sum_{j=0}^{\nu} \beta_j h_k^j \langle \widehat{\boldsymbol{x}}(t_k) \rangle_j \,, \qquad (3.66a)$$

$$[\boldsymbol{S}_{\mathrm{v}}] = \sum_{j=0}^{\nu} \beta_j h_k^j \frac{\partial}{\partial \boldsymbol{x}} \langle \boldsymbol{\mathcal{X}}(t_k) \rangle_j = \sum_{j=0}^{\nu} \beta_j h_k^j \frac{\partial}{\partial \boldsymbol{x}} \langle [\boldsymbol{x}(t_k)] \rangle_j \,. \qquad (3.66b)$$

Führt man nun noch die Abkürzung

$$[\boldsymbol{e}] := \gamma h_k^{\mu+\nu+1} \left\langle \left[\boldsymbol{x}([t_k, t_{k+1}]) \right] \right\rangle_{\mu+\nu+1} \qquad (3.67)$$

ein, so lässt sich die Gleichung (3.64) übersichtlicher schreiben:

$$[\boldsymbol{s}_{\mathrm{r}}] + [\boldsymbol{S}_{\mathrm{r}}] \left(\boldsymbol{\mathcal{X}}(t_{k+1}) - \widehat{\boldsymbol{x}}(t_{k+1}) \right) = [\boldsymbol{s}_{\mathrm{v}}] + [\boldsymbol{S}_{\mathrm{v}}] \left(\boldsymbol{\mathcal{X}}(t_k) - \widehat{\boldsymbol{x}}(t_k) \right) + [\boldsymbol{e}] \,. \qquad (3.68)$$

Diese Gleichung stellt einen Zusammenhang zwischen den Lösungen zu den Zeitpunkten t_k und t_{k+1} her. Zur Berechnung der engeren Einschließung in der Form nach der Gleichung (3.43b) muss die Gleichung (3.68) nach $\mathcal{X}(t_{k+1})$ aufgelöst werden. Die Lösungsmenge $\mathcal{X}(t_k)$ ist in der Form nach der Gleichung (3.43a) gegeben.

Da die Berechnung einer geeigneten Einschließung der Inversen der Intervallmatrix $[\boldsymbol{S}_\mathrm{r}]$ nicht mit akzeptablem Aufwand möglich ist[11], wird in [Ned99] der folgende Ansatz gewählt: Mit dem Zusammenhang $[\boldsymbol{S}_\mathrm{r}] = \widehat{\boldsymbol{S}}_\mathrm{r} + \left([\boldsymbol{S}_\mathrm{r}] - \widehat{\boldsymbol{S}}_\mathrm{r}\right)$ erhält man aus der Gleichung (3.68)

$$\widehat{\boldsymbol{S}}_\mathrm{r}\big(\mathcal{X}(t_{k+1}) - \widehat{\boldsymbol{x}}(t_{k+1})\big) = [\boldsymbol{s}_\mathrm{v}] - [\boldsymbol{s}_\mathrm{r}] + [\boldsymbol{S}_\mathrm{v}]\left(\mathcal{X}(t_k) - \widehat{\boldsymbol{x}}(t_k)\right) + [\boldsymbol{e}]$$
$$- \left([\boldsymbol{S}_\mathrm{r}] - \widehat{\boldsymbol{S}}_\mathrm{r}\right)\left(\mathcal{X}(t_{k+1}) - \widehat{\boldsymbol{x}}(t_{k+1})\right). \quad (3.69)$$

Setzt man nun $\widehat{\boldsymbol{x}}(t_{k+1}) = \widehat{\boldsymbol{x}}_\mathrm{p}(t_{k+1})$ und auf der rechten Seite $\mathcal{X}(t_{k+1}) = [\boldsymbol{x}_\mathrm{p}(t_{k+1})]$ ein, so ergibt sich mithilfe der Inversen der Mittelpunktsmatrix $\widehat{\boldsymbol{S}}_\mathrm{r}$ die Gleichung

$$\mathcal{X}(t_{k+1}) = \widehat{\boldsymbol{x}}_\mathrm{p}(t_{k+1}) + \left[\widehat{\boldsymbol{S}}_\mathrm{r}^{-1}\right]\left([\boldsymbol{s}_\mathrm{v}] - [\boldsymbol{s}_\mathrm{r}] + [\boldsymbol{e}]\right) + \left(\left[\widehat{\boldsymbol{S}}_\mathrm{r}^{-1}\right][\boldsymbol{S}_\mathrm{v}]\right)\left(\mathcal{X}(t_k) - \widehat{\boldsymbol{x}}(t_k)\right)$$
$$+ \left(\boldsymbol{I}_n - \left[\widehat{\boldsymbol{S}}_\mathrm{r}^{-1}\right][\boldsymbol{S}_\mathrm{r}]\right)\left([\boldsymbol{x}_\mathrm{p}(t_{k+1})] - \widehat{\boldsymbol{x}}_\mathrm{p}(t_{k+1})\right). \quad (3.70)$$

Dabei muss zur Berücksichtigung von Rundungsfehlern die Inverse von $\widehat{\boldsymbol{S}}_\mathrm{r}$ durch eine Intervallmatrix $\left[\widehat{\boldsymbol{S}}_\mathrm{r}^{-1}\right]$ eingeschlossen werden (vergleiche Anhang C.1), die jedoch wesentlich einfacher zu berechnen ist als die Inverse der Intervallmatrix $[\boldsymbol{S}_\mathrm{r}]$.

Mithilfe der transformierten Mengendarstellung $\widehat{\boldsymbol{x}}(t_k) + \boldsymbol{A}(t_k)\,[\boldsymbol{r}(t_k)]$ lassen sich aus der Gleichung (3.70) die beiden gewünschten Mengendarstellungen für die Folgezustandsmenge $\mathcal{X}(t_{k+1})$ nach der Gleichung (3.43b) berechnen. Der Intervallvektor $[\boldsymbol{x}(t_{k+1})]$ ergibt sich zu

$$[\boldsymbol{x}(t_{k+1})] = [\boldsymbol{x}_\mathrm{p}(t_{k+1})] \cap$$
$$\left(\widehat{\boldsymbol{x}}_\mathrm{p}(t_{k+1}) + \left[\widehat{\boldsymbol{S}}_\mathrm{r}^{-1}\right]\left([\boldsymbol{s}_\mathrm{v}] - [\boldsymbol{s}_\mathrm{r}] + [\boldsymbol{e}]\right) + \left(\left(\left[\widehat{\boldsymbol{S}}_\mathrm{r}^{-1}\right][\boldsymbol{S}_\mathrm{v}]\right)\boldsymbol{A}(t_k)\right)[\boldsymbol{r}(t_k)]\right.$$
$$\left. + \left(\boldsymbol{I}_n - \left[\widehat{\boldsymbol{S}}_\mathrm{r}^{-1}\right][\boldsymbol{S}_\mathrm{r}]\right)\left([\boldsymbol{x}_\mathrm{p}(t_{k+1})] - \widehat{\boldsymbol{x}}_\mathrm{p}(t_{k+1})\right)\right). \quad (3.71)$$

Damit ist auch bereits das Element $\widehat{\boldsymbol{x}}(t_{k+1})$ der transformierten Mengendarstellung $\widehat{\boldsymbol{x}}(t_{k+1}) + \boldsymbol{A}(t_{k+1})\,[\boldsymbol{r}(t_{k+1})]$ bestimmt. Mit der Basismatrix $\boldsymbol{A}(t_{k+1})$, deren Be-

---

[11]Im Allgemeinen ist die Berechnung einer engen Einschließung der Inversen einer Intervallmatrix ein NP-hartes Problem [Ned99].

stimmung im Folgenden noch näher erläutert wird, ergibt sich der Intervallvektor $[r(t_{k+1})]$ mithilfe der Gleichung (3.70) zu

$$
\begin{aligned}
[r(t_{k+1})] = {} & \Bigg(\left([A^{-1}(t_{k+1})] \left[\widehat{S}_{\mathrm{r}}^{-1}\right] \right) \left([s_{\mathrm{v}}] - [s_{\mathrm{r}}] + [e]\right) \\
& + \left([A^{-1}(t_{k+1})] \left(\left(\left[\widehat{S}_{\mathrm{r}}^{-1}\right] [S_{\mathrm{v}}] \right) A(t_k) \right) \right) [r(t_k)] \\
& + \left([A^{-1}(t_{k+1})] \left(I_n - \left[\widehat{S}_{\mathrm{r}}^{-1}\right] [S_{\mathrm{r}}] \right) \right) \left([x_{\mathrm{p}}(t_{k+1})] - \widehat{x}_{\mathrm{p}}(t_{k+1}) \right) \\
& + [A^{-1}(t_{k+1})] \left(\widehat{x}_{\mathrm{p}}(t_{k+1}) - \widehat{x}(t_{k+1}) \right) \Bigg), \quad (3.72)
\end{aligned}
$$

wobei wieder zur Berücksichtigung von Rundungsfehlern die Inverse von $A(t_{k+1})$ durch die Intervallmatrix $[A^{-1}(t_{k+1})]$ eingeschlossen wird (siehe Anhang C.1).

Betrachtet man die Gleichung (3.71) genauer, so lässt sich Folgendes feststellen: Unter der Annahme eines hinreichend kleinen Reihenrests $[e]$ liefern die Terme

$$
\widehat{x}_{\mathrm{p}}(t_{k+1}) + \left[\widehat{S}_{\mathrm{r}}^{-1}\right] \left([s_{\mathrm{v}}] - [s_{\mathrm{r}}] + [e]\right) \tag{3.73}
$$

nur einen geringen Beitrag zur Ausdehnung der gesuchten Zustandsmenge, da $[s_{\mathrm{v}}]$ und $[s_{\mathrm{r}}]$ – abgesehen von den bei der Summation in den Gleichungen (3.66a) und (3.65a) angesammelten Rundungsfehlern – entartete Intervallvektoren sind. Sie können daher direkt in Intervallarithmetik ausgewertet werden. Auch der Beitrag von

$$
\left(I_n - \left[\widehat{S}_{\mathrm{r}}^{-1}\right] [S_{\mathrm{r}}] \right) \left([x_{\mathrm{p}}(t_{k+1})] - \widehat{x}_{\mathrm{p}}(t_{k+1}) \right) \tag{3.74}
$$

ist gering, da $I_n - \left[\widehat{S}_{\mathrm{r}}^{-1}\right] [S_{\mathrm{r}}]$ eine Einschließung einer Nullmatrix darstellt. Daher stellt der verbleibende Term

$$
\left(\left(\left[\widehat{S}_{\mathrm{r}}^{-1}\right] [S_{\mathrm{v}}] \right) A(t_k) \right) [r(t_k)] \tag{3.75}
$$

den Hauptanteil der Zustandsmenge dar, der darüber hinaus auch die für den Zeitpunkt t_k bestimmte transformierte Mengendarstellung nach der Gleichung (3.43a) enthält. Die Folgezustandsmenge kann also im Wesentlichen als eine Summe aus einem (kleinen) reinen und einem transformierten Intervallvektor aufgefasst werden (siehe Abbildung 3.6(a)). Diese Menge kann jedoch nicht exakt in der gewünschten Form nach der Gleichung (3.43b) dargestellt werden, sondern muss möglichst eng durch die beiden Beschreibungsformen eingeschlossen werden. Während der Intervallvektor $[x(t_{k+1})]$ nach Gleichung (3.71) ohne weiteres berechnet werden kann, muss zur Berechnung von $[r(t_{k+1})]$ nach Gleichung (3.72) noch die Basismatrix $A(t_{k+1})$

bestimmt werden. Die Güte der Einschließung durch die transformierte Mengendarstellung hängt dabei wesentlich von der geeigneten Wahl der Matrix $\boldsymbol{A}(t_{k+1})$ ab.

Aus den gerade angestellten Betrachtungen erscheint zunächst naheliegend, als Basismatrix $\boldsymbol{A}(t_{k+1})$ einfach die Mittelpunktsmatrix $\widehat{\boldsymbol{S}}$ der Matrix

$$[\boldsymbol{S}] = \left(\left[\widehat{\boldsymbol{S}}_{\mathrm{r}}^{-1} \right] [\boldsymbol{S}_{\mathrm{v}}] \right) \boldsymbol{A}(t_k) \tag{3.76}$$

zu wählen. Ist diese Matrix jedoch schlecht konditioniert[12], so stellt die daraus berechnete transformierte Mengendarstellung eine große Überapproximation der tatsächlichen Zustandsmenge dar (vergleiche Abbildung 3.6(b)). Daher wird im IHO-Verfahren nach [Ned99] eine alternative Vorgehensweise gewählt, die auf [Loh88] zurückgeht. Anstelle von $\boldsymbol{A}(t_{k+1}) = \widehat{\boldsymbol{S}}$ wird $\boldsymbol{A}(t_{k+1}) = \boldsymbol{Q}$ mit der Matrix $\boldsymbol{Q}$ aus der QR-Zerlegung (vergleiche Anhang A)

$$\widehat{\boldsymbol{S}} = \boldsymbol{Q}\boldsymbol{R} \tag{3.77}$$

als Basismatrix gewählt. Dadurch ist die Matrix $\boldsymbol{A}$ orthogonal und damit gut konditioniert. (siehe Abbildung 3.6(c)).

Bei der QR-Zerlegung bleibt der erste Spaltenvektor in seiner Richtung unverändert, die übrigen Spaltenvektoren werden jedoch so modifiziert, dass sie zusammen mit dem ersten eine orthonormale Basis bilden. Daher ist der erste Basisvektor der durch $\boldsymbol{Q}$ definierten Basis – und damit die erste Kante des durch die transformierte Darstellung definierten Parallelepipeds – parallel zum ersten Basisvektor der durch $\widehat{\boldsymbol{S}}$ definierten Basis. Im Interesse einer möglichst geringen Überapproximation ist es daher sinnvoll, dafür zu sorgen, dass dieser erste Basisvektor gerade der längsten Kante der tatsächlichen Zustandsmenge entspricht (vergleiche Abbildung 3.6(d) im Unterschied zu 3.6(c)). Dies wird in [Ned99] nach dem Vorbild aus [Loh88] durch Umsortierung der Spalten von $\widehat{\boldsymbol{S}}$ vor der QR-Zerlegung erreicht. Dabei wird die Matrix $\widehat{\boldsymbol{S}}$ unter Berücksichtigung der in $[\boldsymbol{r}(t_k)]$ enthaltenen Ausdehnung des Parallelepipeds so umsortiert, dass die Spaltenvektoren der Länge nach monoton absteigend angeordnet sind.

Damit ist die gesuchte Einschließung der Zustandsmenge $\boldsymbol{\mathcal{X}}(t_{k+1})$ vollständig berechnet und ein Integrationsschritt abgeschlossen. Der nächste Integrationsschritt wird analog zur hier beschriebenen Vorgehensweise auf Basis der gerade berechneten Zustandsmengen durchgeführt, sodass die Aufgabe der garantierten Einschließung der Lösung des betrachteten Differenzialgleichungssystems insgesamt iterativ gelöst werden kann. Ein Beispiel zur Lösungseinschließung mit dem IHO-Verfahren ist im Abschnitt 3.4 zu finden.

---

[12]Eine schlecht konditionierte Matrix zeichnet sich durch „fast linear abhängige" Spaltenvektoren aus. Eine solche Matrix kann beispielsweise bereits bei linearen Systemen mit Eigenwerten mit deutlich unterschiedlichem Realteil auftreten.

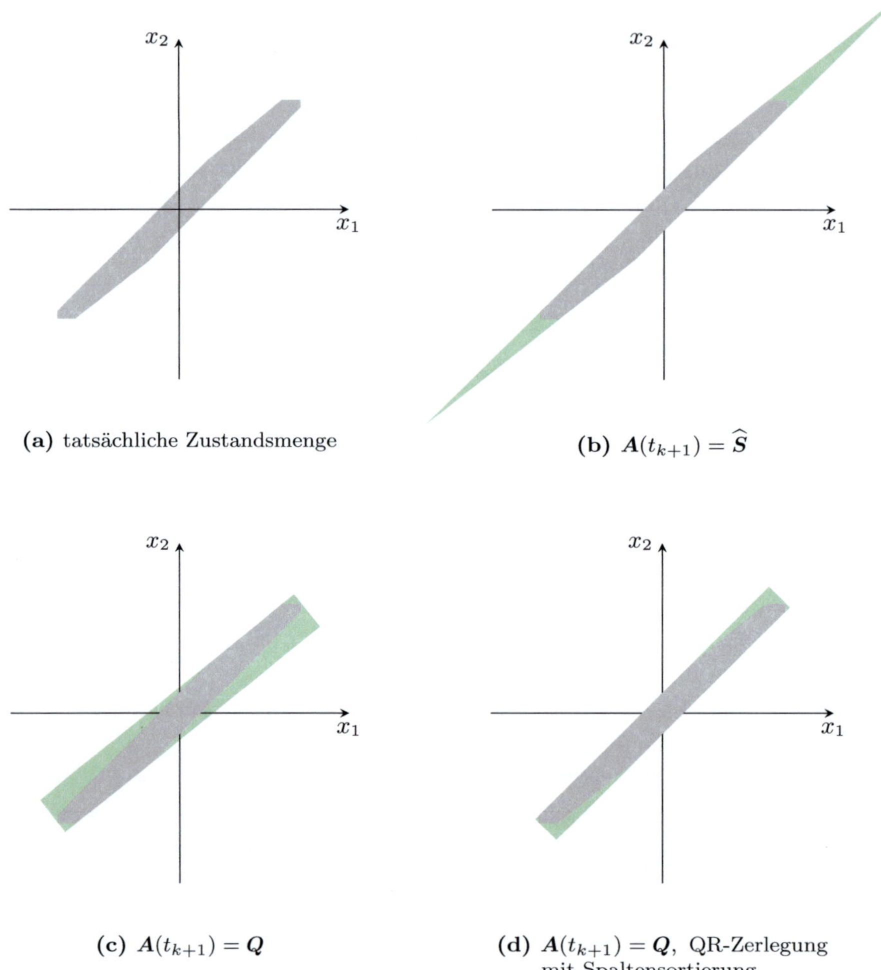

(a) tatsächliche Zustandsmenge

(b) $\boldsymbol{A}(t_{k+1}) = \widehat{\boldsymbol{S}}$

(c) $\boldsymbol{A}(t_{k+1}) = \boldsymbol{Q}$

(d) $\boldsymbol{A}(t_{k+1}) = \boldsymbol{Q}$, QR-Zerlegung mit Spaltensortierung

Abbildung 3.6: Einfluss der Basismatrix auf die transformierte Mengendarstellung im IHO-Verfahren

3.3 Lösungseinschließung mit Taylor-Modellen (TM-Verfahren)

Die Lösungseinschließung auf Basis der Taylor-Modelle unterscheidet sich deutlich von dem im vorigen Abschnitt vorgestellten Intervallverfahren. Den Ausführungen in diesem Abschnitt liegen analog zu denen des Abschnitts 3.2 Systeme ohne Eingangsgrößen gemäß der Gleichung (3.42) zugrunde.

Während das IHO-Verfahren auf einer univariaten Taylor-Reihenentwicklung bezüglich der Zeit basiert, wird im TM-Verfahren eine mulitvariate Taylor-Reihenentwicklung bezüglich der Zeit und der Anfangsbedingungen verwendet, was eine genauere Beschreibung großer Zustandsmengen mithilfe des multivariaten Polynomanteils der Taylor-Modelle ermöglicht (vergleiche Abschnitt 3.1.2). Die Lösungseinschließung mittels Taylor-Modellen wird im Folgenden detailliert erläutert. Eine sehr ausführliche Einführung mit Beispielen in die Lösungseinschließung mit Taylor-Modellen ist auch in [NJN07] zu finden.

Das Problem der Einschließung der Lösung des Anfangswertproblems (3.42) wird über eine äquivalente Integralgleichung als Fixpunktproblem formuliert, dessen Lösung im Folgenden erläutert wird. Dabei stellt die einfache Durchführung der Integration von Taylor-Modellen einen wesentlichen Vorteil gegenüber dem IHO-Verfahren dar. Wie beim IHO-Verfahren wird zur Berechnung von $\boldsymbol{\mathcal{X}}(t_{k+1})$ ausschließlich $\boldsymbol{\mathcal{X}}(t_k)$ benötigt, sodass sich die folgenden Ausführungen in Anlehnung an [Mak98] und [Ebl07] auf die Durchführung des k-ten Integrationsschritts beschränken.

Durch einfache Integration geht das Anfangswertproblem (3.42) in die äquivalente Integralgleichung

$$\boldsymbol{\mathcal{X}}(t) = \boldsymbol{\mathcal{X}}(t_k) + \int\limits_{t_k}^{t} \boldsymbol{f}\left(\boldsymbol{\mathcal{X}}(t')\right) dt' \tag{3.78}$$

über. Mit dem Integraloperator

$$\Phi\left\{\boldsymbol{\mathcal{X}}(t)\right\} := \boldsymbol{\mathcal{X}}(t_k) + \int\limits_{t_k}^{t} \boldsymbol{f}\left(\boldsymbol{\mathcal{X}}(t')\right) dt' \tag{3.79}$$

lässt sich die Integralgleichung (3.78) dann als Fixpunktproblem

$$\Phi\left\{\boldsymbol{\mathcal{X}}(t)\right\} = \boldsymbol{\mathcal{X}}(t) \tag{3.80}$$

darstellen. Der Fixpunkt $\boldsymbol{\mathcal{X}}^{\star}(t) = \Phi\left\{\boldsymbol{\mathcal{X}}^{\star}(t)\right\}$ stellt gerade die gesuchte Lösung der Integralgleichung (3.78) und damit auch des Anfangswertproblems (3.42) dar. Die

Lösung des Fixpunktproblems (3.80) basiert nach [Ebl07] auf dem Banachschen Fixpunktsatz[13] (siehe auch [BSMM01]).

Satz 3.3: Banachscher Fixpunktsatz

Sei $\mathcal{M}$ eine nichtleere, abgeschlossene Teilmenge eines Banachraums und $\Phi\{\cdot\}$ eine kontrahierende Selbstabbildung von $\mathcal{M}$, das heißt für alle $x, \widetilde{x} \in \mathcal{M}$ gelte mit einem festen $0 < \zeta < 1$

$$\|\Phi\{x\} - \Phi\{\widetilde{x}\}\| \leq \zeta \|x - \widetilde{x}\| . \tag{3.81}$$

Dann besitzt $\Phi\{\cdot\}$ in $\mathcal{M}$ genau einen Fixpunkt $x^\star$, gegen den die Folge

$$x_{i+1} = \Phi\{x_i\} \tag{3.82}$$

mit einem beliebigen Startwert $x_0 \in \mathcal{M}$ konvergiert.

Aus dem Banachschen Fixpunktsatz ist ersichtlich, dass sich die gesuchte Lösungseinschließung im k-ten Integrationsschritt in Form eines vektoriellen Taylor-Modells

$$\mathcal{X}(t_{k+1}) = \mathcal{T}(a, t_k + h_k) = \mathcal{P}(a, t_{k+1}) + \mathcal{I}(t_{k+1}) = \mathcal{T}(a, t_{k+1}) \tag{3.83}$$

mittels einer Fixpunktiteration berechnen lässt. Sind alle Voraussetzungen des Fixpunktsatzes erfüllt, so kann mit der gegebenen Systemfunktion $f(\cdot)$ aus der Differenzialgleichung (3.42) und der Lösungseinschließung

$$\mathcal{X}(t_k) = \mathcal{T}(a, t_k) = \mathcal{P}(a, t_k) + \mathcal{I}(t_k) \tag{3.84}$$

durch iterative Anwendung des Integraloperators (3.79) die gesuchte Lösungseinschließung zum Zeitpunkt t_{k+1} berechnet werden.

Eine in Form eines Intervallvektors gegebene, beliebige Anfangszustandsmenge

$$\mathcal{X}(t_0) = [x(t_0)] \tag{3.85}$$

wird durch das Taylor-Modell

$$\mathcal{T}(a, t_0) = \widehat{x}(t_0) + \operatorname{diag}\left(\frac{\mathrm{w}([x(t_0)])}{2}\right) \cdot a + [0, 0] \tag{3.86}$$

---

[13]Im Gegensatz zur hier dargestellten Formulierung nach [Ebl07] mithilfe des Banachschen Fixpunktsatzes basiert die ursprüngliche Herleitung aus [Mak98] auf dem Schauderschen Fixpunktsatz, der jedoch nur eine Aussage über die Existenz und nicht über die Eindeutigkeit eines Fixpunkts macht.

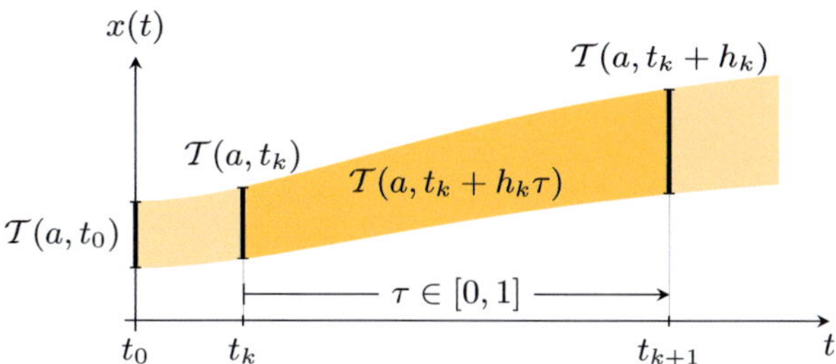

Abbildung 3.7: Lösungseinschließung durch das Taylor-Modell $\mathcal{T}(a, t_k + h_k\tau)$ im k-ten Integrationsschritt: Für $\tau = 0$ erhält man $\mathcal{X}(t_k) = \mathcal{T}(a, t_k)$, für $\tau = 1$ $\mathcal{X}(t_{k+1}) = \mathcal{T}(a, t_k + h_k)$.

mit $\mathcal{D}_a = [-1, 1] \times \cdots \times [-1, 1] \in \mathrm{I\!R}^n$ dargestellt. Analog können bei Bedarf auch komplizierter geformte Anfangszustandsmengen durch einen Polynomanteil höherer Ordnung dargestellt werden. Daher stellt die im Abschnitt 3.1.2 für die Variablen eines Taylor-Modells vorgenommene Festlegung des Definitionsbereich nach der Gleichung (3.19) – wie bereits erwähnt – für die Anwendungen in dieser Arbeit keine Einschränkung dar. Ausgehend von der gegebenen Anfangszustandsmenge, deren Ausdehnung durch die Variablen a beschrieben wird, verändert sich die Zustandsmenge über der Zeit nach der durch das nichtlineare Differenzialgleichungssystem definierten Vorschrift, die für ein festes Zeitintervall $[t_k, t_{k+1}]$ auch als nichtlineare Transformation interpretiert werden kann.

Die Lösungseinschließung für das im k-ten Integrationsschritt betrachtete Zeitintervall $[t_k, t_{k+1}]$ wird durch das Taylor-Modell

$$\mathcal{T}(a, t_k + h_k\tau) = \mathcal{P}(a, t_k + h_k\tau) + \mathcal{I}_k \qquad (3.87)$$

dargestellt. Der Polynomanteil $\mathcal{P}(a, t_k + h_k\tau)$ dieses Taylor-Modells beschreibt mit den Variablen a zu jedem festen Zeitpunkt τ näherungsweise das Abbild der Anfangszustandsmenge $\mathcal{X}(t_0)$ unter der durch das nichtlineare Differenzialgleichungssystem definierten Transformation. Im über dem betrachteten Zeitintervall konstanten Intervallrest $\mathcal{I}_k$ werden sämtliche über der Zeit anfallenden Rundungsfehler sowie die Einschließungen der Restglieder der verwendeten Taylor-Reihen gesammelt. Die Variable τ kann als skalierte Zeitvariable aufgefasst werden, deren Definitionsbereich – wie im Abschnitt 3.1.2 bereits erwähnt – aus Gründen der einfacheren Berechnung des Intervallrests zu $\mathcal{D}_\tau = [0, 1]$ festgelegt wird. Die Schrittweite h_k im k-ten Integrationsschritt wird bei der Durchführung der Integration berücksichtigt und ist daher implizit in den jeweiligen Taylor-Modellen enthalten.

Beispielhaft ist die Einschließung einer Trajektorienschar $x(t)$ mit $x(t_k) \in \mathcal{X}(t_k)$ für $t \in [t_k, t_{k+1}]$ durch ein Taylor-Modell in der Abbildung 3.7 dargestellt.

Für die Durchführung der Integration im k-ten Integrationsschritt wird der Integraloperator (3.79) für das bestimmte Integrationsintervall $[t_k, t_k + h_k]$ mit der Substitution $t' = t_k + h_k\tau$ geschrieben als

$$\Phi\left\{\boldsymbol{T}(\boldsymbol{a}, t_k + h_k\tau)\right\} = \boldsymbol{T}(\boldsymbol{a}, t_k) + \int_{t_k}^{t_k+h_k} \boldsymbol{f}\left(\boldsymbol{T}(\boldsymbol{a}, t')\right) dt'$$

$$= \boldsymbol{T}(\boldsymbol{a}, t_k) + h_k \int_0^1 \boldsymbol{f}\left(\boldsymbol{T}(\boldsymbol{a}, t_k + h_k\tau)\right) d\tau. \qquad (3.88)$$

Durch diese Vorgehensweise ist die Schrittweite h_k implizit in den Koeffizienten des Polynomanteils sowie im Intervallrest enthalten, und für die Integrationsvariable τ kann ohne Beschränkung der Allgemeinheit der Definitionsbereich $\mathcal{D}_\tau = [0, 1]$ angenommen werden, der für die korrekte Berechnung des Intervallrests bekannt sein muss (vergleiche Abschnitt 3.1.2).

Die meisten Voraussetzungen des Banachschen Fixpunktsatzes sind für den hier interessierenden Fall des Integraloperators (3.88) und Taylor-Modelle als Mengendarstellung unabhängig vom betrachteten Differenzialgleichungssystem stets erfüllt. Lediglich die Voraussetzung der Selbstabbildung muss für jedes betrachtete Differenzialgleichungssystem separat erfüllt werden, was jedoch durch einen geeigneten Algorithmus ohne weitere theoretische Untersuchungen durch den Anwender möglich ist. Die Voraussetzungen des Banachschen Fixpunktsatzes sind im Einzelnen:

Banachraum: Ein Banachraum ist ein vollständiger, normierter Raum [BSMM01]. Im Hinblick auf den Integraloperator (3.88) ist in diesem Zusammenhang der Raum aller auf ihrem Definitionsbereich $\mathcal{D}$ stetig differenzierbaren Funktionen von Interesse, der im Zusammenspiel mit einer geeigneten Norm einen Banachraum darstellt [Ebl07].

Nichtleere, abgeschlossene Teilmenge $\mathcal{M}$: Die Teilmenge $\mathcal{M}$ wird im k-ten Integrationsschritt durch das vektorielles Taylor-Modell $\boldsymbol{T}(\boldsymbol{a}, t_k + h_k\tau)$ dargestellt (siehe auch Gleichung (3.87)), das eine nichtleere, abgeschlossene Menge darstellt [Mak98, Ebl07].

Selbstabbildung: Betrachtet man das Taylor-Modell $\boldsymbol{T}(\boldsymbol{a}, t_k + h_k\tau)$ als Darstellung der Teilmenge $\mathcal{M}$, dann bildet $\Phi\{\,\cdot\,\}$ $\mathcal{M}$ in sich selbst ab, wenn

$$\Phi\left\{\boldsymbol{T}(\boldsymbol{a}, t_k + h_k\tau)\right\} \subseteq \boldsymbol{T}(\boldsymbol{a}, t_k + h_k\tau) \qquad (3.89)$$

erfüllt ist. Diese Bedingung muss für jeden Anwendungsfall separat durch geeignete Wahl des Taylor-Modells erfüllt werden. Sie ist erfüllt, wenn jedes Element der linken Funktionenmenge auch Element der rechten Funktionenmenge ist.

Kontraktion: Der Integraloperator (3.88) stellt in der Tat eine kontrahierende Abbildung dar. Der Beweis dazu ist beispielsweise in [Ebl07] aufgeführt.

Insgesamt lässt sich damit feststellen, dass eine Lösungseinschließung des Anfangswertproblems (3.42) mittels Taylor-Modellen als Lösung des äquivalenten Fixpunktproblems (3.80) auf Basis des Banachschen Fixpunktsatzes mithilfe des Integraloperators (3.88) berechnet werden kann, sofern es gelingt, ein Taylor-Modell zu finden, dass die Bedingung der Selbstabbildung (3.89) erfüllt.

Die konkrete Berechnung der Lösungseinschließung $\mathcal{X}(t_{k+1})$ wird im folgenden Abschnitt 3.3.1 erläutert. Wie im Abschnitt 3.1.2 bereits angesprochen wurde, wirken sich sowohl der Dependency-Effekt als auch der Wrapping-Effekt der Intervallarithmetik nur auf den relativ kleinen Intervallrest der jeweiligen Taylor-Modelle aus, während der Hauptteil der Zustandsmengen durch den multivariaten Polynomanteil beschrieben wird. Führt man die Integration über einen längeren Zeitraum aus, so können die beiden Effekte dennoch dazu führen, dass der Intervallrest deutlich anwächst und damit einen signifikanten Beitrag zur betrachteten Zustandsmenge liefert, was die Berechnung einer Lösungseinschließung deutlich erschweren oder gar verhindern kann. Mit der Präkonditionierung wird im anschließenden Abschnitt 3.3.2 daher ein Verfahren vorgestellt, mit dem diesem Problem entgegengewirkt werden kann.

3.3.1 Berechnung der Lösungseinschließung

Analog zum IHO-Verfahren geht man im k-ten Integrationsschritt zur Berechnung von $\mathcal{X}(t_{k+1})$ nach der Gleichung (3.83) zunächst von einer gewünschten Schrittweite h_k aus. Kann die Bedingung der Selbstabbildung (3.89) mit dieser Schrittweite nicht oder nicht mit vertretbarem Aufwand erfüllt werden, so muss die Schrittweite reduziert werden, was – wie auch im Fall des IHO-Verfahrens – bei der Anwendung zur Zustandsmengenbeobachtung berücksichtigt werden muss (vergleiche Abschnitt 4.1).

Ein Integrationsschritt besteht damit aus den folgenden Teilaufgaben:

Konstruktion des Polynomanteils: Der Polynomanteil $\mathcal{P}(\boldsymbol{a}, t_k + h_k\tau)$ des Taylor-Modells $\mathcal{T}(\boldsymbol{a}, t_k + h_k\tau)$ wird auf Basis der aktuellen Zustandsmenge $\mathcal{X}(t_k)$ in Form des Taylor-Modells (3.84) so konstruiert, dass die tatsächlichen Trajektorien $\boldsymbol{x}(t)$ mit $\boldsymbol{x}(t_k) \in \mathcal{X}(t_k)$ für $t \in [t_k, t_{k+1}]$ durch ein multivariates Taylor-Polynom der Ordnung ℓ approximiert werden.

Trajektorieneinschließung: Der berechnete Polynomanteil wird um einen geeigneten Intervallrest zu einem Taylor-Modell $\mathcal{T}(\boldsymbol{a}, t_k + h_k\tau)$ so erweitert, das die Bedingung der Selbstabbildung (3.89) erfüllt ist. Das resultierende Taylor-Modell schließt die Trajektorienschar $\boldsymbol{x}(t)$ mit $\boldsymbol{x}(t_k) \in \mathcal{X}(t_k)$ für $t \in [t_k, t_{k+1}]$

vollständig ein. Zusammen mit der Konstruktion der Polynomanteils ist dieser Schritt vergleichbar mit dem Algorithmus I des IHO-Verfahrens.

Iterative Verbesserung der Einschließung: Verbesserung der gefundenen Lösungseinschließung $\boldsymbol{T}(\boldsymbol{a}, t_k + h_k\tau)$ mithilfe des Banachschen Fixpunktsatzes.

Auswertung der Einschließung zum Zeitpunkt t_{k+1}: Mit der Berechnung der gesuchten Folgezustandsmenge $\boldsymbol{X}(t_{k+1}) = \boldsymbol{T}(\boldsymbol{a}, t_{k+1})$ wird der k-te Integrationsschritt abgeschlossen. Dieser Schritt ist zusammen mit der vorangegangenen iterativen Verbesserung der Einschließung dem Algorithmus II des IHO-Verfahrens vergleichbar.

Konstruktion des Polynomanteils

Der erste Schritt zur Berechnung eines Taylor-Modells $\boldsymbol{T}(\boldsymbol{a}, t_k + h_k\tau)$, das die Lösungsmenge des Anfangswertproblems für $t \in [t_k, t_k + h_k]$ einschließt, besteht in der Konstruktion des Polynomanteils $\boldsymbol{P}(\boldsymbol{a}, t_k + h_k\tau)$ aus der bekannten Lösungseinschließung $\boldsymbol{T}(\boldsymbol{a}, t_k)$ zum Zeitpunkt t_k (siehe Gleichung (3.84)).

In [Ebl07] wird gezeigt, dass das nach der im Folgenden beschriebenen Vorgehensweise konstruierte multivariate Polynom mit dem Taylor-Polynom des Fixpunktes – und damit mit dem Taylor-Polynom der gesuchten Lösung des Differenzialgleichungssystems – bis zur Ordnung ℓ übereinstimmt. In diesem ersten Schritt genügt es, anstelle des vollständigen Taylor-Modells nur den Polynomanteil zu betrachten und den Intervallrest zu vernachlässigen, sodass sich die Rechenregeln aus dem Abschnitt 3.1.2 entsprechend vereinfachen.

Analog zur Fixpunktiteration mit dem Integraloperator (3.88) erhält man den gesuchten Polynomanteil durch Anwendung der Fixpunktiteration

$$\boldsymbol{P}_{i+1}(\boldsymbol{a}, t_k + h_k\tau) = \boldsymbol{P}(\boldsymbol{a}, t_k) + h_k \int\limits_0^1 \boldsymbol{f}\big(\boldsymbol{P}_i(\boldsymbol{a}, t_k + h_k\tau)\big)\, d\tau. \qquad (3.90)$$

Nach [Mak98, Ebl07] werden zur Konstruktion des Taylor-Polynoms der Ordnung ℓ höchstens $\ell + 1$ Iterationen benötigt, wobei $\boldsymbol{P}_0(\boldsymbol{a}, t_k + h_k\tau) = \boldsymbol{a}$ als Anfangspolynom gewählt wird. Der gesuchte Fixpunkt wird also nach einer endlichen Anzahl von Iterationen exakt erreicht, weshalb sich bei nochmaliger Anwendung der Iterationsvorschrift das berechnete Taylor-Polynom nicht mehr ändert und daher

$$\boldsymbol{P}(\boldsymbol{a}, t_k + h_k\tau) := \boldsymbol{P}_{\ell+1}(\boldsymbol{a}, t_k + h_k\tau) \qquad (3.91)$$

gesetzt werden kann.

Trajektorieneinschließung

Im Anschluss an die Berechnung des Polynomanteils $\mathcal{P}(\boldsymbol{a}, t_k + h_k\tau)$ muss nun ein geeigneter konstanter Intervallrest $\mathcal{I}_k$ so ermittelt werden, dass das Taylor-Modell $\boldsymbol{\mathcal{T}}(\boldsymbol{a}, t_k + h_k\tau)$ aus der Gleichung (3.87) die Voraussetzung der Selbstabbildung (3.89) erfüllt. In dieser Arbeit wird dazu der Ansatz aus [Mak98] verwendet, der im Folgenden näher beschrieben wird. In [Ebl07] wird eine alternative Vorgehensweise zur Ermittlung des Intervallrests vorgeschlagen. Der dabei verwendete komplexere Ansatz soll durch eine geeignetere Konstruktion des Intervallrests eine Einschließung mit einer geringeren Anzahl von Iterationen ermöglichen. Ein Vergleich hat jedoch gezeigt, dass diese Alternative bei der Anwendung des Verfahrens zur Zustandsmengenbeobachtung keine nennenswerten Vorteile bringt. Sie wird daher hier nicht weiter betrachtet.

Zur Bestimmung des Intervallrests wird ein erster Intervallrest $\mathcal{I}_{k,0}$ mithilfe einer weiteren Fixpunktiteration gemäß

$$\mathcal{P}(\boldsymbol{a}, t_k + h_k\tau) + \mathcal{I}_{k,0} = \boldsymbol{\mathcal{T}}(\boldsymbol{a}, t_k) + h_k \int_0^1 \boldsymbol{f}\big(\mathcal{P}(\boldsymbol{a}, t_k + h_k\tau) + [\boldsymbol{0}, \boldsymbol{0}]\big)\, d\tau \qquad (3.92)$$

bestimmt. Wie im vorangegangenen Abschnitt bereits festgestellt wurde, ändert sich dabei der Polynomanteil nicht mehr. Erfüllt das Taylor-Modell auf der linken Seite der Gleichung (3.92) mit $i = 0$ die Bedingung

$$\boldsymbol{\mathcal{T}}(\boldsymbol{a}, t_k) + h_k \int_0^1 \boldsymbol{f}\big(\mathcal{P}(\boldsymbol{a}, t_k + h_k\tau) + \mathcal{I}_{k,i}\big)\, d\tau \subseteq \mathcal{P}(\boldsymbol{a}, t_k + h_k\tau) + \mathcal{I}_{k,i} \qquad (3.93)$$

so sind alle Voraussetzungen des Banachschen Fixpunktsatzes erfüllt (vergleiche auch Bedingung (3.89)). Die Bedingung (3.93) ist einfach zu überprüfen, da die Polynomanteile der linken und der rechten Seite identisch sind und daher die Überprüfung ausschließlich auf Basis der Intervallreste durchgeführt werden kann.

Ist die Gleichung (3.93) für $i = 0$ nicht erfüllt, so wird der Intervallrest gemäß

$$\mathcal{I}_{k,i} = 2^i \mathcal{I}_{k,0} \qquad (i = 1, \ldots, i_{\max}) \qquad (3.94)$$

vergrößert und damit erneut die Bedingung (3.93) überprüft. Dies wird solange fortgesetzt, bis entweder die Bedingung erfüllt ist oder eine maximale Anzahl an Versuchen überschritten wurde. Kann die Bedingung nicht erfüllt werden, so ist eine Lösungseinschließung des Anfangswertproblems mit der angenommenen Schrittweite h_k nicht oder nicht sinnvoll möglich. Analog zum IHO-Verfahren wird dann erneut versucht, mit einer kleineren Schrittweite eine Lösungseinschließung zu berechnen, bis dies entweder gelingt oder die minimal zulässige Schrittweite $h_{\min}$ unterschritten wird.

Ist die Bedingung (3.93) für ein $i^\star \leq i_{\max}$ erfüllt, so stellt das Taylor-Modell

$$\boldsymbol{\mathcal{P}}(\boldsymbol{a}, t_k + h_k\tau) + \boldsymbol{\mathcal{I}}_{k,i^\star} \tag{3.95}$$

eine Lösungseinschließung des betrachteten Anfangswertproblems für das Zeitintervall $[t_k, t_k + h_k]$ dar, die – wie im folgenden Abschnitt erläutert wird – noch iterativ verbessert werden kann.

Iterative Verbesserung der Einschließung

Mit der Erfüllung der Bedingung (3.93) sind nun alle Voraussetzungen des Banachschen Fixpunktsatzes erfüllt. Die berechnete Lösungseinschließung kann nun mithilfe der Fixpunktiteration mit dem Integraloperator (3.88)

$$\boldsymbol{\mathcal{T}}^{(i)}(\boldsymbol{a}, t_k + h_k\tau) = \Phi\left\{\boldsymbol{\mathcal{T}}^{(i-1)}(\boldsymbol{a}, t_k + h_k\tau)\right\} \quad (i = 1, \ldots, i_{\max}) \tag{3.96}$$

verbessert werden. Ausgehend von der Lösungseinschließung (3.95)

$$\boldsymbol{\mathcal{P}}(\boldsymbol{a}, t_k + h_k\tau) + \boldsymbol{\mathcal{I}}_{k,i^\star} =: \boldsymbol{\mathcal{P}}(\boldsymbol{a}, t_k + h_k\tau) + \boldsymbol{\mathcal{I}}_k^{(0)} = \boldsymbol{\mathcal{T}}^{(0)}(\boldsymbol{a}, t_k + h_k\tau) \tag{3.97}$$

wird diese Iteration solange durchgeführt, bis keine signifikante Verbesserung mehr möglich ist oder eine maximale Anzahl von Iterationen $i_{\max}$ überschritten wurde. Wie bereits erläutert wurde, ändert sich bei dieser Fixpunktiteration der Polynomanteil nicht. Lediglich der Intervallrest wird aufgrund der Selbstabbildungseigenschaft des Integraloperators (3.88) sukzessive verkleinert.

Auswertung der Einschließung zum Zeitpunkt t_{k+1}

Die im vorigen Abschnitt berechnete Lösungseinschließung $\boldsymbol{\mathcal{T}}^{(i)}(\boldsymbol{a}, t_k + h_k\tau)$ stellt – ähnlich der a-priori-Einschließung des IHO-Verfahrens – eine Einschließung der zeitkontinuierlichen Trajektorien für das gesamte Zeitintervall $[t_k, t_k + h_k]$ dar. Im Gegensatz zum IHO-Verfahren lässt sich daraus jedoch direkt eine enge Einschließung der Lösung zum Zeitpunkt t_{k+1} gewinnen, indem das berechnete Taylor-Modell an der Stelle $\tau = 1$ ausgewertet wird:

$$\boldsymbol{\mathcal{X}}(t_{k+1}) = \boldsymbol{\mathcal{T}}(\boldsymbol{a}, t_{k+1}) = \boldsymbol{\mathcal{T}}^{(i)}(\boldsymbol{a}, t_k + h_k\tau)\Big|_{\tau=1}. \tag{3.98}$$

Damit ist der k-te Integrationsschritt abgeschlossen. Die Berechnungen können für den nächsten Integrationsschritt in gleicher Weise wiederholt werden. Zur Vermeidung einer unnötig starken Aufblähung des Intervallrests sollte das berechnete vektorielle Taylor-Modell (3.98) (siehe auch Gleichung (3.83)) vor dem nächsten Integrationsschritt noch wie im folgenden Abschnitt beschrieben präkonditioniert werden. Ein Beispiel zur Lösungseinschließung mit dem TM-Verfahren ist schließlich im Abschnitt 3.4 zu finden.

3.3.2 Präkonditionierung

Durch den Polynomanteil der Taylor-Modelle wirken sich der Dependency-Effekt und der Wrapping-Effekt der Intervallarithmetik nur noch auf den relativ kleinen Intervallrest aus und werden dadurch weitgehend vermieden. Die beiden Effekte können dennoch zu einem unnötig starken Anwachsen des Intervallrests führen, insbesondere dann, wenn die Integration über einen längeren Zeitraum ausgeführt wird. Ein zu großer Intervallrest kann jedoch im Extremfall dazu führen, dass im nächsten Integrationsschritt keine Lösungseinschließung mehr berechnet werden kann. Mit dem *Shrink-Wrapping* [BM05] und der *Präkonditionierung* [MB05] existieren zwei unterschiedliche Ansätze zur Lösung dieses Problems.

Beim Shrink-Wrapping, das auch in [Ebl07] diskutiert wird, wird aus dem berechneten Taylor-Modell $\boldsymbol{T}(\boldsymbol{a}, t_{k+1})$ ein neues Taylor-Modell $\widetilde{\boldsymbol{T}} = \widetilde{\boldsymbol{P}}$ mit verschwindendem Intervallrest so bestimmt, dass die gesamte durch $\boldsymbol{T}(\boldsymbol{a}, t_{k+1})$ beschriebene Zustandsmenge durch $\widetilde{\boldsymbol{P}}$ eingeschlossen wird, sodass die Integration mit einem Taylor-Modell ohne Intervallrest fortgesetzt werden kann. Wie in [Ebl07] ausgeführt wird, kann die Berechnung von $\widetilde{\boldsymbol{T}}$ jedoch an mehreren Stellen scheitern und auch im Erfolgsfall eine möglicherweise große Überapproximation der Zustandsmenge $\boldsymbol{T}(\boldsymbol{a}, t_{k+1})$ liefern.

Aus diesem Grund wird in dieser Arbeit das Verfahren der Präkonditionierung verwendet, das stets erfolgreich durchgeführt werden kann und im Folgenden genauer erläutert wird. Bei der Anwendung zur Zustandsmengenbeobachtung weist dieses Verfahren zudem noch weitere Vorteile auf, die im Abschnitt 4.3.2 erläutert werden.

Ausgangspunkt der folgenden Ausführungen ist die Lösungseinschließung zum Zeitpunkt t_k in Form des Taylor-Modells $\boldsymbol{X}(t_k) = \boldsymbol{T}(\boldsymbol{a}, t_k)$, für die vor dem nächsten Integrationsschritt eine Präkonditionierung durchgeführt werden soll. Die Grundidee besteht darin, das gegebene Taylor-Modell $\boldsymbol{T}(\boldsymbol{a}, t_k)$ in ein affines *äußeres Taylor-Modell* $\boldsymbol{T}_{\mathrm{a}}(\widetilde{\boldsymbol{a}}, t_k)$ mit verschwindendem Intervallrest und ein *inneres Taylor-Modell* $\boldsymbol{T}_{\mathrm{i}}(\boldsymbol{a}, t_k)$ so aufzuspalten, dass das äußere Taylor-Modell das ursprüngliche Taylor-Modell $\boldsymbol{T}(\boldsymbol{a}, t_k)$ vollständig einschließt:

$$\boldsymbol{T}(\boldsymbol{a}, t_k) \subseteq (\boldsymbol{T}_{\mathrm{a}} \circ \boldsymbol{T}_{\mathrm{i}})(\boldsymbol{a}, t_k). \tag{3.99}$$

Mit anderen Worten bedeutet dies, dass durch $\boldsymbol{T}_{\mathrm{a}}(\widetilde{\boldsymbol{a}}, t_k)$ ein transformiertes Koordinatensystem im Zustandsraum definiert wird, bezüglich dessen $\boldsymbol{T}_{\mathrm{i}}(\widetilde{\boldsymbol{a}}, t_k)$ – abgesehen von dabei zu berücksichtigenden Rundungsfehlern und einer möglichen Überapproximation im Intervallrest – dieselbe Menge beschreibt wie $\mathcal{T}(\boldsymbol{a}, t_k)$.

Im Gegensatz zu den Variablen $\boldsymbol{a}$, die zu jedem Zeitpunkt die Ausdehnung der Anfangszustandsmenge beschreiben und damit eine feste Bedeutung besitzen, haben die Variablen $\widetilde{\boldsymbol{a}}$ in jedem Zeitschritt eine neue Bedeutung, da sie lediglich die Ausdehnung des gerade betrachteten äußeren Taylor-Modells beschreiben. Im Interesse einer übersichtlicheren Darstellung wird hier jedoch auf eine gesonderte Kennzeichnung des Zeitpunkts – beispielsweise in Form eines Index $\widetilde{\boldsymbol{a}}_k$ – verzichtet, zumal die Variablen als Argument des äußeren Taylor-Modells ohnehin immer im Zusammenhang mit dem konkreten Zeitpunkt t_k erscheinen und daher keine Verwechslungsgefahr besteht.

Das innere Taylor-Modell $\mathcal{T}_{\mathrm{i}}(\boldsymbol{a}, t_k)$ bleibt im nächsten Integrationsschritt zunächst unberücksichtigt, wird aber nach diesem Integrationsschritt wieder in das Ergebnis $\mathcal{T}_{\mathrm{a}}(\widetilde{\boldsymbol{a}}, t_{k+1})$ eingesetzt, sodass sich das Taylor-Modell $\mathcal{T}(\boldsymbol{a}, t_{k+1})$ aus der Verkettung

$$\mathcal{T}(\boldsymbol{a}, t_{k+1}) = \mathcal{T}_{\mathrm{a}}\left(\mathcal{T}_{\mathrm{i}}(\boldsymbol{a}, t_k), t_{k+1}\right) \tag{3.100}$$

ergibt. Der nächste Integrationsschritt wird also ausschließlich auf Basis des äußeren Taylor-Modells durchgeführt, was als nichtlineare Transformation des durch $\mathcal{T}_{\mathrm{a}}(\widetilde{\boldsymbol{a}}, t_k)$ definierten Koordinatensystems interpretiert werden kann. Am Ende dieses Integrationsschritts wird dann das innere Taylor-Modell in das nichtlinear verzerrte Koordinatensystem $\mathcal{T}_{\mathrm{a}}(\widetilde{\boldsymbol{a}}, t_{k+1})$ wieder eingesetzt. Dies ist zulässig, sofern $\mathcal{T}_{\mathrm{a}}(\widetilde{\boldsymbol{a}}, t_k)$ so berechnet wird, dass es die durch $\mathcal{T}(\boldsymbol{a}, t_k)$ gegebene Menge vollständig einschließt[14]. Ein Beispiel zur Verdeutlichung dieser Vorgehensweise ist im Abschnitt 4.3.1 zu finden. Im Folgenden wird nun erläutert, wie eine geeignete Aufspaltung $\left(\mathcal{T}_{\mathrm{a}} \circ \mathcal{T}_{\mathrm{i}}\right)(\boldsymbol{a}, t_k)$ von $\mathcal{T}(\boldsymbol{a}, t_k)$ berechnet werden kann.

Zur Berechnung eines affinen äußeren Taylor-Modells wird zunächst das ursprüngliche Taylor-Modell in der Form

$$\mathcal{T}(\boldsymbol{a}, t_k) = \mathcal{P}(\boldsymbol{a}, t_k) + \mathcal{I}(t_k) = \boldsymbol{c}(t_k) + \boldsymbol{C}(t_k)\boldsymbol{a} + \mathcal{N}(\boldsymbol{a}, t_k) + \mathcal{I}(t_k) \tag{3.101}$$

dargestellt, indem der Polynomanteil in den konstanten Anteil $\boldsymbol{c}(t_k)$, den linearen Anteil $\boldsymbol{C}(t_k)\boldsymbol{a}$ und den nichtlinearen Rest $\mathcal{N}(\boldsymbol{a}, t_k)$ zerlegt wird. Daraus berechnet man ein erstes äußeres Taylor-Modell sowie das zugehörige innere Taylor-Modell:

$$\widetilde{\mathcal{T}}_{\mathrm{a}}(\widetilde{\boldsymbol{a}}, t_k) = \boldsymbol{c}(t_k) + \boldsymbol{A}(t_k)\widetilde{\boldsymbol{a}}, \tag{3.102}$$

$$\widetilde{\mathcal{T}}_{\mathrm{i}}(\boldsymbol{a}, t_k) = \boldsymbol{A}^{-1}(t_k)\left(\boldsymbol{C}(t_k)\boldsymbol{a} + \mathcal{N}(\boldsymbol{a}, t_k) + \mathcal{I}(t_k)\right). \tag{3.103}$$

---

[14]Dies ist leicht einzusehen, wenn man sich klarmacht, dass die Aufspaltung in äußeres und inneres Taylor-Modell nichts anderes darstellt als eine Variablensubstitution, die bei der folgenden Integration keine Änderung des Ergebnisses bewirkt. Einen Beweis findet man beispielsweise in [NJN07].

Für die Wahl der Basismatrix $\boldsymbol{A}(t_k)$ werden in [MB05] mehrere Möglichkeiten diskutiert, von denen im Rahmen dieser Arbeit zwei verwendet werden, die in ähnlicher Weise auch beim IHO-Verfahren zum Einsatz kommen (vergleiche Abschnitt 3.2.2):

$\boldsymbol{A}(t_k) = \boldsymbol{C}(t_k)$**:** Als Basismatrix wird gerade der lineare Anteil des ursprünglichen Taylor-Modells verwendet. Dieser Ansatz ist vergleichbar mit der Wahl $\boldsymbol{A} = \widehat{\boldsymbol{S}}$ im IHO-Verfahren. Er erweist sich bei der Anwendung des TM-Verfahrens zur Zustandsmengenbeobachtung aufgrund der typischerweise recht großen Zustandsmengen als sehr gut geeignet, solange die Matrix $\boldsymbol{C}(t_k)$ nicht zu schlecht konditioniert ist (siehe auch Abschnitt 4.3).

$\boldsymbol{A}(t_k) = \boldsymbol{Q}$ **mit** $\boldsymbol{Q}$ **aus** $\boldsymbol{C}(t_k) = \boldsymbol{Q}\boldsymbol{R}$**:** Als Basismatrix wird die orthogonale Matrix $\boldsymbol{Q}$ der QR-Zerlegung von $\boldsymbol{C}(t_k)$ verwendet, wobei wie im IHO-Verfahren eine zusätzliche Spaltensortierung zum Einsatz kommen sollte.

Da im folgenden Integrationsschritt nur das äußere Taylor-Modell verwendet werden soll, muss dieses noch so skaliert werden, dass es das ursprüngliche Taylor-Modell vollständig einschließt. Dazu wird mit der Wertebereichseinschließung

$$[\boldsymbol{\beta}] = \mathrm{bd}\left(\widetilde{\boldsymbol{\mathcal{T}}}_{\mathrm{i}}(\boldsymbol{a}, t_k)\right) \tag{3.104}$$

eine Skalierungsmatrix

$$\boldsymbol{S} = \mathrm{diag}\big(\mathrm{mag}([\boldsymbol{\beta}])\big) \tag{3.105}$$

bestimmt, mit der sich schließlich die gewünschte Aufspaltung in äußeres und inneres Taylor-Modell gemäß

$$\boldsymbol{\mathcal{T}}_{\mathrm{a}}(\widetilde{\boldsymbol{a}}, t_k) = \boldsymbol{c}(t_k) + \boldsymbol{A}(t_k)\boldsymbol{S}\widetilde{\boldsymbol{a}}, \tag{3.106}$$

$$\boldsymbol{\mathcal{T}}_{\mathrm{i}}(\boldsymbol{a}, t_k) = \boldsymbol{S}^{-1}\boldsymbol{A}^{-1}(t_k)\big(\boldsymbol{C}(t_k)\boldsymbol{a} + \boldsymbol{\mathcal{N}}(\boldsymbol{a}, t_k) + \boldsymbol{\mathcal{I}}(t_k)\big) \tag{3.107}$$

berechnen lässt. Durch die Skalierung mit $\boldsymbol{S}$ schließt das äußere Taylor-Modell $\boldsymbol{\mathcal{T}}_{\mathrm{a}}(\widetilde{\boldsymbol{a}}, t_k)$ das ursprüngliche Taylor-Modell $\boldsymbol{\mathcal{T}}(\boldsymbol{a}, t_k)$ vollständig ein. Analog sorgt die Skalierung mit $\boldsymbol{S}^{-1}$ dafür, dass das innere Taylor-Modell die Bedingung

$$\mathrm{bd}(\boldsymbol{\mathcal{T}}_{\mathrm{i}}(\boldsymbol{a}, t_k)) \subseteq [-1, 1] \times \cdots \times [-1, 1] \in \mathrm{I\!R}^n \tag{3.108}$$

erfüllt und gleichzeitig die Verkettung $\boldsymbol{\mathcal{T}}_{\mathrm{a}}(\boldsymbol{\mathcal{T}}_{\mathrm{i}})$ abgesehen von den berücksichtigten Rundungsfehlern und einer möglichen Überapproximation im Intervallrest dieselbe Zustandsmenge beschreibt wie das ursprüngliche Taylor-Modell $\boldsymbol{\mathcal{T}}$.

Der Effekt der Prädkonditionierung lässt sich mit der transformierten Mengendarstellung des IHO-Verfahrens vergleichen. Beim IHO-Verfahren wird die Zustandsmenge zusätzlich zum reinen Intervallvektor in einem transformierten Koordinatensystem dargestellt, um die Überapproximation zu verringern. Durch das äußere Taylor-Modell wird ebenfalls ein transformiertes Koordinatensystem definiert. Im Gegensatz zum IHO-Verfahren wird die betrachtete Zustandsmenge bezüglich dieses Koordinatensystems jedoch nicht mittels eines Intervallvektors, sondern mittels des inneren Taylor-Modells beschrieben.

Für den Polynomanteil stellt die Präkonditionierung daher lediglich eine Variablensubstitution dar. Der Intervallrest des ursprünglichen Taylor-Modells wird jedoch genauso wie der Intervallvektor $[r]$ des IHO-Verfahrens bezüglich des transformierten Koordinatensystems dargestellt. Damit kann eine unnötige Überapproximation durch die Präkonditionierung in gleicher Art und Weise vermieden werden wie im IHO-Verfahren.

Das beschriebene Vorgehen wird im Folgenden anhand eines einfachen Beispiels nochmals verdeutlicht:

Beispiel 3.4: Präkonditionierung von Taylor-Modellen

Gegeben sei das Taylor-Modell

$$\boldsymbol{T}(\boldsymbol{a}) = \begin{pmatrix} a_1 - a_2 - \frac{1}{4}a_2^2 \\ \frac{1}{2}a_1 + \frac{1}{2}a_2 + \frac{1}{4}a_1^2 \end{pmatrix} = \underbrace{\begin{pmatrix} 0 \\ 0 \end{pmatrix}}_{=\boldsymbol{c}} + \underbrace{\begin{pmatrix} 1 & -1 \\ \frac{1}{2} & \frac{1}{2} \end{pmatrix}}_{=\boldsymbol{C}} \boldsymbol{a} + \underbrace{\begin{pmatrix} -\frac{1}{4}a_2^2 \\ +\frac{1}{4}a_1^2 \end{pmatrix}}_{=\boldsymbol{\mathcal{N}}(\boldsymbol{a})},$$

das in ein äußeres und ein inneres Taylor-Modell aufgespalten werden soll.

Mit $\boldsymbol{A} = \boldsymbol{C}$ erhält man die Taylor-Modelle

$$\widetilde{\boldsymbol{T}}_{\mathrm{a}}(\widetilde{\boldsymbol{a}}) = \begin{pmatrix} \widetilde{a}_1 - \widetilde{a}_2 \\ \frac{1}{2}\widetilde{a}_1 + \frac{1}{2}\widetilde{a}_2 \end{pmatrix} \quad und \quad \widetilde{\boldsymbol{T}}_{\mathrm{i}}(\boldsymbol{a}) = \begin{pmatrix} a_1 + \frac{1}{4}a_1^2 - \frac{1}{8}a_2^2 \\ a_2 + \frac{1}{4}a_1^2 + \frac{1}{8}a_2^2 \end{pmatrix}.$$

Daraus ergibt sich eine Wertebereichseinschließung des inneren Taylor-Modells und die Skalierungsmatrix zu

$$\mathrm{bd}\!\left(\widetilde{\boldsymbol{T}}_{\mathrm{i}}(\boldsymbol{a})\right) = \begin{pmatrix} \left[-\frac{9}{8}, \frac{5}{4}\right] \\ \left[-1, \frac{11}{8}\right] \end{pmatrix} \quad \Rightarrow \quad \boldsymbol{S} = \begin{pmatrix} \frac{5}{4} & 0 \\ 0 & \frac{11}{8} \end{pmatrix},$$

womit man schließlich das äußere sowie das innere Taylor-Modell zu

$$\boldsymbol{T}_{\mathrm{a}}(\widetilde{\boldsymbol{a}}) = \begin{pmatrix} \frac{5}{4}\widetilde{a}_1 - \frac{11}{8}\widetilde{a}_2 \\ \frac{5}{8}\widetilde{a}_1 + \frac{11}{16}\widetilde{a}_2 \end{pmatrix} \quad und \quad \boldsymbol{T}_{\mathrm{i}}(\boldsymbol{a}) = \begin{pmatrix} \frac{4}{5}a_1 + \frac{1}{5}a_1^2 - \frac{1}{10}a_2^2 \\ \frac{8}{11}a_2 + \frac{2}{11}a_1^2 + \frac{1}{11}a_2^2 \end{pmatrix}$$

erhält. Das berechnete äußere Taylor-Modell schließt das ursprüngliche Taylor-Modell $\boldsymbol{T}(\boldsymbol{a})$ vollständig ein (vergleiche Abbildung 3.8(a)). Die Überapproximation ist teilweise auf den Dependency-Effekt bei der Berechnung der Wertebereichs-

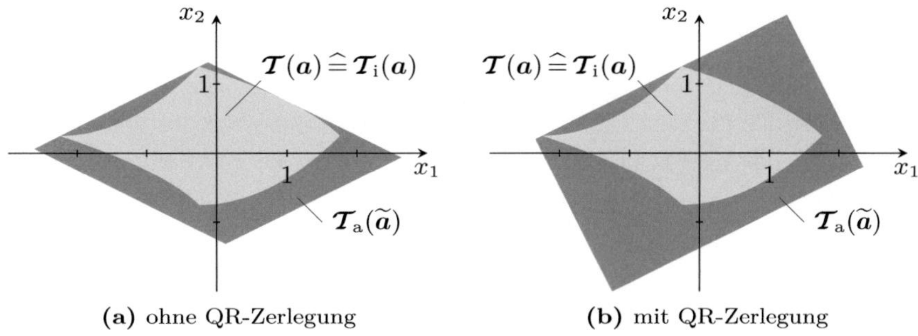

(a) ohne QR-Zerlegung   **(b)** mit QR-Zerlegung

Abbildung 3.8: Präkonditionierung von Taylor-Modellen

einschließung und teilweise auf die Bestimmung des äußeren Taylor-Modells mittels einer reinen Skalierung zurückzuführen.

Wählt man alternativ die Basismatrix zu $\boldsymbol{A} = \boldsymbol{Q}$ mit $\boldsymbol{Q}$ aus

$$\boldsymbol{C} = \begin{pmatrix} 1 & -1 \\ \frac{1}{2} & \frac{1}{2} \end{pmatrix} = \begin{pmatrix} \frac{2}{\sqrt{5}} & -\frac{1}{\sqrt{5}} \\ \frac{1}{\sqrt{5}} & \frac{2}{\sqrt{5}} \end{pmatrix} \begin{pmatrix} \frac{\sqrt{5}}{2} & -\frac{3}{10}\sqrt{5} \\ 0 & \frac{2}{5}\sqrt{5} \end{pmatrix} = \boldsymbol{QR},$$

so erhält man analog das Ergebnis

$$\boldsymbol{T}_{\mathrm{a}}(\widetilde{\boldsymbol{a}}) = \begin{pmatrix} \frac{9}{5}\widetilde{a}_1 - \frac{11}{20}\widetilde{a}_2 \\ \frac{9}{10}\widetilde{a}_1 + \frac{11}{10}\widetilde{a}_2 \end{pmatrix} \ und \ \boldsymbol{T}_{\mathrm{i}}(\boldsymbol{a}) = \begin{pmatrix} \frac{5}{9}a_1 - \frac{1}{3}a_2 + \frac{1}{18}a_1^2 - \frac{1}{9}a_2^2 \\ \frac{8}{11}a_2 + \frac{2}{11}a_1^2 + \frac{1}{11}a_2^2 \end{pmatrix},$$

das in der Abbildung 3.8(b) dargestellt ist.

Aus der Abbildung 3.8 ist ersichtlich, dass bei hinreichend gut konditionierter Basismatrix auf eine QR-Zerlegung verzichtet werden kann. Obwohl das innere Taylor-Modell nach dem nächsten Integrationsschritt wieder berücksichtigt wird, ist es für die Durchführung dieses nächsten Integrationsschritts im Sinne einer geringeren Überapproximation natürlich vorteilhaft, wenn das äußere Taylor-Modell das ursprüngliche Taylor-Modell so wenig wie möglich überschätzt.

In der Abbildung 3.8(a) ist zu erkennen, dass auch beim Verzicht auf die QR-Zerlegung das äußere Taylor-Modell größer als nötig ausfallen kann, was teilweise auf die Berechnung mittels einer reinen Skalierung und teilweise auf die Überapproximation bei der Berechnung der Wertebereichseinschließung zurückgeführt werden kann. Im Abschnitt 4.3 wird daher eine alternative Vorgehensweise zur Berechnung eines äußeren Taylor-Modells vorgeschlagen.

3.4   Vergleich der Verfahren

Mit dem IHO-Verfahren und dem TM-Verfahren wurden in diesem Kapitel zwei Verfahren zur garantierten Lösungseinschließung von Anfangswertproblemen gewöhnlicher Differenzialgleichungssysteme vorgestellt, deren Weiterentwicklung zum Einsatz im Rahmen der Zustandsmengenbeobachtung im Kapitel 4 beschrieben wird. Zuvor sollen jedoch in diesem Abschnitt Gemeinsamkeiten und Unterschiede der beiden Verfahren näher beleuchtet und mit den Verfahren erzielbare Ergebnisse anhand eines Beispiels aufgezeigt werden.

Das im Abschnitt 3.2 vorgestellte IHO-Verfahren basiert auf einer Taylor-Reihenentwicklung der Lösung des Differenzialgleichungssystems (3.42) bezüglich der Zeit. Die dazu benötigten Taylor-Koeffizienten werden durch Algorithmische Differenziation gewonnen. Im IHO-Verfahren werden Zustandsmengen durch Intervallvektoren beschrieben, die zur Verringerung der Überapproximation auch in einem mitgeführten, transformierten Koordinatensystem dargestellt werden.

Aufgrund der Eigenschaften der Intervallarithmetik sowie dem Dependency- und dem Wrapping-Effekt ist – insbesondere im Fall einer großen Anfangszustandsmenge – eine nicht unerhebliche Überapproximation der tatsächlichen Zustandsmengen zu erwarten. Dies ist vor allem darauf zurückzuführen, dass die bei nichtlinearen Differenzialgleichungssystemen im Allgemeinen nichtkonvexen Lösungsmengen in jedem Zeitschritt durch konvexe Mengendarstellungen in Form von Parallelepipeden eingeschlossen werden müssen.
Eine weitere Ursache der Überapproximation ist die durch den Dependency-Effekt bedingte Überschätzung der durch Algorithmische Differenziation in Intervallarithmetik berechneten Einschließungen der Taylor-Koeffizienten. Die Ausdrücke zur Berechnung der Ableitungen enthalten – wie auch oft bei analytisch berechneten Ableitungen festzustellen ist – im Allgemeinen eine Variable mehrmals und sind dementsprechend anfällig für den Dependency-Effekt. Insbesondere bei der Wahl großer Integrationsschrittweiten stellt die a-priori-Einschließung eine große Zustandsmenge dar. In diesem Fall ist zu erwarten, dass auch die Einschließung des Taylor-Reihenrests relativ groß ist, da sie direkt mithilfe der a-priori-Einschließung berechnet wird.

Ein Vorteil des IHO-Verfahrens ist in der – relativ zum TM-Verfahren – geringen Rechenzeit zu sehen (siehe auch Beispiel 3.5 weiter unten in diesem Abschnitt). Der Rechenaufwand im Vergleich zu klassischen reellwertigen Simulationsverfahren ist zwar deutlich höher, jedoch darf dabei nicht übersehen werden, dass mit den hier vorgestellten Einschließungsverfahren in einem Durchlauf garantierte Schranken für die Lösungsmengen berechnet werden, während klassische Simulationsverfahren nur mit einer größeren Anzahl von Simulationsdurchläufen eine Approximation dieser Lösungsmengen berechnen können.

Das TM-Verfahren verwendet mit den Taylor-Modellen als Kombination aus multivariatem Polynomanteil und Intervallrest eine Mischung von analytischen Berechnungen ähnlich zu manuellen Berechnungen und numerischen Berechnungen ähnlich denen des IHO-Verfahrens. Die Lösungseinschließung basiert auf einer Taylor-Reihenentwicklung bezüglich der Zeit und der Anfangsbedingungen, die hauptsächlich durch den Polynomanteil der verwendeten Taylor-Modelle dargestellt werden. Dadurch können die Abhängigkeiten zwischen einzelnen Variablen im Wesentlichen berücksichtigt werden, was den Dependency-Effekt der Intervallarithmetik deutlich entschärft. Darüber hinaus ermöglichen die Taylor-Modelle die Darstellung nichtkonvexer Mengen, wodurch auch der Wrapping-Effekt einen deutlich geringeren Einfluss auf die Ergebnisse hat.

Beide Verfahren liefern eine garantierte Einschließung der Lösungsmenge und beinhalten durch die Validierung implizit einen mathematischen Beweis der Existenz und der Eindeutigkeit der Lösung des gegebenen Anfangswertproblems. Im Gegensatz zum IHO-Verfahren, dessen Validierungsschritt lediglich auf einem reinen Intervallvektor beruht, werden im TM-Verfahren auch zur Validierung bereits Taylor-Modelle eingesetzt, was auch für die Einschließung des Restglieds vorteilhaft ist und erwarten lässt, dass die gewünschte Einschließung auch für größere Integrationsschrittweiten noch erfolgreich durchgeführt werden kann. Insgesamt ist daher zu erwarten, dass das TM-Verfahren bei ansonsten gleichen Bedingungen deutlich engere Einschließungen liefern kann als das IHO-Verfahren.

Allerdings erfordern die Berechnungen mit Taylor-Modellen die effiziente Bearbeitung und Speicherung des möglicherweise umfangreichen Polynomanteils. Im Vergleich zum IHO-Verfahren ist also aufgrund der Datenstrukturen eine deutlich größere Rechenzeit und ebenso ein höherer Speicherbedarf zu erwarten. Durch geeignete Maßnahmen wie eine Präkonditionierung muss zudem sichergestellt werden, dass der Intervallrest über einen möglichst langen Zeitraum hinreichend klein bleibt, damit die auftretenden Zustandsmengen im Wesentlichen durch den Polynomanteil repräsentiert werden. Nur dann können die Taylor-Modelle ihre Stärken auch tatsächlich ausspielen.

In [LS07b] wird ein interessanter Ansatz zur Kombination des IHO-Verfahrens mit Taylor-Modellen vorgestellt, der sich jedoch stark am IHO-Verfahren orientiert: Der Algorithmus I wird unverändert übernommen, und auch der Alorithmus II ist weitgehend identisch mit dem des IHO-Verfahrens. Zur Beschreibung der räumlichen Ausdehnung der Zustandsmengen werden allerdings Taylor-Modelle anstelle von Intervallvektoren verwendet, wodurch eine bessere Beschreibung der auftretenden Mengen möglich ist. Das deutlich bessere Validierungsverfahren als ein wesentlicher Vorteil des TM-Verfahrens kann dabei jedoch nicht ausgenutzt werden. Die mit diesem Verfahren erzielbaren Einschließungen sind erwartungsgemäß besser als die des IHO-Verfahrens, was in [LS07b] anhand verschiedener Simulationsbeispiele verdeutlicht wird. Leider unterbleibt jedoch der Vergleich mit dem Einschließungsverfahren auf Basis der Taylor-Modelle, die aufgrund des besseren Validierungsverfahrens noch bessere Ergebnisse erwarten lassen.

Im Folgenden werden die beiden Verfahren dieser Arbeit anhand eines einfachen Beispiels gegenübergestellt, das auch in [NJN07] zur Einführung in die Lösungseinschließung mit Taylor-Modellen verwendet wird.

Beispiel 3.5: Lösungseinschließung mit dem IHO- und dem TM-Verfahren

Betrachtet wird das nichtlineare, autonome Differenzialgleichungssystem

$$\dot{x}_1 = x_2, \quad \dot{x}_2 = x_1^2$$

mit einer relativ kleinen Anfangszustandsmenge $\mathcal{X}_1(0)$ sowie einer etwas größeren Anfangszustandsmenge $\mathcal{X}_2(0)$:

$$\mathcal{X}_1(0) = \begin{pmatrix} \left[\frac{99}{100}, \frac{101}{100}\right] \\ \left[-\frac{101}{100}, -\frac{99}{100}\right] \end{pmatrix} = \begin{pmatrix} 1 + \frac{1}{100}a_1 \\ -1 + \frac{1}{100}a_2 \end{pmatrix},$$

$$\mathcal{X}_2(0) = \begin{pmatrix} \left[\frac{19}{20}, \frac{21}{20}\right] \\ \left[-\frac{21}{20}, -\frac{19}{20}\right] \end{pmatrix} = \begin{pmatrix} 1 + \frac{1}{20}a_1 \\ -1 + \frac{1}{20}a_2 \end{pmatrix}.$$

Für diese beiden Anfangswertprobleme wurden Lösungseinschließungen mit dem IHO- und dem TM-Verfahren sowie zum Vergleich eine mithilfe des MATLAB-*Standardsimulationsverfahrens* ode45[15] *punktweise bestimmte Näherung der tatsächlichen Lösungsmenge berechnet, die in der Abbildung 3.9 für $t = kT$ mit $T = \frac{1}{2}$ s und $k = 0, 1, \dots, 12$ dargestellt sind.*

Für beide Einschließungsverfahren wurde die Ordnung zu $\ell = 9$ gewählt. Die Schrittweite betrug beim IHO-Verfahren in beiden Fällen konstant $h = 50$ ms. Mit dem TM-Verfahren konnte in beiden Fällen eine deutlich größere Schrittweite von $h = 0{,}5$ s verwendet werden. Zum Vergleich: Die durch die automatische Schrittweitensteuerung des ode45-*Simulationsverfahrens gewählten Schrittweiten lagen für eine vorgegebene absolute und relative Toleranz von 10^{-3} im Bereich zwischen $h = 50$ ms und $h = 150$ ms. Die benötigten Rechenzeiten aller Verfahren sind in der Tabelle 3.1 zusammengestellt.*

Es ist zu erkennen, dass das TM-Verfahren in beiden Fällen bei deutlich größerer Rechenzeit deutlich bessere Einschließungen liefert als das IHO-Verfahren, welches im Fall der größeren Anfangsmenge rasch unbrauchbar große Einschließungen berechnet. Dies führt bereits nach wenigen Schritten zum Abbruch der Integration aufgrund eines fehlgeschlagenen Validierungsschritts. Durch eine Erhöhung

---

[15]Das MATLAB-Simulationsverfahren ode45 ist ein eingebettetes Runge-Kutta-Verfahren vom Typ RK5(4) mit automatischer Schrittweitensteuerung, das auf [DP80] zurückgeht (siehe auch [Mat10]).

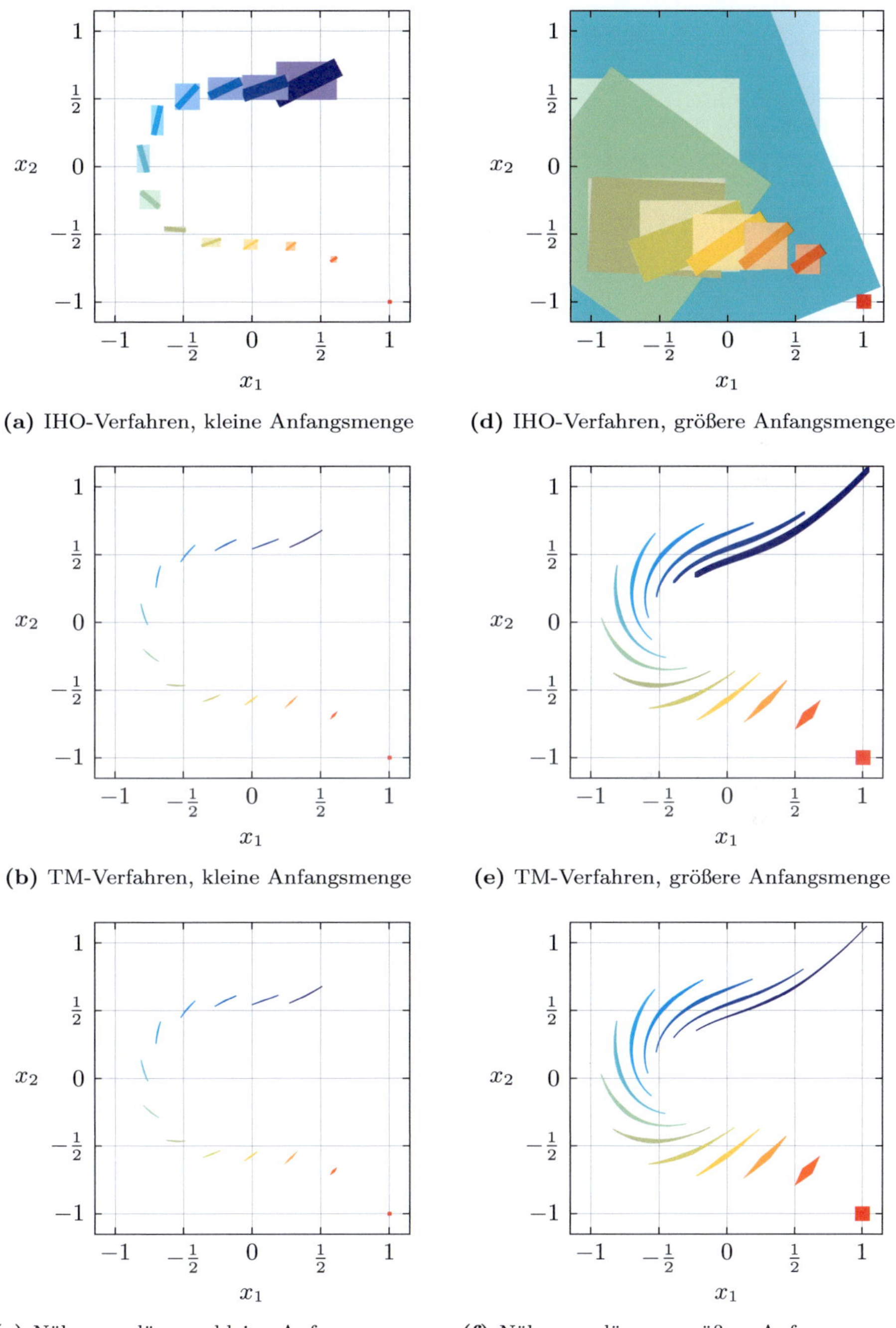

(a) IHO-Verfahren, kleine Anfangsmenge

(d) IHO-Verfahren, größere Anfangsmenge

(b) TM-Verfahren, kleine Anfangsmenge

(e) TM-Verfahren, größere Anfangsmenge

(c) Näherungslösung, kleine Anfangsmenge

(f) Näherungslösung, größere Anfangsmenge

Abbildung 3.9: IHO-Verfahren und TM-Verfahren im Vergleich

Verfahren	Rechenzeit pro 1 s Simulationszeit	
	kleine Anfangsmenge	größere Anfangsmenge
IHO-Verfahren	12 ms	29 ms
TM-Verfahren	360 ms	595 ms
`ode45` (80 Durchläufe)	67 ms	67 ms

Tabelle 3.1: Vergleich der Rechenzeiten[16] für das Beispiel 3.5.

der Ordnung könnten die Ergebnisse geringfügig verbessert werden. Das wesentliche Problem sind jedoch die großen Überapproximationen durch die konvexe Mengendarstellung, die unabhängig von der gewählten Ordnung bestehen bleiben.

Auch das TM-Verfahren lässt im Fall der größeren Anfangsmenge gegen Ende des betrachteten Integrationsintervalls eine deutliche Zunahme des Intervallrests erkennen, die im weiteren Verlauf ebenfalls einen Abbruch der Integration erzwingt. Durch eine Erhöhung der Ordnung oder eine Verringerung der Integrationsschrittweite könnte der Intervallrest über einen noch längeren Zeitraum sehr klein gehalten werden. Im Fall der kleinen Anfangsmenge sind die Überschätzungen des IHO-Verfahrens ebenfalls deutlich zu erkennen, während das TM-Verfahren praktisch keine Überschätzungen zeigt.

Diese Ergebnisse bestätigen die Erwartungen aufgrund der weiter oben angestellten theoretischen Überlegungen. Bei der Anwendung der Verfahren zur Zustandsmengenbeobachtung ist zu erwarten, dass die hier – insbesondere bei der Verwendung des IHO-Verfahrens – festzustellende Überschätzung der tatsächlichen Zustandsmenge durch den Korrekturschritt nicht so weitreichende negative Folgen hat, wie anhand der Abbildung 3.9 zu befürchten wäre (vergleiche das folgende Kapitel 4).

---

[16] Alle Berechnungen wurden auf einem PC mit AMD Athlon64 3200+ CPU und 1GB Arbeitsspeicher unter Windows XP (32bit) durchgeführt. Dabei wurden die im Rahmen dieser Arbeit entstandenen, eigenen C++-Implementierungen des IHO- und des TM-Verfahrens verwendet. Die Simulationen mit dem `ode45`-Verfahren wurden unter MATLAB Release 2007a durchgeführt.

Kapitel 4

Zustandsmengenbeobachtung nichtlinearer Systeme

Das Ziel der bekannten klassischen Beobachterkonzepte wie dem Luenberger-Beobachter oder dem Kalman-Filter ist die Rekonstruktion eines einzigen Systemzustands, der auf Basis eines Zustandsraummodells und der verfügbaren Messinformationen den tatsächlichen Systemzustand möglichst gut repräsentiert. Im Gegensatz dazu wird bei der Zustandsmengenbeobachtung eine ganze Menge von Zuständen bestimmt, die alle sowohl mit dem Systemmodell als auch mit den Messinformationen einschließlich etwaiger Unsicherheiten konsistenten Zustände garantiert enthält und möglichst wenig überschätzt.

Während im Fall linearer Systeme diese Zustandsmenge zumindest theoretisch noch exakt berechnet werden kann (siehe beispielsweise [Pla07]), ist dies im Fall nichtlinearer Systeme im Allgemeinen nicht mehr möglich. Die dort zu behandelnden Zustandsmengen sind üblicherweise nichtkonvex oder sogar nicht zusammenhängend und müssen daher durch geeignete, im Rechner mit vertretbarem Aufwand darstellbare Beschreibungsformen eingeschlossen werden. Der im Rahmen dieser Arbeit verfolgte Ansatz zur Zustandsmengenbeobachtung basiert daher auf den im Kapitel 3 vorgestellten validierenden Einschließungsverfahren für nichtlineare Differenzialgleichungssysteme. In diesem Kapitel werden die vorgestellten Verfahren auf Systeme mit unsicheren Eingangsgrößen erweitert und um geeignete Korrekturschritte zur Berücksichtigung der gemessenen Ausgangsgrößen ergänzt. Den folgenden Ausführungen liegt das unsichere nichtlineare Zustandsraummodell aus der Definition 2.21 zugrunde.

Im Abschnitt 4.1 wird zunächst der generelle Ablauf der Zustandsmengenbeobachtung erläutert. Anschließend werden in den Abschnitten 4.2 und 4.3 Zustandsmengenbeobachter auf Basis des IHO-Verfahrens beziehungsweise des TM-Verfahrens detailliert erläutert und im Abschnitt 4.4 verglichen. Die wesentlichen Punkte dieses Kapitels werden schließlich im Abschnitt 4.5 nochmals kurz zusammengefasst.

4.1   Ablauf der Zustandsmengenbeobachtung

Die Zustandsmengenbeobachtung zeitkontinuierlicher nichtlinearer Systeme wird in dieser Arbeit nach dem klassischen Schema in den zwei Teilschritten Prädiktion und Korrektur durchgeführt. Mithilfe eines der im Kapitel 3 vorgestellten Verfahren zur garantierten Lösungseinschließung nichtlinearer Differenzialgleichungssysteme wird im Prädiktionsschritt ausgehend von der Menge möglicher Zustände zum aktuellen Zeitpunkt $\mathcal{X}(t_k)$ auf Basis des unsicherheitsbehafteten Zustandsraummodells aus der Definition 2.21 sowie der ebenfalls unsicherheitsbehafteten Eingangsgröße $\mathcal{U}(t_k)$ eine Menge möglicher Folgezustände prädiziert. Die dabei verwendete Ordnung ℓ des Einschließungsverfahrens wird in dieser Arbeit auch als Beobachterordnung bezeichnet. Sie ist nicht zu verwechseln mit der Ordnung n des zugrunde liegenden Systemmodells. Der anschließende Korrekturschritt besteht dann in der Einschließung der Schnittmenge der prädizierten Zustandsmenge und der durch die neuen Messinformationen gegebenen Messzustandsmenge.

Die Anfangszustandsmenge $\mathcal{X}(t_0) = [\boldsymbol{x}_0] \in \mathbb{IR}^n$ wird in dieser Arbeit als Intervallvektor angenommen. Prinzipiell können jedoch bei Bedarf ohne weiteres auch andere Anfangszustandsmengen verwendet werden, wie sie beispielsweise auch in den weiteren Zeitschritten der Zustandsmengenbeobachtung auftreten. In jedem Fall muss die Anfangszustandsmenge so gewählt werden, dass sie den unbekannten, tatsächlichen Anfangszustand des Systems garantiert enthält. Für den Beobachter auf Basis des IHO-Verfahrens (IHO-Beobachter) kann die Anfangszustandsmenge direkt mittels Intervallvektoren angegeben werden (vergleiche Gleichung (3.43a)), für den Beobachter auf Basis des TM-Verfahrens (TM-Beobachter) wird die Anfangszustandsmenge durch ein Taylor-Modell dargestellt (siehe auch Gleichung (3.86)), wobei die zugehörigen Variablen mit $\boldsymbol{a_x}$ bezeichnet werden:

$$\mathcal{X}(t_0) = [\boldsymbol{x}_0] \cap \left(\widehat{\boldsymbol{x}}_0 + \boldsymbol{I}_n \left([\boldsymbol{x}_0] - \widehat{\boldsymbol{x}}_0\right) \right) \tag{4.1a}$$

$$= \boldsymbol{\mathcal{T}}\left(\boldsymbol{a_x}\right) = \widehat{\boldsymbol{x}}_0 + \operatorname{diag}\left(\frac{\mathrm{w}([\boldsymbol{x}_0])}{2}\right) \boldsymbol{a_x}. \tag{4.1b}$$

Bei der Zustandsmengenbeobachtung können sowohl die Eingangsgrößen $\boldsymbol{u}(t) \in \mathbb{R}^p$ wie auch die implizit in der Systemfunktion $\boldsymbol{f}(\cdot)$ enthaltenen Parameter $\boldsymbol{z} \in \mathbb{R}^r$ mit unbekannten, aber beschränkten Unsicherheiten behaftet sein. Deren Schranken sind so zu bestimmen, dass die resultierenden Eingangsmengen $\mathcal{U}(t_k)$ und Parameterwertemengen $\mathcal{Z}$ die tatsächlichen Werte garantiert enthalten. Ist diese Voraussetzung nicht erfüllt, so kann die Zustandsmengenbeobachtung eine leere Zustandsmenge ergeben, die eine Inkonsistenz anzeigt, obwohl das zugehörige Modell prinzipiell korrekt ist. Zu kleine Unsicherheitsschranken müssen daher in jedem Fall vermieden werden.

Für die Eingangsgrößen werden in dieser Arbeit konstante Schranken $\boldsymbol{\Delta u}$ der Unsicherheiten als bekannt angenommen, aus denen der Intervall-Eingangsvektor beziehungsweise das Eingangs-Taylor-Modell mit den Variablen $\boldsymbol{a_u}$ gemäß

$$\boldsymbol{\mathcal{U}}(t_k) = [\boldsymbol{u}(t_k) - \boldsymbol{\Delta u}, \boldsymbol{u}(t_k) + \boldsymbol{\Delta u}] = \boldsymbol{u}(t_k) + \boldsymbol{\Delta u} \cdot \boldsymbol{a_u} = \boldsymbol{\mathcal{T}}(\boldsymbol{a_u}) \qquad (4.2)$$

gebildet wird. Der Intervall-Eingangsvektor wird also als symmetrisch bezüglich der Eingangsgrößen $\boldsymbol{u}(t_k)$ angenommen. Falls notwendig, können jedoch ohne weiteres auch unsymmetrische Schranken verwendet werden.

Des Weiteren wird in dieser Arbeit vorausgesetzt, dass sich der zeitkontinuierliche Verlauf $\boldsymbol{u}(t)$ für das Zeitintervall $[t_k, t_{k+1}]$ in einen konstanten Eingangsmengenvektor $\boldsymbol{\mathcal{U}}(t_k)$ einschließen lässt (siehe Gleichung (2.7) und Abbildung 2.2). Im Vergleich zur klassischen Annahme stückweise konstanter Eingangsgrößen stellt diese Voraussetzung weniger strenge Anforderungen, da sie durch eine geeignete Wahl von $\boldsymbol{\Delta u}$ auch für nicht konstante Eingangsgrößen $\boldsymbol{u}(t)$ stets erreicht werden kann.

Damit können für einen Integrationsschritt die Eingangsgrößen als konstante Terme in der Systemfunktion analog zu den Modellparametern behandelt werden. Die konstanten unsicheren Parameter des Zustandsraummodells werden ebenfalls in Form von Intervallen beziehungsweie Taylor-Modellen mit den Variablen $\boldsymbol{a_z}$ beschrieben:

$$\boldsymbol{\mathcal{Z}} = [\boldsymbol{z}] = [\underline{\boldsymbol{z}}, \overline{\boldsymbol{z}}] = \widehat{\boldsymbol{z}} + \mathrm{diag}\left(\frac{\mathrm{w}([\boldsymbol{z}])}{2}\right) \boldsymbol{a_z} = \boldsymbol{\mathcal{T}}(\boldsymbol{a_z}). \qquad (4.3)$$

Die im Prädiktionsschritt berechnete prädizierte Zustandsmenge $\boldsymbol{\mathcal{X}}_\mathrm{p}(t_{k+1})$ enthält somit garantiert alle Zustände, die unter Berücksichtigung der Unsicherheiten konsistent mit dem Systemmodell sowie aufgrund der Beobachterstruktur mit allen bisherigen Informationen über die Ein- und Ausgangsgrößen sind. Alle auftretenden Zustandsmengen werden beim IHO-Beobachter durch reine Intervallvektoren sowie Intervallvektoren bezüglich eines transformierten Koordinatensystems und beim TM-Beobachter mittels Taylor-Modellen beschrieben (vergleiche Abschnitte 3.2 und 3.3).

Im folgenden Korrekturschritt werden dann die neuen Messinformationen der Ausgangsgrößen $\boldsymbol{y}(t_{k+1})$ zur Korrektur der Zustandsmenge herangezogen. Im Gegensatz zu den klassischen Beobachterkonzepten, bei denen die Abweichung zwischen prädizierten und gemessenen Ausgangsgrößen durch eine Rückführung quasi ausgeregelt wird[1], basiert der Korrekturschritt der Zustandsmengenbeobachtung auf der Bildung einer Schnittmenge. Aus den unsicheren neuen Messinformationen $\boldsymbol{\mathcal{Y}}(t_{k+1})$, die als

---

[1] Die im Abschnitt 2.3 erwähnten Intervallbeobachter aus [PQEH02, PSE$^+$06] weisen ebenfalls eine Rückkopplung auf und können damit als Erweiterung des Luenberger-Beobachters für Intervalle aufgefasst werden. Sie sind jedoch nicht zur konsistenzbasierten Fehlerdiagnose anwendbar und dürfen nicht mit den Zustandsmengenbeobachtern im Sinne dieser Arbeit verwechselt werden.

Intervall-Messvektor

$$\boldsymbol{\mathcal{Y}}(t_{k+1}) = [\boldsymbol{y}(t_{k+1}) - \boldsymbol{\Delta y}, \boldsymbol{y}(t_{k+1}) + \boldsymbol{\Delta y}] \tag{4.4}$$

mithilfe der als bekannt vorausgesetzten Schranken $\boldsymbol{\Delta y}$ für die Messunsicherheiten dargestellt werden, wird zunächst eine Menge von Zuständen $\boldsymbol{\mathcal{X}}_{\mathrm{m}}(t_{k+1})$ bestimmt, die mit der Messung konsistent sind. Für die in dieser Arbeit betrachteten Systeme nach der Definition 2.21 ergibt sich diese Messmenge zu

$$\boldsymbol{\mathcal{X}}_{\mathrm{m}}(t_{k+1}) = \begin{pmatrix} \boldsymbol{\mathcal{Y}}(t_{k+1}) \\ [-\infty, \infty] \end{pmatrix} = [\boldsymbol{x}_{\mathrm{m}}(t_{k+1})] . \tag{4.5}$$

Der Durchschnitt der prädizierten Menge $\boldsymbol{\mathcal{X}}_{\mathrm{p}}(t_{k+1})$ und der Messmenge $\boldsymbol{\mathcal{X}}_{\mathrm{m}}(t_{k+1})$ enthält schließlich alle Zustände, die – wie die prädizierte Menge – konsistent mit dem unsicheren Systemmodell sowie den unsicheren Eingangsgrößen und gleichzeitig – wie die Messmenge – mit den Messinformationen über die Ausgangsgrößen sind. Es sei darauf hingewiesen, dass es in jedem Fall sinnvoll ist, die Anfangszustandsmenge $\boldsymbol{\mathcal{X}}(t_0)$ vor dem ersten Prädiktionsschritt zu korrigieren. Aufgrund der Systemdarstellung in Sensorkoordinaten (vergleiche Definition 2.21) kann diese Korrektur durch eine einfache Schnittoperation mit $\boldsymbol{\mathcal{X}}_{\mathrm{m}}(t_0)$ erfolgen.

Im Allgemeinen kann die Schnittmenge $\boldsymbol{\mathcal{X}}_{\mathrm{p}} \cap \boldsymbol{\mathcal{X}}_{\mathrm{m}}$ nicht exakt dargestellt werden, sodass sie in eine geeignete darstellbare Menge mit möglichst geringer Überapproximation eingeschlossen werden muss:

$$\boldsymbol{\mathcal{X}}(t_{k+1}) \supseteq \boldsymbol{\mathcal{X}}_{\mathrm{p}}(t_{k+1}) \cap \boldsymbol{\mathcal{X}}_{\mathrm{m}}(t_{k+1}). \tag{4.6}$$

Eine leere Schnittmenge zeigt eine Inkonsistenz an und kann damit zur Fehlerdiagnose herangezogen werden (siehe Kapitel 5).

Das Prinzip der Prädiktion und anschließenden Korrektur durch Schnittmengenbildung wurde bereits im Kapitel 2 anhand eines einfachen Beispiels in der Abbildung 2.1 verdeutlicht. Die Zustandsmenge $\boldsymbol{\mathcal{X}}(t_{k+1})$ stellt dann den Ausgangspunkt für den nächsten Zeitschritt dar.

Da der Prädiktionsschritt auf einer zeitkontinuierlichen Systembeschreibung basiert, muss die Schrittweite $h_k = t_{k+1} - t_k$ nicht zwingend konstant sein, wie dies üblicherweise bei einer zeitdiskreten Betrachtungsweise der Fall ist. Die Schrittweite kann also auch während der Zustandsmengenbeobachtung geeignet so angepasst werden, dass sich die Anforderung eines stückweise konstanten Eingangsmengenvektors ohne zu große Unsicherheitsschranken $\boldsymbol{\Delta u}$ erfüllen lässt.

Andererseits ist natürlich die Schrittweite so zu wählen, dass gerade die Zeitpunkte, zu denen Messinformationen über die Ausgangsgrößen vorliegen, berücksichtigt werden. Dies bedeutet auch, dass der Ausfall eines oder mehrerer Messwerte der Ausgangsgrößen ohne weiteres toleriert werden kann, solange durch die ausbleibende Korrektur die Zustandsmenge nicht zu stark anwächst.

Wie im Kapitel 3 angesprochen wurde, kann es sowohl im IHO-Verfahren als auch im TM-Verfahren vorkommen, dass die vorgegebene Integrationsschrittweite nicht eingehalten werden kann, sondern aufgrund einer fehlgeschlagenen Validierung reduziert werden muss. In diesem Fall wird die Integration einfach mit einer entsprechend kleineren Schrittweite so lange fortgesetzt, bis der gewünschte Folgezeitpunkt t_{k+1} erreicht ist.

Prinzipiell kann auch ein eventueller Abbruch der Verfahren aufgrund der Unterschreitung der minimal zulässigen Schrittweite nach wiederholt fehlgeschlagener Validierung nicht vollständig ausgeschlossen werden. Geht man davon aus, dass das betrachtete Differenzialgleichungssystem – wie praktisch alle Differenzialgleichungssysteme als Modelle real existierender, technischer Systeme – eine eindeutige Lösung besitzt, so kann dies jedoch nur im Fall zu großer Zustandsmengen auftreten. Zu große Zustandsmengen werden in den meisten Fällen durch den Korrekturschritt verhindert.

Tritt trotz allem ein Abbruch des Verfahrens auf, so kann dies als Hinweis auf ungeeignete beziehungsweise zu selten vorliegende Messgrößen oder zu große Mess- oder Modellunsicherheiten interpretiert werden. Abhilfe kann – insbesondere im Fall steifer Systeme – auch die Verwendung einer kleineren minimalen Schrittweite schaffen.

Die in der Literatur zu findenden Intervallalgorithmen zur Zustandsmengenbeobachtung verwenden sehr häufig Bisektionsverfahren für den Korrekturschritt (siehe beispielsweise [JKDW01, KRAH06, Rau08]). Dabei wird die betrachtete Zustandsmenge zur Verringerung der Überapproximation in mehrere kleine Teilmengen aufgespalten, die getrennt voneinander behandelt werden.

Dieser Ansatz führt zwar möglicherweise zu besseren Ergebnissen, bedeutet jedoch unter Umständen – insbesondere bei Systemen höherer Ordnung – auch einen extrem hohen Rechenaufwand. Aus diesem Grund werden im Rahmen dieser Arbeit die betrachteten Zustandsmengen nicht unterteilt. Durch die Verwendung geeigneter Mengendarstellungen und angepasster Verfahren können trotzdem sehr gute Ergebnisse bei deutlich geringerem Rechenaufwand erzielt werden.

In den folgenden Abschnitten wird nun die konkrete Durchführung der Zustandsmengenbeobachtung auf Basis des IHO-Verfahrens sowie auf Basis des TM-Verfahrens detailliert erläutert.

4.2　Beobachter auf Basis des IHO-Verfahrens (IHO-Beobachter)

Das im Abschnitt 3.2 vorgestellte IHO-Verfahren berechnet in jedem Zeitschritt zunächst im Algorithmus I (Validierung) eine a-priori-Einschließung $\mathcal{X}([t_k, t_{k+1}])$ (siehe Abschnitt 3.2.1). Dieser Validierungsschritt wird für die Zustandsmengenbeobachtung unverändert übernommen. Die anschließende Berechnung der engen Lösungseinschließung $\mathcal{X}(t_{k+1})$ basiert auf einem Prädiktor-Korrektor-Ansatz (siehe Abschnitt 3.2.2). Diese Prädiktor-Korrektor-Struktur lässt sich sehr gut zum Zweck der Zustandsmengenbeobachtung modifizieren, indem der Prädiktor für den Prädiktionsschritt der Zustandsmengenbeobachtung und der Korrektor für den Korrekturschritt herangezogen wird. Dabei werden bei der Lösung des Intervallgleichungssystems (3.64) im Korrektor direkt die unsicheren neuen Messinformationen beziehungsweise die Messmenge aus der Gleichung (4.5) berücksichtigt. Die einzelnen Schritte werden im Folgenden detailliert erläutert und sind in der Abbildung 4.1 beispielhaft dargestellt.

4.2.1　Prädiktion einer Lösungsmenge

Der Prädiktor des IHO-Verfahrens berechnet eine prädizierte Lösungsmenge mithilfe der expliziten Gleichung (3.59), aus der, wie im Abschnitt 3.2 erläutert, jedoch nur ein reiner Intervallvektor prädiziert wird, während die transformierte Mengendarstellung des IHO-Verfahrens erst im Korrektor berechnet wird. Um die neuen Messinformationen $\mathcal{Y}(t_{k+1})$ voll ausnutzen zu können, müssen hier jedoch bereits im Prädiktionsschritt beide Mengendarstellungen bestimmt werden. Wird in der Prädiktion nur der reine Intervallvektor $[\boldsymbol{x}_\mathrm{p}(t_{k+1})]$ berechnet, so kann beim anschließenden Schnitt mit der Messmenge $[\boldsymbol{x}_\mathrm{m}(t_{k+1})]$ keine Verbesserung in den nicht messbaren Zustandsgrößen erzielt werden. Prädiziert man jedoch zusätzlich eine transformierte Darstellung $\widehat{\boldsymbol{x}}_\mathrm{p}(t_{k+1}) + \boldsymbol{A}_\mathrm{p}(t_{k+1})\,[\boldsymbol{r}_\mathrm{p}(t_{k+1})]$ der Zustandsmenge, so führt der Schnitt zusätzlich zu einer Verbesserung in den nicht messbaren Zustandsgrößen (siehe Abbildung 4.2 und Abschnitt 4.2.2).

Mit den Abkürzungen aus den Gleichungen (3.60) lässt sich die Gleichung (3.59) schreiben als

$$\mathcal{X}_\mathrm{p}(t_{k+1}) = [\boldsymbol{s}] + [\boldsymbol{S}]\left(\mathcal{X}(t_k) - \widehat{\boldsymbol{x}}(t_k)\right) + h_k^{\nu+1}\left\langle[\boldsymbol{x}([t_k, t_{k+1}])]\right\rangle_{\nu+1}. \tag{4.7}$$

Wie bereits erläutert wurde, ergibt sich die prädizierte Menge also aus einer Näherungslösung $[\boldsymbol{s}]$ auf Basis des Mittelpunkts $\widehat{\boldsymbol{x}}(t_k)$ der aktuellen Zustandsmenge $\mathcal{X}(t_k)$ sowie der zusätzlichen Berücksichtigung der Ausdehnung der aktuellen Zustandsmenge und des Restglieds. Während das IHO-Verfahren nach [Ned99] für $\mathcal{X}(t_k)$ an dieser

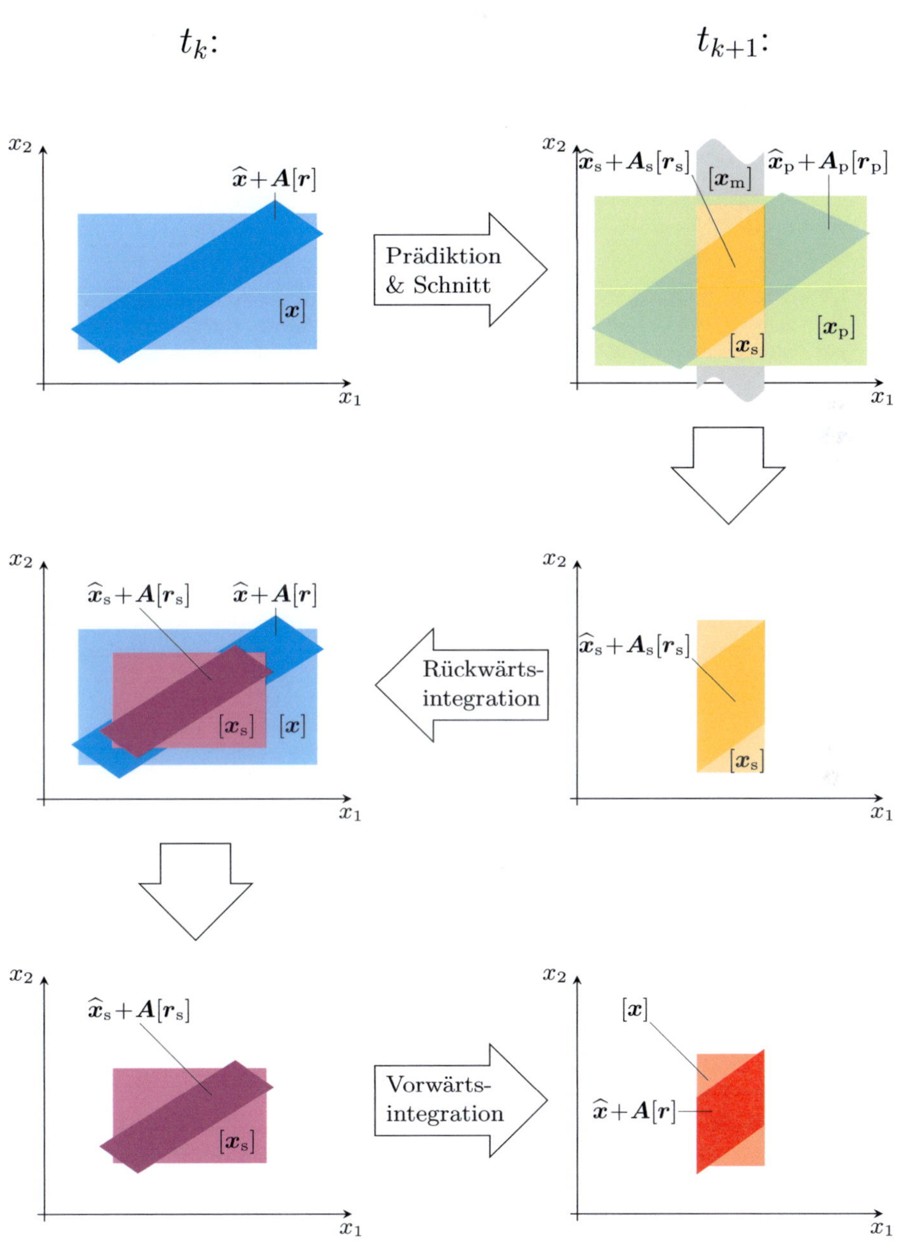

Abbildung 4.1: Ablauf eines Zeitschritts des IHO-Beobachters

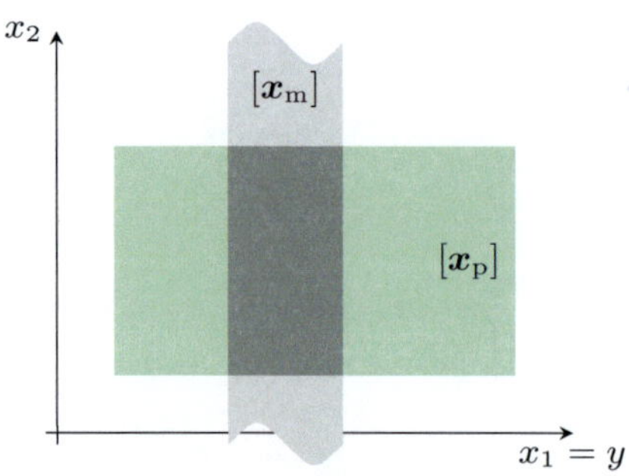

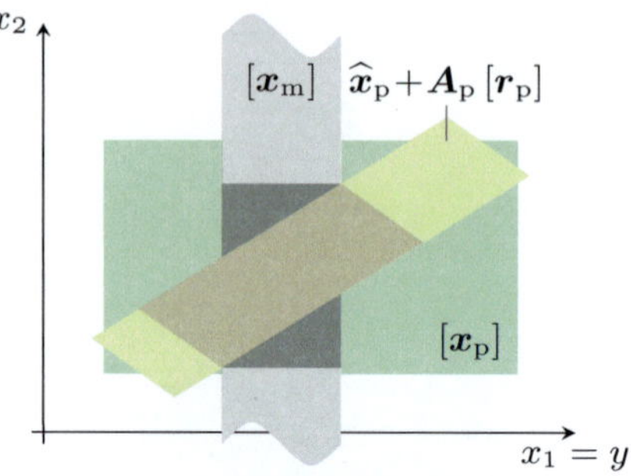

(a) Prädiktion mit reinem Intervallvektor: keine Verbesserung in nicht messbaren Zustandsgrößen

(b) Prädiktion mit zusätzlicher transformierter Darstellung: Verbesserung in den nicht messbaren Zustandsgrößen möglich

Abbildung 4.2: Vorteil der zusätzlich berechneten transformierten Darstellung aus der Prädiktion für den Korrekturschritt

Stelle ausschließlich die transformierte Mengendarstellung $\widehat{\boldsymbol{x}}(t_k) + \boldsymbol{A}(t_k)\,[\boldsymbol{r}(t_k)]$ verwendet (vergleiche Abschnitt 3.2.2), werden hier ebenfalls beide Mengendarstellungen berücksichtigt, sodass sich der Intervallvektor $[\boldsymbol{x}_\mathrm{p}(t_{k+1})]$ der prädizierten Menge

$$\boldsymbol{\mathcal{X}}_\mathrm{p}(t_{k+1}) = [\boldsymbol{x}_\mathrm{p}(t_{k+1})] \cap \big(\widehat{\boldsymbol{x}}_\mathrm{p}(t_{k+1}) + \boldsymbol{A}_\mathrm{p}(t_{k+1})\,[\boldsymbol{r}_\mathrm{p}(t_{k+1})]\big) \qquad (4.8)$$

in Analogie zur Gleichung (3.62) gemäß

$$[\boldsymbol{x}_\mathrm{p}(t_{k+1})] = \Bigg([\boldsymbol{s}] + \Big(\big([\boldsymbol{S}]\,\boldsymbol{A}(t_k)\big)\,[\boldsymbol{r}(t_k)] \cap [\boldsymbol{S}]\,\big([\boldsymbol{x}(t_k)] - \widehat{\boldsymbol{x}}(t_k)\big) \Big)$$

$$+\, h_k^{\nu+1}\,\big\langle [\boldsymbol{x}([t_k,t_{k+1}])]\big\rangle_{\nu+1} \Bigg) \cap \big[\boldsymbol{x}([t_k,t_{k+1}])\big] \quad (4.9)$$

berechnen lässt. Der zusätzliche Schnitt mit der a-priori-Einschließung $\big[\boldsymbol{x}([t_k,t_{k+1}])\big]$ aus dem Validierungsschritt bedeutet sehr wenig zusätzlichen Rechenaufwand und stellt sicher, dass die enge Lösungseinschließung nicht über die a-priori-Einschließung hinausragen kann. Dies kann gegebenenfalls eine Verbesserung der berechneten Einschließung bedeuten und ist zulässig, da die a-priori-Einschließung ebenfalls garantiert die tatsächliche Lösungsmenge enthält.

Damit ist auch bereits das Element $\widehat{\boldsymbol{x}}_\mathrm{p}(t_{k+1})$ der transformierten Mengendarstellung bekannt. Mit der noch geeignet zu wählenden Basismatrix $\boldsymbol{A}_\mathrm{p}(t_{k+1})$ erhält man ähnlich wie im Korrektor aus dem Abschnitt 3.2.2 den Intervallvektor $[\boldsymbol{r}_\mathrm{p}(t_{k+1})]$ aus einem Vergleich der Gleichungen (4.7) und (4.8):

$$[\boldsymbol{r}_\mathrm{p}(t_{k+1})] = \left[\boldsymbol{A}_\mathrm{p}^{-1}(t_{k+1})\right]\left([\boldsymbol{s}] + h_k^{\nu+1}\left\langle[\boldsymbol{x}([t_k,t_{k+1}])]\right\rangle_{\nu+1} - \widehat{\boldsymbol{x}}_\mathrm{p}(t_{k+1})\right)$$
$$+ \Big(\left(\left[\boldsymbol{A}_\mathrm{p}^{-1}(t_{k+1})\right]([\boldsymbol{S}]\,\boldsymbol{A}(t_k))\right)[\boldsymbol{r}(t_k)]\cap$$
$$\left(\left[\boldsymbol{A}_\mathrm{p}^{-1}(t_{k+1})\right][\boldsymbol{S}]\right)\left([\boldsymbol{x}(t_k)] - \widehat{\boldsymbol{x}}(t_k)\right)\Big). \quad (4.10)$$

Dabei stellt $\left[\boldsymbol{A}_\mathrm{p}^{-1}(t_{k+1})\right]$ eine Einschließung der inversen Basismatrix $\boldsymbol{A}_\mathrm{p}^{-1}(t_{k+1})$ dar (siehe Anhang C.1).

Wie im Abschnitt 3.2.2 erläutert wurde, wird im IHO-Verfahren nach [Ned99] zur Bestimmung der Basismatrix stets eine QR-Zerlegung mit Spaltensortierung durchgeführt. Dieser Ansatz hat seine Berechtigung bei der Anwendung des Verfahrens zur garantierten Simulation eines Differenzialgleichungssystems, bei dem die Anfangszustandsmenge typischerweise sehr klein ist und die Ausdehnung der Zustandsmengen im Wesentlichen durch die über der Zeit akkumulierten Rundungsfehler und Restglieder bedingt ist.
Bei der Anwendung des Verfahrens zur Zustandsmengenbeobachtung ist die Zustandsmenge $\boldsymbol{\mathcal{X}}(t_k)$ – im Vergleich zu den in einem Schritt hinzukommenden Einschließungen der Rundungsfehler und des Restglieds – typischerweise sehr groß. In diesem Fall würde eine QR-Zerlegung in jedem Schritt eine unnötig große Überapproximation bewirken.

Aus diesem Grund wird in dieser Arbeit die Basismatrix $\boldsymbol{A}_\mathrm{p}(t_{k+1})$ in Anlehnung an [Loh88] zunächst aus der Mittelpunktsmatrix $\widehat{\boldsymbol{B}}$ mit

$$[\boldsymbol{B}] = [\boldsymbol{S}]\,\boldsymbol{A}(t_k) \qquad (4.11)$$

bestimmt. Eine zusätzliche QR-Zerlegung der Matrix $\widehat{\boldsymbol{B}}$ wird nur dann durchgeführt, wenn diese Matrix zu schlecht konditioniert ist, da dann eine große Überschätzung der tatsächlichen Zustandsmenge auftritt (siehe Abbildung 4.3(a)). Eine QR-Zerlegung trotz hinreichend gut konditionierter Matrix $\widehat{\boldsymbol{B}}$ führt ebenfalls zu einer unnötig großen Überapproximation (siehe Abbildung 4.3(b)), sodass in diesem Fall besser auf die QR-Zerlegung verzichtet wird.

Die Kondition von $\widehat{\boldsymbol{B}}$ wird in dieser Arbeit anhand der einfach zu bestimmenden Konditionszahl

$$\kappa_\infty\left(\widehat{\boldsymbol{B}}\right) = \left\|\widehat{\boldsymbol{B}}\right\|_\infty \cdot \left\|\widehat{\boldsymbol{B}}^{-1}\right\|_\infty \qquad (4.12)$$

überprüft, die umso größer ist, je schlechter $\widehat{\boldsymbol{B}}$ konditioniert ist, also je „linear abhängiger" die Spaltenvektoren sind [GVL96]. In einer Reihe von Versuchen hat sich für

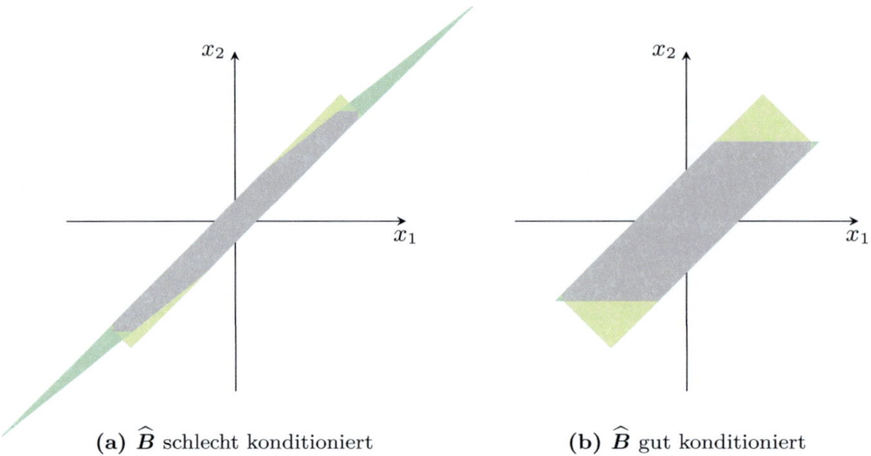

(a) $\widehat{\boldsymbol{B}}$ schlecht konditioniert   (b) $\widehat{\boldsymbol{B}}$ gut konditioniert

Abbildung 4.3: Überapproximation des IHO-Beobachters bei der Basiswahl im Prädiktionsschritt mit und ohne QR-Zerlegung

die Anwendungen dieser Arbeit $\kappa_\infty = 10^3$ als guter Schwellwert erwiesen, weswegen die Basismatrix $\boldsymbol{A}_\mathrm{p}(t_{k+1})$ folgendermaßen bestimmt wird:

$$\boldsymbol{A}_\mathrm{p}(t_{k+1}) = \begin{cases} \widehat{\boldsymbol{B}} & \text{für } \kappa_\infty\left(\widehat{\boldsymbol{B}}\right) \leq 10^3, \\ \boldsymbol{Q} \text{ aus } \widehat{\boldsymbol{B}} = \boldsymbol{QR} & \text{sonst.} \end{cases} \tag{4.13}$$

Wie im Abschnitt 3.2.2 bereits erläutert wurde, ist eine zusätzliche Spaltensortierung bei der QR-Zerlegung sinnvoll. Im Gegensatz zur im Abschnitt 3.2.2 erläuterten Vorgehensweise aus [Ned99] wird in dieser Arbeit die QR-Zerlegung mit Spaltenpivotisierung (siehe Anhang A.1) verwendet, die eine ähnliche Sortierreihenfolge bewirkt. Während nach der ursprünglichen Vorgehensweise vor der QR-Zerlegung die Spalten der absoluten Länge nach absteigend sortiert werden, sortiert die Spaltenpivotisierung während der QR-Zerlegung immer den längsten Restvektor nach vorne. Dadurch wird stets der Vektor als nächstes verarbeitet, dessen orthogonale Projektion auf den noch nicht bearbeiteten Unterraum die größte Länge aufweist. In beiden Fällen ist bei der Sortierung die in $[\boldsymbol{r}(t_k)]$ enthaltene Ausdehnung des Parallelepipeds zu berücksichtigen.

Obwohl die beiden Sortierkriterien nicht äquivalent sind, wird in beiden Fällen der längste Spaltenvektor als Erstes verarbeitet und damit das wesentliche Ziel erreicht. Anhand einer Versuchsreihe zum Vergleich der beiden Sortierkriterien konnte für die Anwendungen in dieser Arbeit praktisch kein Unterschied festgestellt werden. Da die QR-Zerlegung mit Spaltenpivotisierung auch an anderen Stellen der Zustandsmengenbeobachtung eingesetzt wird, wurde ihr hier im Interesse eines geringeren Implementierungsaufwands und einer einheitlicheren Darstellung der Vorzug gegeben.

4.2.2 Korrektur der Lösungsmenge

Der Korrekturschritt des IHO-Beobachters basiert auf dem Intervallgleichungssystem (3.64), das in dieser Arbeit jedoch mithilfe des *präkonditionierten Intervall-Gauß-Seidel-Verfahrens* (PIGS-Verfahren) und damit auf eine andere Art und Weise als der im Abschnitt 3.2.2 beschriebenen aus [Ned99] gelöst wird. Das PIGS-Verfahren (siehe Anhang C.2) ist eine Erweiterung des bekannten Gauß-Seidel-Verfahrens für Intervalle. Es dient zur Lösung linearer Intervallgleichungssysteme der Form

$$[A]\left([x] - c\right) = [b] \, . \tag{4.14}$$

Dabei wird ausgehend von einem Anfangsintervallvektor $[\widetilde{x}]$ eine verbesserte Einschließung $[x] \subseteq [\widetilde{x}]$ berechnet, weswegen das PIGS-Verfahren in der Literatur auch als *Kontraktionsverfahren* bezeichnet wird. Ist der Ergebnisintervallvektor $[x]$ des PIGS-Verfahrens leer, so besitzt das betrachtete Intervallgleichungssystem in $[\widetilde{x}]$ keine Lösung.

Zur besseren Verständlichkeit wird das Gleichungssystem (3.64) hier mit den im Abschnitt 3.2.2 eingeführten Abkürzungen nochmals aufgeführt (siehe auch Gleichungen (3.65), (3.66), (3.67) und (3.68)):

$$[s_{\mathrm{r}}] + [S_{\mathrm{r}}]\left(\mathcal{X}(t_{k+1}) - \widehat{x}(t_{k+1})\right) = [s_{\mathrm{v}}] + [S_{\mathrm{v}}]\left(\mathcal{X}(t_k) - \widehat{x}(t_k)\right) + [e] \tag{4.15}$$

mit

$$[s_{\mathrm{r}}] = \sum_{i=0}^{\mu} \alpha_i(-h_k)^i \left\langle \widehat{x}(t_{k+1})\right\rangle_i \, , \qquad [S_{\mathrm{r}}] = \sum_{i=0}^{\mu} \alpha_i(-h_k)^i \frac{\partial}{\partial x} \left\langle [x(t_{k+1})]\right\rangle_i \, , \tag{4.16a}$$

$$[s_{\mathrm{v}}] = \sum_{j=0}^{\nu} \beta_j h_k^j \left\langle \widehat{x}(t_k)\right\rangle_j \, , \qquad [S_{\mathrm{v}}] = \sum_{j=0}^{\nu} \beta_j h_k^j \frac{\partial}{\partial x} \left\langle [x(t_k)]\right\rangle_j \, , \tag{4.16b}$$

$$[e] = \gamma h_k^{\mu+\nu+1} \left\langle \left[x\big([t_k, t_{k+1}]\big)\right]\right\rangle_{\mu+\nu+1} \, . \tag{4.16c}$$

Der im Abschnitt 3.2.2 beschriebene Lösungsansatz ist für den Einsatz des Verfahrens zur Zustandsmengenbeobachtung weniger gut geeignet, da die Ausdehnungen der auftretenden Zustandsmengen bei der Zustandsmengenbeobachtung typischerweise mehrere Größenordnungen über denen einer validierenden Simulation liegen, für die das Verfahren ursprünglich entwickelt wurde.

Die große Ausdehnung der Zustandsmengen hat unter anderem zur Folge, dass die Elemente der Intervallmatrix $[S_{\mathrm{r}}]$ ebenfalls eine relativ große Breite aufweisen können. Der im Abschnitt 3.2.2 beschriebene Weg zur Vermeidung der Inversion der Matrix $[S_{\mathrm{r}}]$ durch die Aufteilung gemäß $[S_{\mathrm{r}}] = \widehat{S}_{\mathrm{r}} + \left([S_{\mathrm{r}}] - \widehat{S}_{\mathrm{r}}\right)$ kann dann zu einer relativ großen Überapproximation führen. Die Auswertung des Terms

$$\left(\boldsymbol{I}_n - \left[\widehat{\boldsymbol{S}}_{\mathrm{r}}^{-1} \right] [\boldsymbol{S}_{\mathrm{r}}] \right) \left([\boldsymbol{x}_{\mathrm{p}}(t_{k+1})] - \widehat{\boldsymbol{x}}_{\mathrm{p}}(t_{k+1}) \right) \tag{4.17}$$

aus der Gleichung (3.70) (siehe auch Gleichung (3.74)) in Intervallarithmetik kann eine große Überapproximation bewirken, selbst wenn anstelle der prädizierten Größen die Ergebnisse des Schnitts mit der Messmenge eingesetzt werden. Die Überapproximation rührt daher, dass die Matrix $\left(\boldsymbol{I}_n - \left[\widehat{\boldsymbol{S}}_{\mathrm{r}}^{-1} \right] [\boldsymbol{S}_{\mathrm{r}}] \right)$ zwar die Nullmatrix enthält, jedoch aufgrund der großen Breite der Elemente von $[\boldsymbol{S}_{\mathrm{r}}]$ selbst ebenfalls sehr breite Intervallelemente enthält. Das folgende Beispiel verdeutlicht diesen Effekt im Vergleich zu einer Lösung mit dem PIGS-Verfahren.

Beispiel 4.1: Lösung linearer Intervallgleichungssysteme

Gegeben sei das lineare Intervallgleichungssystem $[\boldsymbol{A}]\,[\boldsymbol{x}] = [\boldsymbol{b}]$ mit

$$[\boldsymbol{A}] = \begin{pmatrix} \left[\frac{9}{10}, \frac{11}{10}\right] & 0 \\ 0 & \left[\frac{9}{10}, \frac{11}{10}\right] \end{pmatrix}, \ [\boldsymbol{x}] = \begin{pmatrix} [0, 1] \\ [1, 3] \end{pmatrix} \ und \ [\boldsymbol{b}] = [\boldsymbol{A}]\,[\boldsymbol{x}] = \begin{pmatrix} \left[0, \frac{11}{10}\right] \\ \left[\frac{9}{10}, \frac{33}{10}\right] \end{pmatrix}.$$

Der als unbekannt angenommene Intervallvektor $[\boldsymbol{x}]$ soll mithilfe der „prädizierten Lösung" $[\boldsymbol{x}_{\mathrm{p}}] = \left([-1, 2] \quad [0, 4]\right)^{\mathrm{T}}$ durch Lösung des Intervallgleichungssystems berechnet werden.

Nach dem Ansatz aus Abschnitt 3.2.2 erhält man die Lösung aus der Gleichung

$$\begin{aligned} [\boldsymbol{x}] &= \left[\widehat{\boldsymbol{A}}^{-1} \right] [\boldsymbol{b}] + \left(\boldsymbol{I}_2 - \left[\widehat{\boldsymbol{A}}^{-1} \right] [\boldsymbol{A}] \right) [\boldsymbol{x}_{\mathrm{p}}] \\ &= \begin{pmatrix} \left[0, \frac{11}{10}\right] \\ \left[\frac{9}{10}, \frac{33}{10}\right] \end{pmatrix} + \begin{pmatrix} \left[-\frac{1}{10}, \frac{1}{10}\right] & 0 \\ 0 & \left[-\frac{1}{10}, \frac{1}{10}\right] \end{pmatrix} \begin{pmatrix} [-1, 2] \\ [0, 4] \end{pmatrix} = \begin{pmatrix} \left[-\frac{2}{10}, \frac{13}{10}\right] \\ \left[\frac{1}{2}, \frac{37}{10}\right] \end{pmatrix}. \end{aligned}$$

Im Vergleich dazu liefert das PIGS-Verfahren die deutlich bessere Einschließung

$$[\boldsymbol{x}] = \begin{pmatrix} \left[0, \frac{11}{9}\right] \\ \left[\frac{9}{11}, \frac{11}{3}\right] \end{pmatrix}.$$

Beide Lösungsansätze können jedoch aufgrund des Wrapping-Effekts bei der Intervallmultiplikation $[\boldsymbol{b}] = [\boldsymbol{A}]\,[\boldsymbol{x}]$ nicht die bestmögliche Einschließung $[\boldsymbol{x}]$ erreichen.

Der Vorteil des PIGS-Verfahrens bei der Lösung linearer Intervallgleichungssysteme ist aus dem Beispiel 4.1 klar ersichtlich. In [WK09] wird dieser Vorteil ebenfalls verdeutlicht. Dort werden die mit einem Zustandsmengenbeobachter auf Basis des im Folgenden beschriebenen Verfahrens erzielbaren Ergebnisse mit denen eines Zustandsmengenbeobachters auf Basis des im Abschnitt 3.2.2 beschriebenen Lösungsansatzes verglichen. Außerdem heißt es bereits in [Ned99, Seite 45]:

> „We have explicitly used the inverse of $\widehat{\boldsymbol{S}}_\mathrm{r}$ in our method[2]. [...] It may
> be useful to consider other ways to perform this computation at a later
> date."[3]

Aus diesen Gründen wird in dieser Arbeit im Korrekturschritt des IHO-Beobachters zur Lösung des Gleichungssystems (4.15) das PIGS-Verfahren verwendet. Der Korrekturschritt besteht damit aus den folgenden Teilschritten:

1) Berechnung einer möglichst engen Einschließung des Durchschnitts von prädizierter Menge und Messmenge in Form eines Intervallvektors und einer transformierten Mengendarstellung: $\boldsymbol{\mathcal{X}}_\mathrm{s}(t_{k+1}) \supseteq \boldsymbol{\mathcal{X}}_\mathrm{p}(t_{k+1}) \cap \boldsymbol{\mathcal{X}}_\mathrm{m}(t_{k+1})$. Zur Erzielung einer möglichst geringen Überapproximation wird in diesem Schritt zusätzlich eine geeignete Basismatrix $\boldsymbol{A}(t_{k+1})$ auf Basis der prädizierten Basismatrix $\boldsymbol{A}_\mathrm{p}(t_{k+1})$ berechnet.

2) Kontraktion der Menge möglicher Zustände zum Zeitpunkt t_k durch *Rückwärtslösung* des Gleichungssystems (4.15): $\boldsymbol{\mathcal{X}}_\mathrm{s}(t_k) \subseteq \boldsymbol{\mathcal{X}}(t_k)$. Wegen des implizit enthaltenen Schnitts mit $\boldsymbol{\mathcal{X}}(t_k)$ wird das Ergebnis dieser Berechnung mit dem Index „s" gekennzeichnet.

3) Berechnung einer neuen Einschließung $\boldsymbol{\mathcal{X}}(t_{k+1})$ durch *Vorwärtslösung* des Gleichungssystems (4.15): $\boldsymbol{\mathcal{X}}(t_{k+1}) \subseteq \boldsymbol{\mathcal{X}}_\mathrm{s}(t_{k+1}) \subseteq \boldsymbol{\mathcal{X}}_\mathrm{p}(t_{k+1})$.

Einschließung der Schnittmenge

Die prädizierte Menge $\boldsymbol{\mathcal{X}}_\mathrm{p}(t_{k+1})$ enthält alle Zustände, die konsistent mit dem unsicheren Systemmodell sowie den bisherigen unsicheren Eingangs- und Messgrößen sind. Durch die Berücksichtigung der neu hinzukommenden, unsicheren Messinformationen der Ausgangsgrößen $\boldsymbol{\mathcal{Y}}(t_{k+1})$ in Form der Messmenge $\boldsymbol{\mathcal{X}}_\mathrm{m}(t_{k+1})$ kann diese Zustandsmenge durch Bildung der Schnittmenge $\boldsymbol{\mathcal{X}}_\mathrm{p}(t_{k+1}) \cap \boldsymbol{\mathcal{X}}_\mathrm{m}(t_{k+1})$ korrigiert werden. Da die Schnittmenge im Allgemeinen nicht in der für das IHO-Verfahren notwendigen Form exakt dargestellt werden kann, wird im Folgenden die Berechnung einer möglichst engen Einschließung dieser Schnittmenge mithilfe der bekannten zwei Darstellungsformen erläutert:

$$\boldsymbol{\mathcal{X}}_\mathrm{s}(t_{k+1}) = [\boldsymbol{x}_\mathrm{s}(t_{k+1})] \cap \left(\widehat{\boldsymbol{x}}_\mathrm{s}(t_{k+1}) + \boldsymbol{A}_\mathrm{s}(t_{k+1})\,[\boldsymbol{r}_\mathrm{s}(t_{k+1})]\right). \tag{4.18}$$

Die wesentliche Herausforderung besteht dabei in der Bestimmung der Basismatrix $\boldsymbol{A}_\mathrm{s}(t_{k+1})$. Aus der Abbildung 4.4 ist ersichtlich, dass die Einschließung der tat-

---

[2]Die Matrix $\widehat{\boldsymbol{S}}_\mathrm{r}$ wird in [Ned99] mit $\widehat{\boldsymbol{S}}_{j+1,-}$ bezeichnet. Die Notation wurde jedoch an die in dieser Arbeit verwendete Notation angepasst.

[3]Trotz dieser Anmerkung wird auch in der neueren Version VNODE-LP [Ned06] des Softwarepakets VNODE unverändert derselbe Lösungsansatz verwendet.

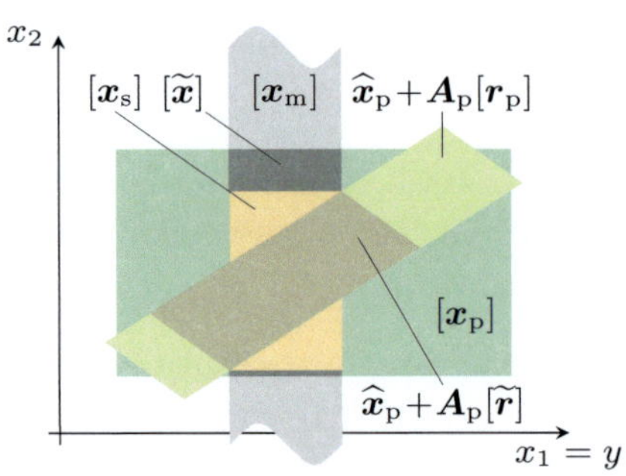

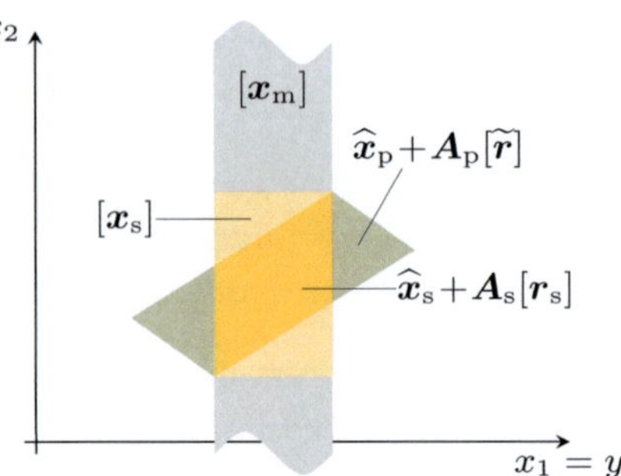

(a) Kontraktion der prädizierten Mengen   **(b)** Modifikation der Basismatrix

Abbildung 4.4: Einschließung $\boldsymbol{\mathcal{X}}_\mathrm{s}(t_{k+1})$ der Schnittmenge im IHO-Beobachter

sächlichen Schnittmenge zur Erzielung einer möglichst geringen Überapproximation die Verwendung einer geeigneten Matrix $\boldsymbol{A}_\mathrm{s}(t_{k+1})$ erfordert, die im Allgemeinen nicht mit der Matrix $\boldsymbol{A}_\mathrm{p}(t_{k+1})$ aus dem Prädiktionsschritt identisch ist. Da die Bestimmung einer optimalen Basismatrix durch Lösung eines Optimierungsproblems zu aufwändig wäre, wird in dieser Arbeit eine heuristische Vorgehensweise verwendet.

Zunächst wird dazu die Schnittmenge ohne Modifikation der Basismatrix so eng wie möglich eingeschlossen (siehe Abbildung 4.4(a)). Der Schnitt

$$[\widetilde{\boldsymbol{x}}(t_{k+1})] = [\boldsymbol{x}_\mathrm{p}(t_{k+1})] \cap [\boldsymbol{x}_\mathrm{m}(t_{k+1})] \tag{4.19}$$

führt zunächst nur zu einer engeren Einschließung in den messbaren Zustandsgrößen. An dieser Stelle wird nun der Vorteil der transformierten Darstellung aus der Prädiktion sichtbar. Durch Lösung des Intervallgleichungssystems

$$\boldsymbol{A}_\mathrm{p}(t_{k+1})\,[\boldsymbol{r}_\mathrm{p}(t_{k+1})] = [\widetilde{\boldsymbol{x}}(t_{k+1})] - \widehat{\boldsymbol{x}}_\mathrm{p}(t_{k+1}) \tag{4.20}$$

mit dem PIGS-Verfahren (vergleiche Anhang C.2) und dem Anfangs-Intervallvektor $[\boldsymbol{r}_\mathrm{p}(t_{k+1})]$ erhält man eine engere Einschließung $[\widetilde{\boldsymbol{r}}(t_{k+1})] \subseteq [\boldsymbol{r}_\mathrm{p}(t_{k+1})]$ der Schnittmenge bezüglich des transformierten Koordinatensystems, die schließlich durch die Intervallauswertung

$$[\boldsymbol{x}_\mathrm{s}(t_{k+1})] = [\widetilde{\boldsymbol{x}}(t_{k+1})] \cap \left(\widehat{\boldsymbol{x}}_\mathrm{p}(t_{k+1}) + \boldsymbol{A}_\mathrm{p}(t_{k+1})\,[\widetilde{\boldsymbol{r}}(t_{k+1})]\right) \tag{4.21}$$

auch zu einer besseren Einschließung in den nicht messbaren Zustandsgrößen führt. Wie auch aus der Abbildung 4.4(a) zu erkennen ist, weist diese Einschließung der Schnittmenge jedoch noch eine möglicherweise große Überapproximation auf, die durch eine Modifikation der Basismatrix des transformierten Koordinatensystems deutlich verringert werden kann (vergleiche Abbildung 4.4(b)).

Dazu wird eine neue transformierte Mengendarstellung $\widehat{\boldsymbol{x}}_{\mathrm{s}}(t_{k+1}) + \boldsymbol{A}_{\mathrm{s}}(t_{k+1})\,[\boldsymbol{r}_{\mathrm{s}}(t_{k+1})]$ bestimmt (siehe auch Gleichung (4.18)). Da das Element $\widehat{\boldsymbol{x}}_{\mathrm{s}}(t_{k+1})$ als Mittelpunkt des Intervallvektors $[\boldsymbol{x}_{\mathrm{s}}(t_{k+1})]$ bereits bekannt ist, müssen nur noch die Basismatrix $\boldsymbol{A}_{\mathrm{s}}(t_{k+1})$ und der Intervallvektor $[\boldsymbol{r}_{\mathrm{s}}(t_{k+1})]$ bestimmt werden. Die Matrix $\boldsymbol{A}_{\mathrm{s}}(t_{k+1})$ wird in dieser Arbeit heuristisch so gewählt, dass das durch

$$\boldsymbol{B} = \boldsymbol{A}_{\mathrm{s}}(t_{k+1})\,\mathrm{diag}\big(\mathrm{w}([\boldsymbol{r}_{\mathrm{s}}(t_{k+1})])\big) \tag{4.22}$$

definierte Parallelepiped ein möglichst kleines Volumen $|\det(\boldsymbol{B})|$ aufweist. Dazu wird, wie im Folgenden erläutert, die QR-Zerlegung mit Spaltenpivotisierung (vergleiche Anhang A.1) verwendet, die als Heuristik zur Bestimmung einer Matrix $\boldsymbol{B}^{-1}$ mit möglichst großem Betrag der Determinante dient. Wegen $\det\big(\boldsymbol{B}^{-1}\big) = \det(\boldsymbol{B})^{-1}$ weist das Parallelepiped der Gleichung (4.22) genau dann ein minimales Volumen auf, wenn $|\det\big(\boldsymbol{B}^{-1}\big)| \to \max$ gilt.

Genauso wie die Spaltenvektoren von $\boldsymbol{B}$ den Kanten des n-dimensionalen Parallelepipeds entsprechen, stellen die Zeilenvektoren von $\boldsymbol{B}^{-1}$ die Normalenvektoren der begrenzenden Hyperebenen im n-dimensionalen Zustandsraum dar. Mit n Hyperebenen, die den Intervallvektor $[\boldsymbol{x}_{\mathrm{s}}(t_{k+1})]$ beschreiben und weiteren n Hyperebenen, die aus dem Zwischenergebnis $\widehat{\boldsymbol{x}}_{\mathrm{p}}(t_{k+1}) + \boldsymbol{A}_{\mathrm{p}}(t_{k+1})\,[\widetilde{\boldsymbol{r}}(t_{k+1})]$ (siehe auch Gleichung (4.21)) stammen, stehen insgesamt $2n$ mögliche Hyperebenen zur Verfügung. Davon müssen zur Beschreibung des gesuchten Parallelepipeds n Hyperebenen geeignet ausgewählt werden.

Diese notwendige Auswahl von n aus $2n$ Hyperebenen beziehungsweise Normalenvektoren lässt sich mithilfe der QR-Zerlegung mit Spaltenpivotisierung (vergleiche Anhang A.1) durchführen. Da es bei der Bestimmung des Volumens nicht auf die absolute Lage des Parallelepipeds im Zustandsraum ankommt, kann im Folgenden das durch Subtraktion von $\widehat{\boldsymbol{x}}_{\mathrm{p}}(t_{k+1})$ in den Ursprung verschobene Parallelepiped betrachtet werden. Durch Multiplikation der Basisvektoren mit den Breiten der zugehörigen Intervalle werden der Intervallvektor und die transformierte Mengendarstellung

$$\boldsymbol{I}_n\left([\boldsymbol{x}_{\mathrm{s}}(t_{k+1})] - \widehat{\boldsymbol{x}}_{\mathrm{p}}(t_{k+1})\right) \ \text{und} \ \boldsymbol{A}_{\mathrm{p}}(t_{k+1})\,[\widetilde{\boldsymbol{r}}(t_{k+1})] \tag{4.23}$$

in Form von Matrizen $\boldsymbol{C}_1$ und $\boldsymbol{C}_2$ dargestellt (vergleiche Gleichung (4.22)):

$$\boldsymbol{C}_1 = \boldsymbol{I}_n \cdot \mathrm{diag}\big(\mathrm{w}([\boldsymbol{x}_{\mathrm{s}}(t_{k+1})])\big)\,, \tag{4.24}$$

$$\boldsymbol{C}_2 = \boldsymbol{A}_{\mathrm{p}}(t_{k+1}) \cdot \mathrm{diag}\big(\mathrm{w}([\widetilde{\boldsymbol{r}}(t_{k+1})])\big)\,. \tag{4.25}$$

Da die Spaltenvektoren von $\boldsymbol{C}_1$ und $\boldsymbol{C}_2$ die Kanten des jeweiligen Parallelepipeds darstellen, sind die $2n$ Zeilenvektoren der Matrix

$$\boldsymbol{D} = \begin{pmatrix} \boldsymbol{C}_1^{-1} \\ \boldsymbol{C}_2^{-1} \end{pmatrix} \tag{4.26}$$

die zugehörigen Normalenvektoren, aus denen nun gerade n Zeilenvektoren ausgewählt werden müssen. Mithilfe der QR-Zerlegung der Matrix $\boldsymbol{D}^{\mathrm{T}}$ mit Spaltenpivotisierung

$$\boldsymbol{D}^{\mathrm{T}}\boldsymbol{P} = \boldsymbol{Q}\boldsymbol{R} = \boldsymbol{Q} \cdot \begin{pmatrix} \boldsymbol{R}_1 & \boldsymbol{R}_2 \end{pmatrix} \tag{4.27}$$

wird nun die Basismatrix zu

$$\boldsymbol{A}_{\mathrm{s}}(t_{k+1}) = \left((\boldsymbol{Q}\boldsymbol{R}_1)^{\mathrm{T}} \right)^{-1} \tag{4.28}$$

gewählt. Die ersten n Spalten der Matrix $\boldsymbol{D}^{\mathrm{T}}\boldsymbol{P}$ entsprechen dem Produkt der orthogonalen Matrix $\boldsymbol{Q}$ mit der oberen Dreiecksmatrix $\boldsymbol{R}_1$. Die Spaltenpivotisierung sorgt nun dafür, dass die Hauptdiagonalelemente von $\boldsymbol{R}_1$ so groß wie möglich sind (vergleiche Anhang A.1).

Es sei jedoch darauf hingewiesen, dass die möglichst großen Hauptdiagonalelemente der Matrix $\boldsymbol{R}_1$ zwar einen großen, jedoch nicht notwendigerweise maximalen Betrag der Determinante bedeuten, die sich aufgrund der oberen Dreiecksstruktur von $\boldsymbol{R}_1$ als Produkt der Hauptdiagonalelemente berechnet. Mit

$$\left| \det\left(\boldsymbol{A}_{\mathrm{s}}^{-1}(t_{k+1}) \right) \right| = \left| \det\left((\boldsymbol{Q}\boldsymbol{R}_1)^{\mathrm{T}} \right) \right| = \left| \det\left(\boldsymbol{R}_1^{\mathrm{T}} \right) \underbrace{\det\left(\boldsymbol{Q}^{\mathrm{T}} \right)}_{=1} \right| = \left| \det(\boldsymbol{R}_1) \right| \tag{4.29}$$

lässt sich nun leicht einsehen, dass $\left| \det\left(\boldsymbol{A}_{\mathrm{s}}^{-1}(t_{k+1}) \right) \right|$ groß ist und damit die Basismatrix $\boldsymbol{A}_{\mathrm{s}}(t_{k+1})$ so gewählt wurde, dass sie ein kleines Volumen der transformierten Mengendarstellung $\widehat{\boldsymbol{x}}_{\mathrm{s}}(t_{k+1}) + \boldsymbol{A}_{\mathrm{s}}(t_{k+1})\left[\boldsymbol{r}_{\mathrm{s}}(t_{k+1}) \right]$ mit

$$\begin{aligned}
\left[\boldsymbol{r}_{\mathrm{s}}(t_{k+1}) \right] = \Big(&\left(\left[\boldsymbol{A}_{\mathrm{s}}^{-1}(t_{k+1}) \right] \boldsymbol{A}_{\mathrm{p}}(t_{k+1}) \right) \left[\widetilde{\boldsymbol{r}}(t_{k+1}) \right] \\
&+ \left[\boldsymbol{A}_{\mathrm{s}}^{-1}(t_{k+1}) \right] \left(\widehat{\boldsymbol{x}}_{\mathrm{p}}(t_{k+1}) - \widehat{\boldsymbol{x}}_{\mathrm{s}}(t_{k+1}) \right) \Big) \cap \\
&\left(\left[\boldsymbol{A}_{\mathrm{s}}^{-1}(t_{k+1}) \right] \left(\left[\boldsymbol{x}_{\mathrm{s}}(t_{k+1}) \right] - \widehat{\boldsymbol{x}}_{\mathrm{s}}(t_{k+1}) \right) \right)
\end{aligned} \tag{4.30}$$

ermöglicht (vergleiche Abbildung 4.4(b)). Der Ausdruck in der mittleren Zeile der Gleichung (4.30) berücksichtigt die Verschiebung des Mittelpunkts beim Übergang vom Intervallvektor $\left[\boldsymbol{x}_{\mathrm{p}}(t_{k+1}) \right]$ zum Intervallvektor $\left[\boldsymbol{x}_{\mathrm{s}}(t_{k+1}) \right]$. An dieser Stelle sei noch angemerkt, dass die hier beschriebenen Schritte zur Bestimmung der Basismatrix $\boldsymbol{A}_\mathrm{s}(t_{k+1})$ die einzigen des gesamten Verfahrens sind, die nicht in Intervallarithmetik ausgeführt werden müssen.

Berechnung der Rückwärtslösung

Nachdem nun eine möglichst enge Einschließung des Durchschnitts der prädizierten Menge und der Messmenge in der Form nach Gleichung (4.18) berechnet wurde, kann diese noch durch Lösung des Intervallgleichungssystems (4.15) verbessert werden.

Dazu werden die Summen der Gleichung (4.16a) mit $\widehat{\boldsymbol{x}}_\mathrm{s}(t_{k+1})$ anstelle von $\widehat{\boldsymbol{x}}(t_{k+1})$ und $[\boldsymbol{x}_\mathrm{s}(t_{k+1})]$ anstelle von $[\boldsymbol{x}(t_{k+1})]$ ausgewertet. Damit lassen sich aus den Intervallgleichungssystemen

$$[\boldsymbol{S}_\mathrm{v}]\left([\boldsymbol{x}(t_k)] - \widehat{\boldsymbol{x}}(t_k)\right) = [\boldsymbol{s}_\mathrm{r}] - [\boldsymbol{s}_\mathrm{v}] - [\boldsymbol{e}]$$
$$+ \left(\left([\boldsymbol{S}_\mathrm{r}]\,\boldsymbol{A}_\mathrm{s}(t_{k+1})\right)[\boldsymbol{r}_\mathrm{s}(t_{k+1})]\right) \cap \left([\boldsymbol{S}_\mathrm{r}]\left([\boldsymbol{x}_\mathrm{s}(t_{k+1})] - \widehat{\boldsymbol{x}}_\mathrm{s}(t_{k+1})\right)\right) \quad (4.31)$$

und

$$\left([\boldsymbol{S}_\mathrm{v}]\,\boldsymbol{A}(t_k)\right)[\boldsymbol{r}(t_k)] = [\boldsymbol{s}_\mathrm{r}] - [\boldsymbol{s}_\mathrm{v}] - [\boldsymbol{e}]$$
$$+ \left(\left([\boldsymbol{S}_\mathrm{r}]\,\boldsymbol{A}_\mathrm{s}(t_{k+1})\right)[\boldsymbol{r}_\mathrm{s}(t_{k+1})]\right) \cap \left([\boldsymbol{S}_\mathrm{r}]\left([\boldsymbol{x}_\mathrm{s}(t_{k+1})] - \widehat{\boldsymbol{x}}_\mathrm{s}(t_{k+1})\right)\right) \quad (4.32)$$

mit dem PIGS-Verfahren engere Einschließungen $[\boldsymbol{x}_\mathrm{s}(t_k)] \subseteq [\boldsymbol{x}(t_k)]$ beziehungsweise $[\widetilde{\boldsymbol{r}}(t_k)] \subseteq [\boldsymbol{r}(t_k)]$ berechnen. Unter Berücksichtigung der Verschiebung des Mittelpunkts ergibt sich damit

$$[\boldsymbol{r}_\mathrm{s}(t_k)] = [\widetilde{\boldsymbol{r}}(t_k)] + \left[\boldsymbol{A}^{-1}(t_k)\right]\left(\widehat{\boldsymbol{x}}(t_k) - \widehat{\boldsymbol{x}}_\mathrm{s}(t_k)\right). \quad (4.33)$$

Anschaulich bedeutet die Berechnung dieser Rückwärtslösung eine Rückwärtsintegration mit der zuvor berechneten Schnittmenge als Anfangsmenge. Die daraus resultierende Verbesserung der Einschließung der aktuellen Zustandsmenge

$$\boldsymbol{\mathcal{X}}_\mathrm{s}(t_k) = [\boldsymbol{x}_\mathrm{s}(t_k)] \cap \left(\widehat{\boldsymbol{x}}_\mathrm{s}(t_k) + \boldsymbol{A}(t_k)\,[\boldsymbol{r}_\mathrm{s}(t_k)]\right) \subseteq \boldsymbol{\mathcal{X}}(t_k) \quad (4.34)$$

kann als Antwort auf die Frage interpretiert werden, welche Zustände der aktuellen Zustandsmenge unter Berücksichtigung des unsicheren Zustandsraummodells und der unsicheren Eingangsgrößen garantiert nicht zur Messung $\boldsymbol{\mathcal{Y}}(t_{k+1})$ geführt haben können. Dies sind gerade die in $\boldsymbol{\mathcal{X}}_\mathrm{s}(t_k)$ nicht mehr enthaltenen Zustände aus $\boldsymbol{\mathcal{X}}(t_k)$.

Wie aus der Gleichung (4.32) beziehungsweise der Gleichung (4.34) ersichtlich ist, wird zur Darstellung der verbesserten transformierten Zustandsmenge zum Zeitpunkt t_k hier auf die Berechnung einer neuen Basismatrix verzichtet und stattdessen direkt die bekannte Basismatrix $\boldsymbol{A}(t_k)$ verwendet. Die Rückwärtslösung wird dadurch zwar in einem möglicherweise weniger gut geeigneten Koordinatensystem dargestellt, was eine im Prinzip vermeidbare Überapproximation bedeutet. Andererseits jedoch werden dadurch die Rückwärtslösung und die ursprüngliche Zustandsmenge direkt im selben Koordinatensystem dargestellt, sodass beim implizit im PIGS-Verfahren enthaltenen Schnitt der beiden Lösungsmengen die Überapproximation durch die Umrechnung zwischen zwei unterschiedlichen Koordinatensystemen entfällt.

Berechnung der neuen Vorwärtslösung

Auf Basis der verbesserten Einschließung der aktuellen Zustandsmenge $\boldsymbol{\mathcal{X}}_{\mathrm{s}}(t_k)$ aus der Gleichung (4.34) kann nun analog zur Rückwärtslösung eine erneute Vorwärtsintegration mithilfe des Intervallgleichungssystems (4.15) durchgeführt werden. Dazu müssen die Summen der Gleichung (4.16b) mit $\widehat{\boldsymbol{x}}_{\mathrm{s}}(t_k)$ anstelle von $\widehat{\boldsymbol{x}}(t_k)$ und $[\boldsymbol{x}_{\mathrm{s}}(t_k)]$ anstelle von $[\boldsymbol{x}(t_k)]$ ausgewertet werden. Damit ergeben sich aus den Intervallgleichungssystemen

$$[\boldsymbol{S}_{\mathrm{r}}]\left([\boldsymbol{x}_{\mathrm{s}}(t_{k+1})] - \widehat{\boldsymbol{x}}_{\mathrm{s}}(t_{k+1})\right) = [\boldsymbol{s}_{\mathrm{v}}] - [\boldsymbol{s}_{\mathrm{r}}] + [\boldsymbol{e}]$$
$$\left(([\boldsymbol{S}_{\mathrm{v}}]\,\boldsymbol{A}(t_k))\,[\boldsymbol{r}_{\mathrm{s}}(t_k)]\right) \cap \left([\boldsymbol{S}_{\mathrm{v}}]\left([\boldsymbol{x}_{\mathrm{s}}(t_k)] - \widehat{\boldsymbol{x}}_{\mathrm{s}}(t_k)\right)\right) \quad (4.35)$$

und

$$\left([\boldsymbol{S}_{\mathrm{r}}]\,\boldsymbol{A}(t_{k+1})\right)[\boldsymbol{r}_{\mathrm{s}}(t_{k+1})] = [\boldsymbol{s}_{\mathrm{v}}] - [\boldsymbol{s}_{\mathrm{r}}] + [\boldsymbol{e}]$$
$$\left(([\boldsymbol{S}_{\mathrm{v}}]\,\boldsymbol{A}(t_k))\,[\boldsymbol{r}_{\mathrm{s}}(t_k)]\right) \cap \left([\boldsymbol{S}_{\mathrm{v}}]\left([\boldsymbol{x}_{\mathrm{s}}(t_k)] - \widehat{\boldsymbol{x}}_{\mathrm{s}}(t_k)\right)\right) \quad (4.36)$$

mit dem PIGS-Verfahren engere Einschließungen $[\boldsymbol{x}(t_{k+1})] \subseteq [\boldsymbol{x}_{\mathrm{s}}(t_{k+1})]$ beziehungsweise $[\widetilde{\boldsymbol{r}}(t_{k+1})] \subseteq [\boldsymbol{r}_{\mathrm{s}}(t_{k+1})]$. Unter Berücksichtigung der Verschiebung des Mittelpunkts ergibt sich

$$[\boldsymbol{r}(t_{k+1})] = [\widetilde{\boldsymbol{r}}(t_{k+1})] + \left[\boldsymbol{A}^{-1}(t_{k+1})\right]\left(\widehat{\boldsymbol{x}}_{\mathrm{s}}(t_{k+1}) - \widehat{\boldsymbol{x}}(t_{k+1})\right). \quad (4.37)$$

Wie bei der vorangegangenen Rückwärtslösung wird auch in diesem Schritt keine neue Basismatrix mehr berechnet, sondern die bereits bei der Berechnung der Schnittmenge bestimmte Basismatrix verwendet: $\boldsymbol{A}(t_{k+1}) = \boldsymbol{A}_{\mathrm{s}}(t_{k+1})$. Damit ist nun die gesuchte enge Einschließung der konsistenten Folgezustandsmenge

$$\boldsymbol{\mathcal{X}}(t_{k+1}) = [\boldsymbol{x}(t_{k+1})] \cap \left(\widehat{\boldsymbol{x}}(t_{k+1}) + \boldsymbol{A}(t_{k+1})\,[\boldsymbol{r}(t_{k+1})]\right). \quad (4.38)$$

bekannt und ein Zeitschritt des IHO-Beobachters abgeschlossen. Anwendungen des IHO-Beobachters zur Zustandsmengenbeobachtung sind im Abschnitt 4.4 und zur Fehlerdiagnose im Kapitel 6 zu finden.

4.3 Beobachter auf Basis von Taylor-Modellen (TM-Beobachter)

Der zweite in dieser Arbeit entwickelte Ansatz zur Zustandsmengenbeobachtung basiert auf dem im Abschnitt 3.3 vorgestellten Einschließungsverfahren mittels Taylor-Modellen. Die auftretenden Zustandsmengen werden durch Taylor-Modelle $\mathcal{T}(a)$ beschrieben. Zur Berücksichtigung der Unsicherheiten werden im TM-Beobachter neben den Variablen $a_x \in \mathbb{R}^n$ zur Beschreibung der Anfangszustandsmenge zusätzliche Variablen $a_u \in \mathbb{R}^p$ zur Beschreibung der Eingangsunsicherheiten sowie $a_z \in \mathbb{R}^r$ zur Beschreibung unsicherer Modellparameter verwendet. Sie werden in den Variablen $a \in \mathbb{R}^{n+p+r}$ zusammengefasst (siehe auch Abschnitt 4.1).

Unsichere Parameter oder Eingangsgrößen können alternativ auch direkt in Form von Intervallen beschrieben werden. In diesem Fall sind dafür keine entsprechenden Variablen in das Taylor-Modell aufzunehmen. Dadurch reduziert sich zwar einerseits die Rechenzeit, andererseits ist jedoch im Allgemeinen damit zu rechnen, dass die berechneten Einschließungen weniger eng sind, da die Auswirkungen der Unsicherheiten dann direkt dem Intervallrest zugeschlagen werden müssen und die Einschließungen durch Taylor-Modelle damit weniger effektiv sind (vergleiche die Beispiele im Abschnitt 4.4 sowie im Kapitel 6).

Wie beim IHO-Beobachter läuft auch beim TM-Beobachter ein Beobachtungsschritt nach dem klassischen Schema von Prädiktion und Korrektur ab. Im Prädiktionsschritt wird zunächst auf Basis eines präkonditionierten Taylor-Modells, also einer Zerlegung in ein äußeres und ein inneres Taylor-Modell, eine Folgezustandsmenge prädiziert, die durch eine erneute Präkonditionierung ebenfalls in der Form eines äußeren und inneren Taylor-Modells dargestellt wird. Im anschließenden Korrekturschritt werden dann ähnlich wie im IHO-Verfahren die neuen Messinformationen $\mathcal{Y}(t_{k+1})$ durch die Einschließung einer Schnittmenge berücksichtigt.

In einer Reihe von Versuchen hat sich gezeigt, dass diese Schnittmenge in manchen Fällen nicht ausreichend genau durch ein Taylor-Modell $\mathcal{T}_1(a, t_k)$ beschrieben werden kann. Ein Beispiel hierfür ist im Abschnitt 6.1 zu finden. Daher wurde für den TM-Beobachter in Anlehnung an den IHO-Beobachter eine zweite Mengendarstellung eingeführt. Sie wird ebenfalls durch ein Taylor-Modell dargestellt und im Folgenden mit $\mathcal{T}_2(b, t_k)$ bezeichnet. Um den zusätzlichen Rechenaufwand so gering wie möglich zu halten, repräsentiert $\mathcal{T}_2$ einen reinen Intervallvektor. Für die Anwendungen in dieser Arbeit hat sich dieser Ansatz als sehr gut brauchbar erwiesen, sodass komplexere Taylor-Modelle für $\mathcal{T}_2$ nicht erforderlich sind. Da die Variablen des Taylor-Modells $\mathcal{T}_2$ eine andere Bedeutung haben als die von $\mathcal{T}_1$, werden sie mit $b \in \mathbb{R}^{n+p+r}$ anstelle von $a \in \mathbb{R}^{n+p+r}$ bezeichnet.

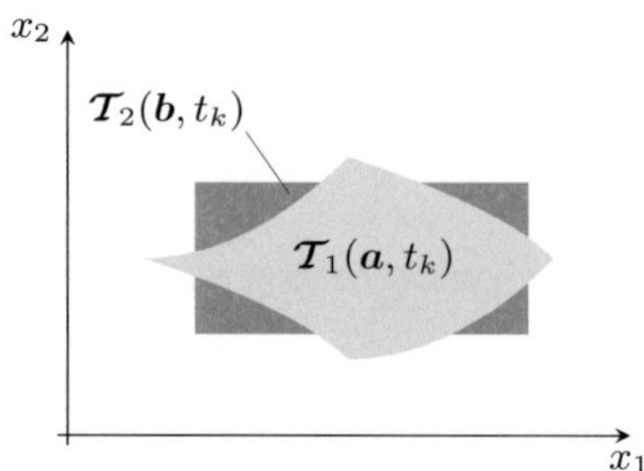

Abbildung 4.5: Mengendarstellung des TM-Beobachters

Der Ausgangspunkt des k-ten Zeitschritts ist also die konsistente Zustandsmenge

$$\boldsymbol{\mathcal{X}}(t_k) = \boldsymbol{T}_1(\boldsymbol{a}, t_k) \cap \boldsymbol{T}_2(\boldsymbol{b}, t_k) \text{ mit} \tag{4.39a}$$

$$\boldsymbol{T}_1(\boldsymbol{a}, t_k) = (\boldsymbol{T}_\mathrm{a} \circ \boldsymbol{T}_{\mathrm{i},1})\,(\boldsymbol{a}, t_k), \tag{4.39b}$$

$$\boldsymbol{T}_2(\boldsymbol{b}, t_k) = (\boldsymbol{T}_\mathrm{a} \circ \boldsymbol{T}_{\mathrm{i},2})\,(\boldsymbol{b}, t_k). \tag{4.39c}$$

Die Struktur dieser Mengendarstellung (siehe auch Abbildung 4.5) weist Ähnlichkeiten zur Mengendarstellung des IHO-Beobachters auf. Das Taylor-Modell $\boldsymbol{T}_1$ entspricht der transformierten Mengendarstellung des IHO-Beobachters, wobei das affine äußere Taylor-Modell $\boldsymbol{T}_\mathrm{a}$ mit dem transformierten Koordinatensystem und das zugehörige innere Taylor-Modell $\boldsymbol{T}_{\mathrm{i},1}$ mit dem Intervallvektor $[\boldsymbol{r}]$ vergleichbar ist. Das Taylor-Modell $\boldsymbol{T}_\mathrm{a}$ wird, wie im Folgenden noch erläutert wird, auf Basis des Taylor-Modells $\boldsymbol{T}_1$ berechnet. Die zweite Mengendarstellung $\boldsymbol{T}_2$ repräsentiert, wie bereits erwähnt, einen reinen Intervallvektor. Zur Verringerung des Rechenaufwands im Prädiktionsschritt wird sie ebenfalls in präkonditionierter Form mittels des bereits bekannten äußeren Taylor-Modells $\boldsymbol{T}_\mathrm{a}$ dargestellt.

Im ersten Zeitschritt ist das äußere Taylor-Modell identisch mit dem Taylor-Modell der Anfangszustandsmenge aus der Gleichung (4.1b). Für die inneren Taylor-Modelle gilt $\boldsymbol{T}_{\mathrm{i},1}(\boldsymbol{a}, t_0) = \boldsymbol{a}$ und $\boldsymbol{T}_{\mathrm{i},2}(\boldsymbol{b}, t_0) = \boldsymbol{b}$.

Wie beim IHO-Beobachter müssen die beiden Mengendarstellungen parallel in den Schritten Prädiktion und Korrektur verarbeitet werden. Dies wird im Folgenden detailliert erläutert.

4.3.1　Prädiktion einer Lösungsmenge

Der Prädiktionsschritt des TM-Beobachters wird mithilfe des im Abschnitt 3.3 vorgestellten TM-Verfahrens durchgeführt. Im Rahmen des TM-Beobachters wird eine gegenüber dem Abschnitt 3.3.2 modifizierte Präkonditionierungsstrategie eingesetzt, die am Ende dieses Abschnitts genauer erläutert wird.

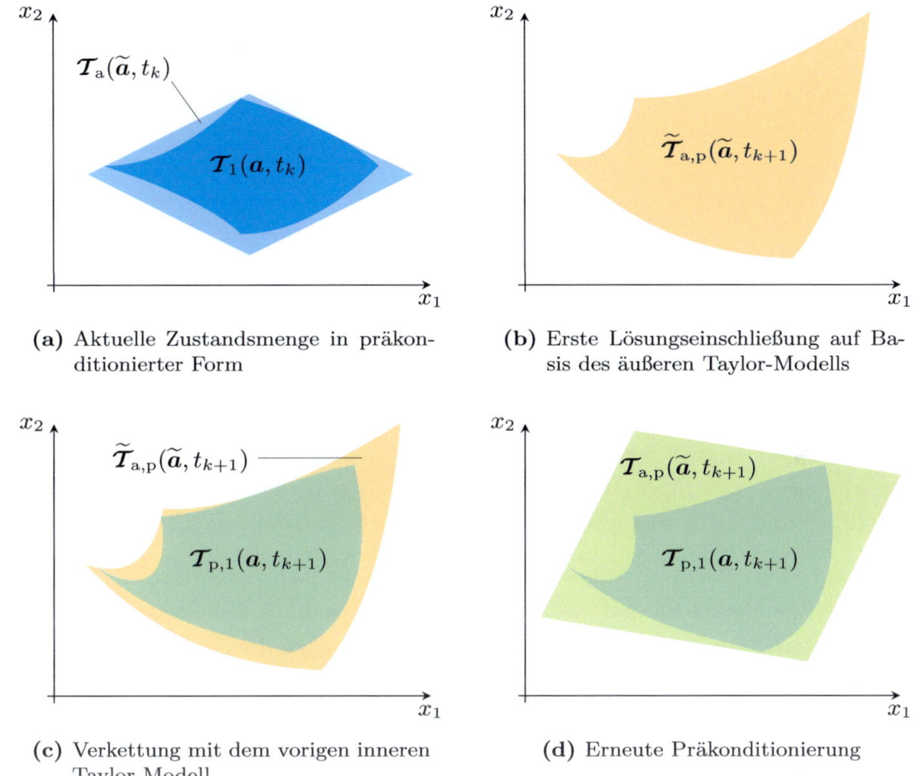

(a) Aktuelle Zustandsmenge in präkonditionierter Form

(b) Erste Lösungseinschließung auf Basis des äußeren Taylor-Modells

(c) Verkettung mit dem vorigen inneren Taylor-Modell

(d) Erneute Präkonditionierung

Abbildung 4.6: Prädiktionsschritt des TM-Beobachters am Beispiel von $\boldsymbol{\mathcal{T}}_1$

Die Prädiktion basiert zunächst nur auf dem äußeren Taylor-Modell $\boldsymbol{\mathcal{T}}_\mathrm{a}(\widetilde{\boldsymbol{a}}, t_k)$. Da in den beiden Mengendarstellungen aus der Gleichung (4.39a) dasselbe äußere Taylor-Modell verwendet wird, muss die Berechnung einer Lösungseinschließung mit dem TM-Verfahren, die den aufwändigsten Teil des Prädiktionsschritts darstellt, nur einmal auf Basis von $\boldsymbol{\mathcal{T}}_\mathrm{a}$ durchgeführt werden.

Durch die Lösungseinschließung mit dem TM-Verfahren wird nun im k-ten Zeitschritt auf Basis von $\boldsymbol{\mathcal{T}}_\mathrm{a}(\widetilde{\boldsymbol{a}}, t_k)$ eine erste Einschließung der prädizierten Zustandsmenge $\widetilde{\boldsymbol{\mathcal{T}}}_\mathrm{a,p}(\widetilde{\boldsymbol{a}}, t_{k+1})$ berechnet. Dies ist beispielhaft in den Abbildungen 4.6(a) und 4.6(b) dargestellt, wobei aus Gründen der Übersichtlichkeit auf die Darstellung von $\boldsymbol{\mathcal{T}}_2$ verzichtet wurde. Mit der Verkettung

$$\boldsymbol{\mathcal{T}}_\mathrm{p,1}(\boldsymbol{a}, t_{k+1}) = \widetilde{\boldsymbol{\mathcal{T}}}_\mathrm{a,p}\left(\boldsymbol{\mathcal{T}}_\mathrm{i,1}(\boldsymbol{a}, t_k), t_{k+1}\right) \quad \text{und} \tag{4.40a}$$

$$\widetilde{\boldsymbol{\mathcal{T}}}_\mathrm{p,2}(\boldsymbol{b}, t_{k+1}) = \widetilde{\boldsymbol{\mathcal{T}}}_\mathrm{a,p}\left(\boldsymbol{\mathcal{T}}_\mathrm{i,2}(\boldsymbol{b}, t_k), t_{k+1}\right) \tag{4.40b}$$

wird anschließend die Zerlegung durch die Präkonditionierung wieder aufgehoben (siehe Abbildung 4.6(c)). Die prädizierte zweite Mengendarstellung $\boldsymbol{\mathcal{T}}_{\mathrm{p},2}$ soll in Anlehnung an den IHO-Beobachter einen reinen Intervallvektor darstellen. Sie ergibt sich daher mit

$$[\boldsymbol{\beta}] = \mathrm{bd}\left(\widetilde{\boldsymbol{\mathcal{T}}}_{\mathrm{p},2}(\boldsymbol{b}, t_{k+1})\right) \tag{4.41}$$

zu

$$\boldsymbol{\mathcal{T}}_{\mathrm{p},2}(\boldsymbol{b}, t_{k+1}) = \widehat{\boldsymbol{\beta}} + \mathrm{diag}\left(\frac{\mathrm{w}([\boldsymbol{\beta}])}{2}\right) \boldsymbol{b}. \tag{4.42}$$

Damit ist der Prädiktionsschritt des TM-Beobachters im Prinzip abgeschlossen. Wie jedoch im folgenden Abschnitt 4.3.2 erläutert wird, ist es vorteilhaft, den Korrekturschritt auf Basis der getrennten Beschreibungen in Form des äußeren und des inneren Taylor-Modells durchzuführen. Daher wird die Präkonditionierung bereits am Ende des Prädiktionsschritts und nicht erst am Ende des Korrekturschritts durchgeführt.

Der nächste Präkonditionierungsschritt – also die erneute Zerlegung in ein äußeres und ein inneres Taylor-Modell – bildet damit den Abschluss des Prädiktionsschritts des TM-Beobachters (siehe Abbildung 4.6(d)). Dabei wird durch Zerlegung von $\boldsymbol{\mathcal{T}}_{\mathrm{p},1}$ ein neues, äußeres Taylor-Modell sowie ein zugehöriges inneres Taylor-Modell gemäß

$$\boldsymbol{\mathcal{T}}_{\mathrm{p},1}(\boldsymbol{a}, t_{k+1}) \subseteq \left(\boldsymbol{\mathcal{T}}_{\mathrm{a},\mathrm{p}} \circ \boldsymbol{\mathcal{T}}_{\mathrm{i},\mathrm{p},1}\right)(\boldsymbol{a}, t_{k+1}) \tag{4.43}$$

berechnet. Damit erhält man schließlich die prädizierte Zustandsmenge in präkonditionierter Form

$$\boldsymbol{\mathcal{X}}_{\mathrm{p}}(t_{k+1}) = \left(\boldsymbol{\mathcal{T}}_{\mathrm{a},\mathrm{p}} \circ \boldsymbol{\mathcal{T}}_{\mathrm{i},\mathrm{p},1}\right)(\boldsymbol{a}, t_{k+1}) \cap \boldsymbol{\mathcal{T}}_{\mathrm{p},2}(\boldsymbol{b}, t_{k+1}). \tag{4.44}$$

Sie wird im anschließenden Korrekturschritt mithilfe der neuen Messinformationen durch Einschließung einer Schnittmenge korrigiert.

Verbesserte Präkonditionierung

Zur Präkonditionierung wird im TM-Beobachter eine gegenüber [MB05] modifizierte Präkonditionierungsstrategie eingesetzt. Im Abschnitt 3.3.2 wurde anhand der Abbildung 3.8 deutlich, dass die Präkonditionierungsstrategie aus [MB05] zu einem unnötig großen äußeren Taylor-Modell und damit zu einer unnötigen Überapproximation im nächsten Zeitschritt führen kann, auch wenn gegebenenfalls auf eine QR-Zerlegung verzichtet wird. Dies ist unter anderem darauf zurückzuführen, dass das äußere Taylor-Modell ausschließlich durch Skalierung so vergrößert wird, dass es das ursprüngliche Taylor-Modell vollständig einschließt.

Lässt man jedoch neben der reinen Skalierung eine zusätzliche Verschiebung zu, so lassen sich damit im Allgemeinen engere äußere Taylor-Modelle und damit bessere Lösungseinschließungen erreichen. Ein zu großes äußeres Taylor-Modell entsteht dann nur noch durch die Überapproximation bei der Berechnung der Wertebereichseinschließung des inneren Taylor-Modells, die jedoch praktisch nicht zu vermeiden ist.

Der Ausgangspunkt ist, wie bei der Präkonditionierung nach [MB05], ein Taylor-Modell zum Zeitpunkt t_k in der Form (siehe auch Gleichung (3.101))

$$\boldsymbol{T}(\boldsymbol{a}, t_k) = \boldsymbol{c}(t_k) + \boldsymbol{C}(t_k)\boldsymbol{a} + \boldsymbol{\mathcal{N}}(\boldsymbol{a}, t_k) + \boldsymbol{\mathcal{I}}(t_k), \qquad (4.45)$$

das in einem ersten Schritt in das äußere Taylor-Modell

$$\widetilde{\boldsymbol{T}}_\mathrm{a}(\widetilde{\boldsymbol{a}}, t_k) = \boldsymbol{c}(t_k) + \boldsymbol{A}(t_k)\widetilde{\boldsymbol{a}} \qquad (4.46)$$

sowie das zugehörige innere Taylor-Modell

$$\widetilde{\boldsymbol{T}}_\mathrm{i}(\boldsymbol{a}, t_k) = \boldsymbol{A}^{-1}(t_k)\big(\boldsymbol{C}(t_k)\boldsymbol{a} + \boldsymbol{\mathcal{N}}(\boldsymbol{a}, t_k) + \boldsymbol{\mathcal{I}}(t_k)\big) \qquad (4.47)$$

zerlegt wird. Aufgrund der Zusammenfassung der Variablen $\boldsymbol{a_x}$, $\boldsymbol{a_u}$ und $\boldsymbol{a_z}$ in $\boldsymbol{a}$ gilt hier $\boldsymbol{C}(t_k) \in \mathbb{R}^{n \times (n+p+r)}$. Die Auswahl der für das äußere Taylor-Modell benötigten n Variablen – und damit die Wahl der Basismatrix $\boldsymbol{A}(t_k)$ – erfolgt hier wie im Prädiktionsschritt des IHO-Beobachters durch eine QR-Zerlegung mit Spaltenpivotisierung.

Im Prädiktionsschritt des IHO-Beobachters wurde die Spaltenpivotisierung zur Reduktion der Überapproximation durch Sortierung der Basisvektoren eingesetzt (vergleiche Abschnitt 4.2.1). In gleicher Weise wird nun eine QR-Zerlegung mit Spaltenpivotisierung

$$\boldsymbol{C}(t_k)\boldsymbol{P}(t_k) = \boldsymbol{QR} = \boldsymbol{Q} \cdot \begin{pmatrix} \boldsymbol{R}_1 & \boldsymbol{R}_2 \end{pmatrix} \qquad (4.48)$$

durchgeführt und die Basismatrix analog zum Prädiktionsschritt des IHO-Beobachters folgendermaßen gewählt (siehe auch Gleichung (4.13)):

$$\boldsymbol{A}(t_k) = \begin{cases} \boldsymbol{QR}_1 & \text{für } \kappa_\infty\left(\boldsymbol{QR}_1\right) \leq 10^3, \\ \boldsymbol{Q} & \text{sonst.} \end{cases} \qquad (4.49)$$

Damit wird sichergestellt, dass die Basismatrix stets hinreichend gut konditioniert ist, und dass gleichzeitig keine zu große Überapproximation auftritt. Im ersten Fall aus der Gleichung (4.49) wird die QR-Zerlegung ausschließlich zur Sortierung und Spaltenauswahl der Matrix $\boldsymbol{C}(t_k)$ verwendet. Nur bei zu schlechter Kondition wird tatsächlich die berechnete orthogonale Basis verwendet.

Anstelle einer reinen Skalierung (siehe Gleichungen (3.106) und (3.107)) wird nun aus der Wertebereichseinschließung

$$[\boldsymbol{\beta}] = \mathrm{bd}\left(\widetilde{\boldsymbol{\mathcal{T}}}_{\mathrm{i}}(\boldsymbol{a}, t_k)\right) \tag{4.50}$$

eine Skalierungsmatrix

$$\boldsymbol{S} = \mathrm{diag}\left(\frac{\mathrm{w}([\boldsymbol{\beta}])}{2}\right) \tag{4.51}$$

bestimmt und zusammen mit der Verschiebung um $\widehat{\boldsymbol{\beta}}$ zur Berechnung von äußerem und innerem Taylor-Modell herangezogen:

$$\boldsymbol{\mathcal{T}}_{\mathrm{a}}(\widetilde{\boldsymbol{a}}, t_k) = \boldsymbol{c}(t_k) + \boldsymbol{A}(t_k)\left(\boldsymbol{S}\widetilde{\boldsymbol{a}} + \widehat{\boldsymbol{\beta}}\right) = \boldsymbol{c}(t_k) + \boldsymbol{A}(t_k)\widehat{\boldsymbol{\beta}} + \boldsymbol{A}(t_k)\boldsymbol{S}\widetilde{\boldsymbol{a}}, \tag{4.52}$$

$$\boldsymbol{\mathcal{T}}_{\mathrm{i}}(\boldsymbol{a}, t_k) = \boldsymbol{S}^{-1}\boldsymbol{A}^{-1}(t_k)\left(\boldsymbol{C}(t_k)\boldsymbol{a} + \boldsymbol{\mathcal{N}}(\boldsymbol{a}, t_k) + \boldsymbol{\mathcal{I}}(t_k)\right) - \boldsymbol{S}^{-1}\widehat{\boldsymbol{\beta}}. \tag{4.53}$$

Da $[\boldsymbol{\beta}] \subseteq \boldsymbol{S}\widetilde{\boldsymbol{a}} + \widehat{\boldsymbol{\beta}}$ gilt, schließt das auf diese Art und Weise berechnete äußere Taylor-Modell das ursprüngliche Taylor-Modell vollständig ein. Wie man durch die Verkettung $\boldsymbol{\mathcal{T}}_{\mathrm{a}}\left(\boldsymbol{\mathcal{T}}_{\mathrm{i}}\right)$ leicht sieht, beschreiben das äußere und das innere Taylor-Modell – abgesehen von Rundungsfehlern und der Überapproximation im Intervallrest – dieselbe Zustandsmenge wie das ursprüngliche Taylor-Modell $\boldsymbol{\mathcal{T}}(\boldsymbol{a}, t_k)$.

Für ein beliebiges Intervall $[x] = [\underline{x}, \overline{x}]$ gilt mit $\underline{x} = \widehat{x} - \frac{1}{2}\mathrm{w}([x])$ und $\overline{x} = \widehat{x} + \frac{1}{2}\mathrm{w}([x])$

$$\mathrm{mag}([x]) = \max\left\{|\underline{x}|, |\overline{x}|\right\} \geq \frac{1}{2}\mathrm{w}([x]), \tag{4.54}$$

was anhand der Fallunterscheidung

$$\widehat{x} \geq 0: \quad \mathrm{mag}([x]) = \widehat{x} + \frac{1}{2}\mathrm{w}([x]) \geq \frac{1}{2}\mathrm{w}([x]), \tag{4.55}$$

$$\widehat{x} < 0: \quad \mathrm{mag}([x]) = -\widehat{x} + \frac{1}{2}\mathrm{w}([x]) > \frac{1}{2}\mathrm{w}([x]) \tag{4.56}$$

leicht einzusehen ist. Daher sind die Skalierungsfaktoren s_{ii} der hier vorgestellten verbesserten Präkonditionierungsstrategie bei minimal höherem Rechenaufwand meist kleiner und niemals größer als diejenigen der Präkonditionierung nach [MB05]. Das innere Taylor-Modell weist bei der modifizierten Präkonditionierung im Gegensatz zur Präkonditionierung nach [MB05] einen im Allgemeinen nicht verschwindenden konstanten Term auf, was jedoch keine Nachteile mit sich bringt. Anschaulich wird der Unterschied der beiden Präkonditionierungsstrategien anhand des folgenden Beispiels verdeutlicht.

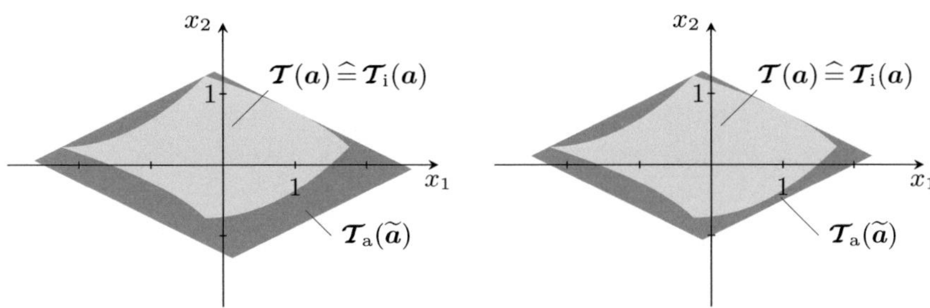

(a) Präkonditionierung nach [MB05] ohne QR-Zerlegung

(b) In dieser Arbeit verwendete verbesserte Präkonditionierung

Abbildung 4.7: Präkonditionierungsstrategien im Vergleich

Beispiel 4.2: Präkonditionierungsstrategien im Vergleich

Im Beispiel 3.4 wurde das Taylor-Modell

$$\boldsymbol{T}(\boldsymbol{a}) = \begin{pmatrix} a_1 - a_2 - \frac{1}{4}a_2^2 \\ \frac{1}{2}a_1 + \frac{1}{2}a_2 + \frac{1}{4}a_1^2 \end{pmatrix} = \begin{pmatrix} 0 \\ 0 \end{pmatrix} + \begin{pmatrix} 1 & -1 \\ \frac{1}{2} & \frac{1}{2} \end{pmatrix} \boldsymbol{a} + \begin{pmatrix} -\frac{1}{4}a_2^2 \\ +\frac{1}{4}a_1^2 \end{pmatrix}$$

ohne QR-Zerlegung in ein äußeres und ein inneres Taylor-Modell aufgespalten (siehe auch Abbildung 4.7(a)):

$$\boldsymbol{T}_{\mathrm{a}}(\widetilde{\boldsymbol{a}}) = \begin{pmatrix} \frac{5}{4}\widetilde{a}_1 - \frac{11}{8}\widetilde{a}_2 \\ \frac{5}{8}\widetilde{a}_1 + \frac{11}{16}\widetilde{a}_2 \end{pmatrix} \quad und \quad \boldsymbol{T}_{\mathrm{i}}(\boldsymbol{a}) = \begin{pmatrix} \frac{4}{5}a_1 + \frac{1}{5}a_1^2 - \frac{1}{10}a_2^2 \\ \frac{8}{11}a_2 + \frac{2}{11}a_1^2 + \frac{1}{11}a_2^2 \end{pmatrix}.$$

Mit der hier vorgestellten verbesserten Präkonditionierungsstrategie erhält man aus den Taylor-Modellen

$$\widetilde{\boldsymbol{T}}_{\mathrm{a}}(\widetilde{\boldsymbol{a}}) = \begin{pmatrix} \widetilde{a}_1 - \widetilde{a}_2 \\ \frac{1}{2}\widetilde{a}_1 + \frac{1}{2}\widetilde{a}_2 \end{pmatrix} \quad und \quad \widetilde{\boldsymbol{T}}_{\mathrm{i}}(\boldsymbol{a}) = \begin{pmatrix} a_1 + \frac{1}{4}a_1^2 - \frac{1}{8}a_2^2 \\ a_2 + \frac{1}{4}a_1^2 + \frac{1}{8}a_2^2 \end{pmatrix}$$

die folgende Wertebereichseinschließung $[\boldsymbol{\beta}]$ und damit die Verschiebung $\widehat{\boldsymbol{\beta}}$ und die Skalierungsmatrix $\boldsymbol{S}$:

$$[\boldsymbol{\beta}] = \mathrm{bd}\!\left(\widetilde{\boldsymbol{T}}_{\mathrm{i}}(\boldsymbol{a})\right) = \begin{pmatrix} \left[-\frac{9}{8}, \frac{5}{4}\right] \\ \left[-1, \frac{11}{8}\right] \end{pmatrix} \quad\Rightarrow\quad \widehat{\boldsymbol{\beta}} = \begin{pmatrix} \frac{1}{16} \\ \frac{3}{16} \end{pmatrix}, \; \boldsymbol{S} = \begin{pmatrix} \frac{19}{16} & 0 \\ 0 & \frac{19}{16} \end{pmatrix}.$$

Damit ergeben sich das äußere sowie das innere Taylor-Modell zu

$$\boldsymbol{T}_{\mathrm{a}}(\widetilde{\boldsymbol{a}}) = \begin{pmatrix} -\frac{1}{8} + \frac{19}{16}\widetilde{a}_1 - \frac{19}{16}\widetilde{a}_2 \\ \frac{1}{8} + \frac{19}{32}\widetilde{a}_1 + \frac{19}{32}\widetilde{a}_2 \end{pmatrix} \quad und \quad \boldsymbol{T}_{\mathrm{i}}(\boldsymbol{a}) = \begin{pmatrix} -\frac{1}{19} + \frac{16}{19}a_1 + \frac{4}{19}a_1^2 - \frac{2}{19}a_2^2 \\ -\frac{3}{19} + \frac{16}{19}a_2 + \frac{4}{19}a_1^2 + \frac{2}{19}a_2^2 \end{pmatrix}.$$

Das auf diese Art und Weise berechnete äußere Taylor-Modell stellt eine engere Einschließung des ursprünglichen Taylor-Modells dar als das durch reine Skalierung berechnete äußere Taylor-Modell (vergleiche Abbildung 4.7). Die verbleibende Überapproximation ist auf den Dependency-Effekt bei der Intervallauswertung zur Berechnung der Wertebereichseinschließung [β] zurückzuführen.

4.3.2 Korrektur der Lösungsmenge

Im Korrekturschritt wird mittels Einschließung des Durchschnitts der prädizierten Menge (siehe Gleichung (4.44)) und der Messmenge (siehe Gleichung (4.5)) eine Korrektur durchgeführt. Im Prädiktionsschritt wurde die Mengendarstellung $\mathcal{T}_{\mathrm{p},1}$ der prädizierten Zustandsmenge bereits durch Präkonditionierung in ein äußeres und ein inneres Taylor-Modell $\mathcal{T}_{\mathrm{a},\mathrm{p}}$ und $\mathcal{T}_{\mathrm{i},\mathrm{p},1}$ aufgespalten (siehe Gleichung (4.43)). Für den Korrekturschritt hat diese getrennte Beschreibung folgende Vorteile:

- Die prädizierte Zustandsmenge $\mathcal{X}_{\mathrm{p}}(t_{k+1})$ des TM-Beobachters (vergleiche Gleichung (4.44)) weist eine ähnliche Struktur auf wie die prädizierte Zustandsmenge des IHO-Beobachters (siehe Gleichung (4.8)). Damit kann zur Korrektur des äußeren Taylor-Modells $\mathcal{T}_{\mathrm{a},\mathrm{p}}$ und der zweiten Mengendarstellung $\mathcal{T}_{\mathrm{p},2}$ der bereits vom IHO-Beobachter bekannte Ansatz auf Basis des PIGS-Verfahrens verwendet werden (siehe Abbildung 4.8(a) und Abschnitt 4.2.2).

- Das prädizierte innere Taylor-Modell $\mathcal{T}_{\mathrm{i},\mathrm{p},1}$ wird im Anschluß daran separat verarbeitet (siehe Abbildung 4.8(b)). Treten dabei – beispielsweise durch Akkumulation von Unsicherheiten über einen gewissen Zeitraum – zu große Intervallreste auf, so kann das innere Taylor-Modell bei Bedarf auch verworfen werden. Damit lässt sich auf einfache Art und Weise das Problem eines trotz Präkonditionierung immer weiter anwachsenden Intervallrests lösen. In diesem Fall wird der nächste Zeitschritt ausschließlich auf Basis des korrigierten äußeren Taylor-Modells durchgeführt, was zwar einerseits eine gewisse Überapproximation bedeutet, andererseits aber den Abbruch der Zustandsmengenbeobachtung aufgrund eines zu großen Intervallrests verhindern kann.

Korrektur des äußeren Taylor-Modells

Das prädizierte äußere Taylor-Modell stellt aufgrund der im Abschnitt 4.3.1 erläuterten Konstruktionsvorschrift ein affines Taylor-Modell

$$\mathcal{T}_{\mathrm{a},\mathrm{p}}(\tilde{a}, t_{k+1}) = c_{\mathrm{p}}(t_{k+1}) + C_{\mathrm{p}}(t_{k+1})\tilde{a} \tag{4.57}$$

dar. Es weist mit dem Mittelpunktsvektor $\hat{x}_{\mathrm{p}}(t_{k+1}) = c_{\mathrm{p}}(t_{k+1}) \in \mathbb{R}^n$, der Basismatrix $A_{\mathrm{p}}(t_{k+1}) = C_{\mathrm{p}}(t_{k+1}) \in \mathbb{R}^{n \times n}$ und dem Intervallvektor $[r_{\mathrm{p}}(t_{k+1})] \in \mathbb{IR}^n$, der ge-

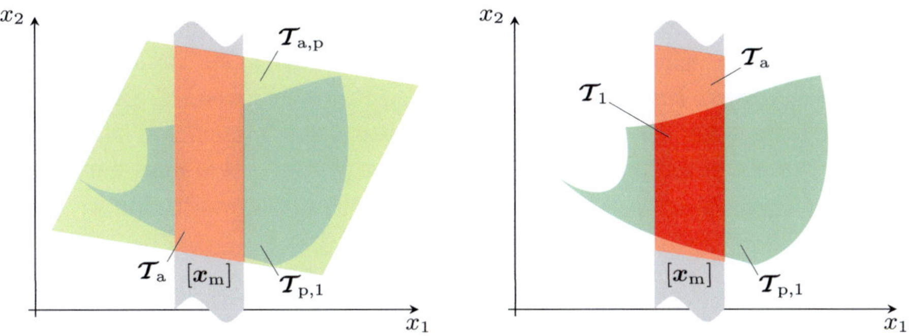

(a) Korrektur des äußeren Taylor-Modells   **(b)** Korrektur des inneren Taylor-Modells

Abbildung 4.8: Korrekturschritt des TM-Beobachters am Beispiel von $\mathcal{T}_1$

mäß $[\boldsymbol{r}_{\mathrm{p}}(t_{k+1})] = \mathcal{D}_{\widetilde{\boldsymbol{a}}} = [-1, 1] \times \cdots \times [-1, 1]$ den Definitionsbereich der Variablen $\widetilde{\boldsymbol{a}}$ des Taylor-Modells beschreibt, dieselbe Struktur wie die prädizierte transformierte Mengendarstellung des IHO-Beobachters $\widehat{\boldsymbol{x}}_{\mathrm{p}}(t_{k+1}) + \boldsymbol{A}_{\mathrm{p}}(t_{k+1})\,[\boldsymbol{r}_{\mathrm{p}}(t_{k+1})]$ auf. In gleicher Weise entspricht die zweite Mengendarstellung $\mathcal{T}_{\mathrm{p,2}}(\boldsymbol{b}, t_{k+1})$ dem reinen Intervallvektor $[\boldsymbol{x}_{\mathrm{p}}(t_{k+1})]$ des IHO-Beobachters (siehe auch Gleichung (4.8)).

Daher wird hier mithilfe der im Abschnitt 4.2.2 unter „Einschließung der Schnittmenge" beschriebenen Vorgehensweise (siehe Seiten 93 bis 97) eine möglichst enge Einschließung der Schnittmenge in der Form

$$\mathcal{X}_{\mathrm{s}}(t_{k+1}) = [\boldsymbol{x}_{\mathrm{s}}(t_{k+1})] \cap \left(\widehat{\boldsymbol{x}}_{\mathrm{s}}(t_{k+1}) + \boldsymbol{A}_{\mathrm{s}}(t_{k+1})\,[\boldsymbol{r}_{\mathrm{s}}(t_{k+1})]\right) \tag{4.58}$$

berechnet (siehe auch Gleichung (4.18)), wobei neben dem PIGS-Verfahren auch eine QR-Zerlegung mit Spaltenpivotisierung zur Bestimmung einer geeigneten Basismatrix $\boldsymbol{A}_{\mathrm{s}}(t_{k+1})$ zum Einsatz kommt.

Die Einschließung $\mathcal{X}_{\mathrm{s}}(t_{k+1})$ kann nun ohne weiteres wieder mittels Taylor-Modellen dargestellt werden. Mit der Darstellung

$$[\boldsymbol{r}_{\mathrm{s}}(t_{k+1})] = \widehat{\boldsymbol{r}}_{\mathrm{s}}(t_{k+1}) + \mathrm{diag}\left(\frac{\mathrm{w}([\boldsymbol{r}_{\mathrm{s}}(t_{k+1})])}{2}\right)\widetilde{\boldsymbol{a}} \tag{4.59}$$

des Intervallvektors $[\boldsymbol{r}_{\mathrm{s}}(t_{k+1})]$ als Taylor-Modell erhält man das äußere Taylor-Modell

$$\mathcal{T}_{\mathrm{a}}(\widetilde{\boldsymbol{a}}, t_{k+1}) = \underbrace{\widehat{\boldsymbol{x}}_{\mathrm{s}}(t_{k+1}) + \boldsymbol{A}_{\mathrm{s}}(t_{k+1})\widehat{\boldsymbol{r}}_{\mathrm{s}}(t_{k+1})}_{= \boldsymbol{c}(t_{k+1})} + \underbrace{\boldsymbol{A}_{\mathrm{s}}(t_{k+1})\mathrm{diag}\left(\frac{\mathrm{w}([\boldsymbol{r}_{\mathrm{s}}(t_{k+1})])}{2}\right)}_{= \boldsymbol{C}(t_{k+1})}\widetilde{\boldsymbol{a}}.$$

$$\tag{4.60}$$

Die zweite Mengendarstellung $\mathcal{T}_2$ wird analog zum IHO-Beobachter so gewählt, dass sie einen reinen Intervallvektor darstellt. Wie bereits im Abschnitt 4.3.1 erläutert wurde, muss diese Mengendarstellung jedoch als inneres Taylor-Modell $\mathcal{T}_{\mathrm{i},2}(\boldsymbol{b}, t_{k+1})$ passend zum äußeren Taylor-Modell $\mathcal{T}_{\mathrm{a}}(\widetilde{\boldsymbol{a}}, t_{k+1})$ formuliert werden, damit im nächsten Prädiktionsschritt das Einschließungsverfahren nur einmal auf Basis von $\mathcal{T}_{\mathrm{a}}$ durchgeführt werden muss (siehe auch Gleichung (4.39c)). Wie man durch die Verkettung $\mathcal{T}_{\mathrm{a}}\left(\mathcal{T}_{\mathrm{i},2}(\boldsymbol{b}, t_{k+1}), t_{k+1}\right)$ sieht, werden diese Anforderungen durch

$$\mathcal{T}_{\mathrm{i},2}(\boldsymbol{b}, t_{k+1}) = \boldsymbol{C}^{-1}(t_{k+1})\left(\mathrm{diag}\left(\frac{\mathrm{w}([\boldsymbol{x}_{\mathrm{s}}(t_{k+1})])}{2}\right)\boldsymbol{b} - \boldsymbol{A}_{\mathrm{s}}(t_{k+1})\widehat{\boldsymbol{r}}_{\mathrm{s}}(t_{k+1})\right) \quad (4.61)$$

erfüllt (siehe auch Gleichungen (4.39c) und (4.60)). An dieser Stelle muss darauf hingewiesen werden, dass der Wertebereich des Taylor-Modells $\mathcal{T}_{\mathrm{i},2}(\boldsymbol{b}, t_{k+1})$ nicht notwendigerweise vollständig in $[-1, 1] \times \cdots \times [-1, 1] \in \mathbb{IR}^{n}$ liegt, weswegen die Verkettung $\mathcal{T}_{\mathrm{a}}(\mathcal{T}_{\mathrm{i},2})$ kein auf dem gesamten Definitionsbereich von $\boldsymbol{b}$ gültiges Taylor-Modell liefert.

Anders ausgedrückt bedeutet dies, dass die im nächsten Prädiktionsschritt auf Basis von $\mathcal{T}_{\mathrm{a}}$ durchgeführte Lösungseinschließung nicht für die gesamte durch $\mathcal{T}_2$ beschriebene Zustandsmenge eine gültige Einschließung der Folgezustandsmenge darstellt, da $\mathcal{T}_2$ nicht vollständig von $\mathcal{T}_{\mathrm{a}}$ eingeschlossen wird. Bei der Verkettung kann der resultierende Intervallrest nur für den Teil der Zustandsmenge korrekt berechnet werden, der sowohl in $\mathcal{T}_{\mathrm{a}}$ als auch in $\mathcal{T}_2$ enthalten ist.

Im Rahmen der Zustandsmengenbeobachtung stellt dies jedoch keinen Fehler dar, da die Schnittmenge von prädizierter Menge und Messmenge sowohl in $\mathcal{T}_{\mathrm{a}}$ als auch in $\mathcal{T}_2$ vollständig enthalten ist. Damit sind die Anteile der durch $\mathcal{T}_2$ beschriebenen Zustandsmenge, die nicht durch $\mathcal{T}_{\mathrm{a}}$ abgedeckt werden, ausschließlich aufgrund der Überapproximation in $\mathcal{T}_2$ enthalten. Für den hier interessierenden Teil der Zustandsmenge, der sowohl in $\mathcal{T}_{\mathrm{a}}$ als auch in $\mathcal{T}_2$ enthalten ist, stellt das Ergebnis der Verkettung ein zulässiges Taylor-Modell dar.

Von der korrigierten Folgezustandsmenge in der Form (4.39a) als Ausgangspunkt des nächsten Prädiktionsschritts sind damit die Elemente $\mathcal{T}_{\mathrm{a}}$ und $\mathcal{T}_{\mathrm{i},2}$ bekannt. Das noch fehlende innere Taylor-Modell $\mathcal{T}_{\mathrm{i},1}$ wird wie im Folgenden beschrieben bestimmt.

Korrektur des inneren Taylor-Modells

Die Bestimmung des noch fehlenden inneren Taylor-Modells $\mathcal{T}_{\mathrm{i},1}$ wird hier mithilfe einer *partiellen Inversion* durchgeführt. Dieser im Rahmen dieser Arbeit entwickelte Ansatz unterscheidet sich deutlich von bereits in der Literatur existierenden Ansät-

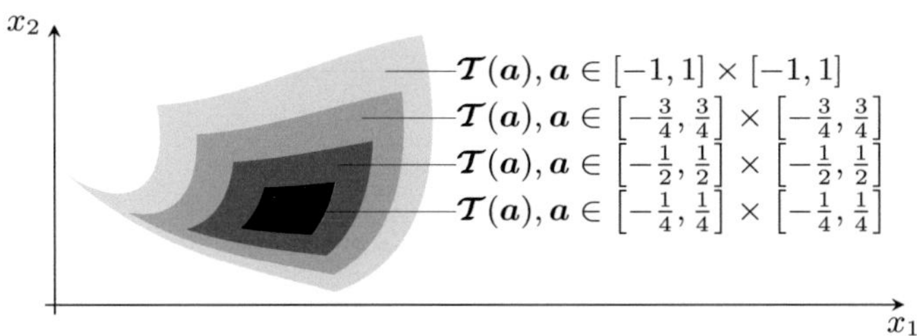

Abbildung 4.9: Einfluss des Wertebereichs der Variablen eines Taylor-Modells auf die Zustandsmenge

zen, bei denen meist ein Intervall-Newton-Verfahren[4] zur Korrektur der Zustandsmenge herangezogen wird (siehe beispielsweise [KRAH06]).

Beim Ansatz auf Basis des Intervall-Newton-Verfahrens wird versucht, den möglichen Wertebereich der Variablen des betrachteten Taylor-Modells mithilfe der verfügbaren Messinformationen einzuschränken. Betrachtet man die Variablen a_x, die die Ausdehnung der Anfangszustandsmenge beschreiben, so versucht man damit also, den Anfangszustand möglichst genau einzugrenzen. Aufgrund der üblicherweise in jedem Zeitschritt hinzukommenden Unsicherheiten ist dies jedoch oft nur eingeschränkt möglich.

Darüber hinaus wird die prinzipielle Form einer durch ein Taylor-Modell dargestellten Zustandsmenge im Wesentlichen durch die Koeffizienten des Polynomanteils und nicht durch den Wertebereich der enthaltenen Variablen bestimmt (vergleiche Abbildung 4.9). Daher kann durch eine bloße Einschränkung des Wertebereichs der Variablen im Allgemeinen keine hinreichend gute Einschließung des Durchschnitts von prädizierter Menge und Messmenge erzielt werden.

Aus diesen Gründen wird in dieser Arbeit ein alternativer Ansatz verfolgt. Das Ziel ist es, durch eine geeignete Wahl des Taylor-Modells $\mathcal{T}_{i,1}$ eine möglichst gute Einschließung der Schnittmenge zu erreichen. Dazu wird ein Teil der Variablen des prädizierten inneren Taylor-Modells $\mathcal{T}_{i,p,1}$ durch neue Variablen so ersetzt, dass sich der Durchschnitt aus prädizierter Menge und Messmenge mit dem resultierenden Taylor-Modell möglichst gut beschreiben lässt.

Das prädizierte innere Taylor-Modell $\mathcal{T}_{i,p,1}$ ergibt durch Verkettung mit dem prädizierten äußeren Taylor-Modell $\mathcal{T}_{a,p}$ (siehe Gleichung (4.57)) die prädizierte Zustandsmenge $\mathcal{T}_{p,1}$. Zur Darstellung der korrigierten Zustandsmenge wird jedoch das äußere Taylor-Modell $\mathcal{T}_a$ (siehe Gleichung (4.60)) verwendet, durch das ein ande-

---

[4]Ähnlich wie das PIGS-Verfahren eine Erweiterung des Gauß-Seidel-Verfahrens für Intervalle ist, stellt das Intervall-Newton-Verfahren eine Erweiterung des klassischen Newton-Verfahrens dar. Weitere Informationen sind beispielsweise in [JKDW01] zu finden.

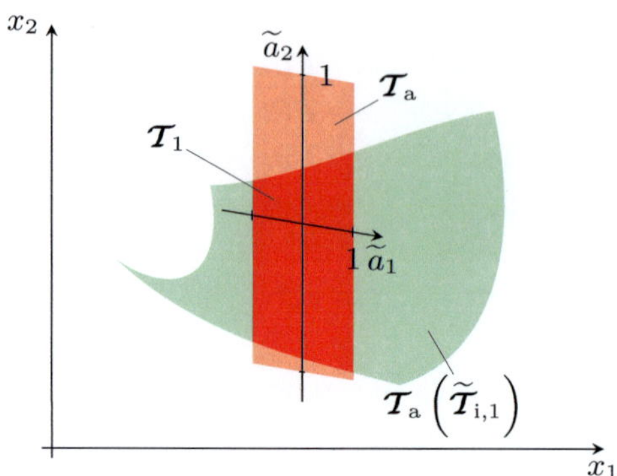

Abbildung 4.10: Korrektur des inneren Taylor-Modells

res transformiertes Koordinatensystem definiert wird als durch $\boldsymbol{T}_{\mathrm{a,p}}$. Zunächst wird daher $\boldsymbol{T}_{\mathrm{i,p,1}}$ in dieses neue Koordinatensystem transformiert:

$$\breve{\boldsymbol{T}}_{\mathrm{i,1}}(\boldsymbol{a}, t_{k+1}) = \boldsymbol{C}^{-1}(t_{k+1})\big(\boldsymbol{C}_{\mathrm{p}}(t_{k+1})\boldsymbol{T}_{\mathrm{i,p,1}}(\boldsymbol{a}, t_{k+1}) + \boldsymbol{c}_{\mathrm{p}}(t_{k+1}) - \boldsymbol{c}(t_{k+1})\big). \quad (4.62)$$

Abgesehen von Rundungsfehlern und einer möglichen Überapproximation im Intervallrest[5] beschreibt $\boldsymbol{T}_{\mathrm{a}}\left(\breve{\boldsymbol{T}}_{\mathrm{i,1}}\right)$ dieselbe Zustandsmenge wie $\boldsymbol{T}_{\mathrm{a,p}}\left(\boldsymbol{T}_{\mathrm{i,p,1}}\right)$ (siehe auch Abbildungen 4.10 beziehungsweise 4.8(b)).

Aufgrund der Präkonditionierung am Ende des Prädiktionsschritts, also der Zerlegung von $\boldsymbol{T}_{\mathrm{p,1}}$ in $\boldsymbol{T}_{\mathrm{a,p}} \circ \boldsymbol{T}_{\mathrm{i,p,1}}$, gilt für den Wertebereich des prädizierten inneren Taylor-Modells $\mathrm{bd}(\boldsymbol{T}_{\mathrm{i,p,1}}) \subseteq [-1,1] \times \cdots \times [-1,1] \in \mathbb{IR}^{n}$. Da das korrigierte äußere Taylor-Modell $\boldsymbol{T}_{\mathrm{a}}$ jedoch aufgrund der Berücksichtigung der Messinformationen im Gegensatz zu $\boldsymbol{T}_{\mathrm{a,p}}$ die prädizierte Zustandsmenge $\boldsymbol{T}_{\mathrm{p,1}}$ nicht vollständig einschließt, ist die Bedingung $\mathrm{bd}\left(\breve{\boldsymbol{T}}_{\mathrm{i,1}}\right) \subseteq [-1,1] \times \cdots \times [-1,1] \in \mathbb{IR}^{n}$ nicht mehr erfüllt.

Die Idee ist nun, gerade diejenigen Elemente des vektoriellen Taylor-Modells $\breve{\boldsymbol{T}}_{\mathrm{i,1}}$ durch neue skalare Taylor-Modelle zu ersetzen, deren Wertebereich nicht mehr vollständig in $[-1,1]$ enthalten ist. Für das Beispiel in der Abbildung 4.10 bedeutet dies, dass das Taylor-Modell, das die Ausdehnung in $\widetilde{a}_2$-Richtung beschreibt, beibehalten wird, wohingegen das Taylor-Modell, das für die Ausdehnung in $\widetilde{a}_1$-Richtung über die Messmenge hinaus verantwortlich ist, durch ein neues Taylor-Modell ersetzt wird.

Im Interesse einer übersichtlicheren Darstellung wird für die folgenden Ausführungen angenommen, dass gerade die ersten j Elemente des vektoriellen Taylor-Modells $\breve{\boldsymbol{T}}_{\mathrm{i,1}}$

---

[5]An dieser Stelle sei nochmals darauf hingewiesen, dass die Rundungsfehler sowie die Überapproximation im Intervallrest bei der Durchführung dieser Berechnungen natürlich berücksichtigt werden, sodass streng genommen $\boldsymbol{T}_{\mathrm{a,p}}\left(\boldsymbol{T}_{\mathrm{i,p,1}}\right) \subseteq \boldsymbol{T}_{\mathrm{a}}\left(\breve{\boldsymbol{T}}_{\mathrm{i,1}}\right)$ gilt.

diejenigen sind, deren Wertebereich nicht vollständig in $[-1, 1]$ liegt. Das Taylor-Modell $\breve{\boldsymbol{T}}_{\mathrm{i},1}$ und damit auch die Variablen $\tilde{\boldsymbol{a}}$ werden demnach gemäß

$$\breve{\boldsymbol{T}}_{\mathrm{i},1}(\boldsymbol{a}, t_{k+1}) = \begin{pmatrix} \breve{\boldsymbol{T}}_{\mathrm{i},1}^{\triangle}(\boldsymbol{a}, t_{k+1}) \\ \breve{\boldsymbol{T}}_{\mathrm{i},1}^{\triangledown}(\boldsymbol{a}, t_{k+1}) \end{pmatrix} = \begin{pmatrix} \breve{\boldsymbol{P}}_{\mathrm{i},1}^{\triangle}(\boldsymbol{a}, t_{k+1}) + \breve{\boldsymbol{I}}_{\mathrm{i},1}^{\triangle}(t_{k+1}) \\ \breve{\boldsymbol{P}}_{\mathrm{i},1}^{\triangledown}(\boldsymbol{a}, t_{k+1}) + \breve{\boldsymbol{I}}_{\mathrm{i},1}^{\triangledown}(t_{k+1}) \end{pmatrix} = \begin{pmatrix} \tilde{\boldsymbol{a}}^{\triangle} \\ \tilde{\boldsymbol{a}}^{\triangledown} \end{pmatrix} \quad (4.63)$$

so aufgeteilt, dass

$$\mathrm{bd}\left(\breve{\boldsymbol{T}}_{\mathrm{i},1}^{\triangle}\right) \not\subseteq [-1, 1] \times \cdots \times [-1, 1] \in \mathrm{I\!R}^{j} \ \text{ und} \quad (4.64\mathrm{a})$$

$$\mathrm{bd}\left(\breve{\boldsymbol{T}}_{\mathrm{i},1}^{\triangledown}\right) \subseteq [-1, 1] \times \cdots \times [-1, 1] \in \mathrm{I\!R}^{n-j} \quad (4.64\mathrm{b})$$

gilt. Nun wird $\breve{\boldsymbol{T}}_{\mathrm{i},1}^{\triangle}(\boldsymbol{a}, t_{k+1})$ durch das Taylor-Modell

$$\boldsymbol{T}_{\mathrm{i},1}^{\triangle}\left(\tilde{\boldsymbol{a}}^{\triangle}, t_{k+1}\right) = \tilde{\boldsymbol{a}}^{\triangle} \quad (4.65)$$

ersetzt. Anschaulich bedeutet dies, dass damit bei der Verkettung von äußerem und innerem Taylor-Modell nur diejenigen Variablen des äußeren Taylor-Modells durch die zugehörigen Elemente des inneren Taylor-Modells ersetzt werden, deren Wertebereich in $[-1, 1]$ liegt und deren Berücksichtigung daher eine insgesamt kleinere Zustandsmenge bewirkt. Die übrigen Variablen des äußeren Taylor-Modells bleiben bei dieser Verkettung unverändert.
Für das Beispiel in der Abbildung 4.10 heißt das, dass in $\tilde{a}_2$-Richtung – im Gegensatz zur $\tilde{a}_1$-Richtung – durch Beibehaltung des entsprechenden Elements von $\breve{\boldsymbol{T}}_{\mathrm{i},1}$ eine Verbesserung im Sinne einer Verkleinerung der Zustandsmenge erzielt werden kann.

Da jedoch in $\breve{\boldsymbol{T}}_{\mathrm{i},1}^{\triangledown}$ im Allgemeinen alle $n + p + r$ Elemente von $\boldsymbol{a}$ als Variablen vorkommen, kann das gesuchte innere Taylor-Modell $\boldsymbol{T}_{\mathrm{i},1}$ nicht direkt aus $\boldsymbol{T}_{\mathrm{i},1}^{\triangle}$ und $\breve{\boldsymbol{T}}_{\mathrm{i},1}^{\triangledown}$ gebildet werden, ohne dabei die Anzahl der Variablen zu vergrößern. Hier kommt nun der Ansatz der partiellen Inversion ins Spiel, dessen Grundprinzip anhand der Gleichungen (4.63) und (4.65) verdeutlicht werden kann: Zunächst wird die Gleichung

$$\tilde{\boldsymbol{a}}^{\triangle} = \breve{\boldsymbol{T}}_{\mathrm{i},1}^{\triangle}(\boldsymbol{a}, t_{k+1}) = \breve{\boldsymbol{T}}_{\mathrm{i},1}^{\triangle}\left(\boldsymbol{a}^{\triangle}, \boldsymbol{a}^{\triangledown}, t_{k+1}\right) \quad (4.66)$$

nach einem Teil der in

$$\boldsymbol{a} = \begin{pmatrix} \boldsymbol{a}^{\triangle} \\ \boldsymbol{a}^{\triangledown} \end{pmatrix} \quad (4.67)$$

enthaltenen Variablen aufgelöst. Wie im Fall der Aufteilung von $\breve{\boldsymbol{T}}_{\mathrm{i},1}$ nach Gleichung (4.63) wird für die folgenden Ausführungen davon ausgegangen, dass gerade nach den ersten j Elementen $\boldsymbol{a}^{\triangle}$ aufgelöst werden soll. Die geeignete Aufteilung der Elemente von $\boldsymbol{a} \in \mathbb{R}^{n+p+r}$ gemäß (4.67) wird im Folgenden noch genauer erläutert.

Setzt man dann die berechnete partielle Inverse in $\breve{\boldsymbol{T}}_{\mathrm{i},1}^{\triangledown}(\boldsymbol{a}, t_{k+1}) = \breve{\boldsymbol{T}}_{\mathrm{i},1}^{\triangledown}(\boldsymbol{a}^{\triangle}, \boldsymbol{a}^{\triangledown}, t_{k+1})$ ein, so kann das Ergebnis ausschließlich mithilfe von $\widetilde{\boldsymbol{a}}^{\triangle} \in \mathbb{R}^{j}$ und $\boldsymbol{a}^{\triangledown} \in \mathbb{R}^{(n+p+r-j)}$ ausgedrückt werden.

Die Verkettung der partiellen Inversen mit der ursprünglichen Abbildung $\breve{\boldsymbol{T}}_{\mathrm{i},1}^{\triangle}$ ergibt offensichtlich ein Taylor-Modell der Identität (siehe Gleichung (4.65)), sodass durch diese Vorgehensweise tatsächlich das gewünschte Ergebnis erzielt werden kann:

$$\boldsymbol{T}_{\mathrm{i},1}\left(\widetilde{\boldsymbol{a}}^{\triangle}, \boldsymbol{a}^{\triangledown}, t_{k+1}\right) = \begin{pmatrix} \boldsymbol{T}_{\mathrm{i},1}^{\triangle}\left(\widetilde{\boldsymbol{a}}^{\triangle}, t_{k+1}\right) \\ \boldsymbol{T}_{\mathrm{i},1}^{\triangledown}\left(\widetilde{\boldsymbol{a}}^{\triangle}, \boldsymbol{a}^{\triangledown}, t_{k+1}\right) \end{pmatrix} = \begin{pmatrix} \widetilde{\boldsymbol{a}}^{\triangle} \\ \boldsymbol{T}_{\mathrm{i},1}^{\triangledown}\left(\widetilde{\boldsymbol{a}}^{\triangle}, \boldsymbol{a}^{\triangledown}, t_{k+1}\right) \end{pmatrix}. \tag{4.68}$$

Da jedoch $\breve{\boldsymbol{T}}_{\mathrm{i},1}^{\triangle}$ neben einem möglicherweise nicht exakt invertierbaren Polynomanteil auch noch einen Intervallrest enthält, erfordert die konkrete Umsetzung des gerade erläuterten Grundprinzips noch zusätzliche Schritte, die im Folgenden detailliert erläutert werden. Dabei wird aus Gründen der Übersichtlichkeit das Argument Zeit (t_{k+1}) nicht jedesmal explizit angegeben.

Um $\breve{\boldsymbol{T}}_{\mathrm{i},1}^{\triangle}(\boldsymbol{a}) = \breve{\boldsymbol{P}}_{\mathrm{i},1}^{\triangle}(\boldsymbol{a}) + \breve{\boldsymbol{\mathcal{I}}}_{\mathrm{i},1}^{\triangle}$ ohne zu großen Fehler durch $\boldsymbol{T}_{\mathrm{i},1}^{\triangle}\left(\widetilde{\boldsymbol{a}}^{\triangle}\right) = \widetilde{\boldsymbol{a}}^{\triangle}$ ersetzen zu können (siehe auch Gleichungen (4.63) und (4.65)), wird zunächst eine nichtlineare Koordinatentransformation

$$\boldsymbol{a}^{\triangle} = \boldsymbol{\mathcal{P}}_{\mathrm{inv}}\left(\boldsymbol{a}', \boldsymbol{a}^{\triangledown}\right) \tag{4.69}$$

so gesucht, dass

$$\breve{\boldsymbol{P}}_{\mathrm{i},1}^{\triangle}\left(\boldsymbol{\mathcal{P}}_{\mathrm{inv}}\left(\boldsymbol{a}', \boldsymbol{a}^{\triangledown}\right), \boldsymbol{a}^{\triangledown}\right) \approx \boldsymbol{a}' \tag{4.70}$$

gilt. Die nichtlineare Transformation (4.69) wird wie im Folgenden erläutert iterativ so berechnet, dass $\boldsymbol{\mathcal{P}}_{\mathrm{inv}}$ das Taylor-Polynom ℓ-ter Ordnung der (partiellen) Inversen von $\breve{\boldsymbol{P}}_{\mathrm{i},1}^{\triangle}$ darstellt. Auf die Behandlung eines nicht oder nicht exakt invertierbaren Polynomanteils $\breve{\boldsymbol{P}}_{\mathrm{i},1}^{\triangle}$ wird dabei ebenfalls noch genauer eingegangen. Um deutlich zu kennzeichnen, dass es sich zunächst nur um eine Näherung handelt, wurden hier die neuen Variablen mit $\boldsymbol{a}'$ anstelle von $\widetilde{\boldsymbol{a}}^{\triangle}$ bezeichnet.

In [Hoe01] wurde eine Möglichkeit zur iterativen Berechnung von *inversen Taylor-Modellen* vorgestellt. In abgewandelter Form lässt sich diese Vorgehensweise auch für die hier benötigte partielle Inversion einsetzen, indem die bei der partiellen Inversion beizubehaltenden Variablen als Konstanten betrachtet werden. Dazu wird der Polynomanteil $\breve{\boldsymbol{P}}_{\mathrm{i},1}^{\triangle}$ des Taylor-Modells $\breve{\boldsymbol{T}}_{\mathrm{i},1}^{\triangle}$ gemäß

$$\breve{\boldsymbol{P}}_{\mathrm{i},1}^{\triangle}\left(\boldsymbol{a}^{\triangle}, \boldsymbol{a}^{\triangledown}\right) = \boldsymbol{c}\left(\boldsymbol{a}^{\triangledown}\right) + \underbrace{\left(\boldsymbol{C}_1 \quad \boldsymbol{C}_2\right)}_{=\boldsymbol{CP}} \begin{pmatrix} \boldsymbol{a}^{\triangle} \\ \boldsymbol{a}^{\triangledown} \end{pmatrix} + \boldsymbol{\mathcal{N}}\left(\boldsymbol{a}^{\triangle}, \boldsymbol{a}^{\triangledown}\right) \tag{4.71}$$

in einen bezüglich $a^\triangle$ konstanten Anteil $c\,(a^\triangledown)$, der neben einem konstanten Anteil c auch die ausschließlich nichtlinear von $a^\triangledown$ abhängigen Terme enthält, den linearen Teil $C_1 a^\triangle + C_2 a^\triangledown$ und den nichtlinearen Rest $\mathcal{N}\,(a^\triangle, a^\triangledown)$ zerlegt.

Zur Aufteilung der Variablen $a \in \mathbb{R}^{(n+p+r)}$ in den Anteil $a^\triangle \in \mathbb{R}^j$, nach dem aufgelöst werden soll, und die restlichen Variablen $a^\triangledown \in \mathbb{R}^{(n+p+r-j)}$, die unverändert beibehalten werden sollen, wird in dieser Arbeit die QR-Zerlegung mit Spaltenpivotisierung (siehe auch Anhang A.1) auf die Matrix $C \in \mathbb{R}^{n \times (n+p+r)}$ angewendet:

$$CP = QR = \begin{pmatrix} QR_1 & QR_2 \end{pmatrix} = \begin{pmatrix} C_1 & C_2 \end{pmatrix} \tag{4.72}$$

Durch die Spaltenpivotisierung werden die Spaltenvektoren von C auf Basis der Euklidischen Norm absteigend sortiert. Dies kann auch als absteigende Sortierung nach dem Einfluss der zugehörigen Variablen des linearen Anteils des Taylor-Modells interpretiert werden. Dadurch wird also stets nach den Variablen $a^\triangle$ des Polynomanteils aufgelöst, die – bezüglich des linearen Anteils – den größten Einfluss auf die Zustandsmenge haben. Damit ist zu erwarten, dass die partielle Inverse als nichtlineare Koordinatentransformation schließlich zu einer möglichst guten Einschließung der Schnittmenge führt.

Die gesuchte nichtlineare Koordinatentransformation $\mathcal{P}_{\mathrm{inv}}$ erhält man dann aus

$$\mathcal{P}_{\mathrm{inv}}\left(a', a^\triangledown\right) = \mathcal{P}_{\mathrm{inv}}^{(\ell+1)}\left(a' - c\left(a^\triangledown\right) - C_2 a^\triangledown, a^\triangledown\right). \tag{4.73}$$

Das Polynom $\mathcal{P}_{\mathrm{inv}}^{(\ell+1)}$ wird durch $\ell+1$-malige Ausführung der Iterationsvorschrift

$$\mathcal{P}_{\mathrm{inv}}^{(i)}\left(a', a^\triangledown\right) = C_1^{-1}\left(a' - \mathcal{N}\left(\mathcal{P}_{\mathrm{inv}}^{(i-1)}\left(a', a^\triangledown\right), a^\triangledown\right)\right) \tag{4.74}$$

mit dem Startpolynom $\mathcal{P}_{\mathrm{inv}}^{(0)}\left(a', a^\triangledown\right) = a'$ gewonnen. Wie die Iteration mit dem Integraloperator aus dem Abschnitt 3.3 zur Berechnung des Polynomanteils des prädizierten Taylor-Modells konvergiert diese Iterationsvorschrift in maximal $\ell + 1$ Schritten (siehe auch [Hoe01]). Sie kann stets durchgeführt werden, führt jedoch im Fall eines nicht invertierbaren Taylor-Modells (4.66) zu einem großen Fehler, der entsprechend berücksichtigt werden muss.

Das Taylor-Modell $\widecheck{\mathcal{T}}_{\mathrm{i},1}$ wird nun mittels $\mathcal{P}_{\mathrm{inv}}$ transformiert:

$$\widecheck{\mathcal{T}}_{\mathrm{i},1}\left(\mathcal{P}_{\mathrm{inv}}\left(a', a^\triangledown\right), a^\triangledown\right) = \begin{pmatrix} \widecheck{\mathcal{P}}_{\mathrm{i},1}^{\triangle}\left(\mathcal{P}_{\mathrm{inv}}\left(a', a^\triangledown\right), a^\triangledown\right) + \widecheck{\mathcal{I}}_{\mathrm{i},1}^{\triangle} \\ \widecheck{\mathcal{P}}_{\mathrm{i},1}^{\triangledown}\left(\mathcal{P}_{\mathrm{inv}}\left(a', a^\triangledown\right), a^\triangledown\right) + \widecheck{\mathcal{I}}_{\mathrm{i},1}^{\triangledown} \end{pmatrix}. \tag{4.75}$$

Aufgrund der Gleichung (4.70) lässt sich der obere Teil dieser Gleichung gemäß

$$\widecheck{\mathcal{P}}_{\mathrm{i},1}^{\triangle}\left(\mathcal{P}_{\mathrm{inv}}\left(a', a^\triangledown\right), a^\triangledown\right) + \widecheck{\mathcal{I}}_{\mathrm{i},1}^{\triangle} = a' + \mathcal{I} \tag{4.76}$$

darstellen, wobei der Intervallrest $\mathcal{I}$ sowohl den Intervallrest $\breve{\mathcal{I}}_{\mathrm{i},1}^{\triangle}$ als auch den Fehler der näherungsweisen Transformation einschließt. Mit der Forderung

$$a' + \mathcal{I} \overset{!}{=} \tilde{a}^{\triangle} \Rightarrow a' = \tilde{a}^{\triangle} - \mathcal{I} \tag{4.77}$$

kann nun $\mathcal{T}_{\mathrm{i},1}^{\triangle}(\tilde{a}^{\triangle}) = \tilde{a}^{\triangle}$ gesetzt werden (vergleiche Gleichung (4.65)). Weiterhin wird

$$\mathcal{T}_{\mathrm{i},1}^{\triangledown}(\tilde{a}^{\triangle}, a^{\triangledown}) = \breve{\mathcal{P}}_{\mathrm{i},1}^{\triangledown}\left(\mathcal{P}_{\mathrm{inv}}\left(\tilde{a}^{\triangle} - \mathcal{I}, a^{\triangledown}\right), a^{\triangledown}\right) + \breve{\mathcal{I}}_{\mathrm{i},1}^{\triangledown} \tag{4.78}$$

so berechnet, dass der Durchschnitt von prädiziertem innerem Taylor-Modell und Messmenge durch

$$\mathcal{T}_{\mathrm{i},1}(a, t_{k+1}) = \begin{pmatrix} \mathcal{T}_{\mathrm{i},1}^{\triangle}(a, t_{k+1}) \\ \mathcal{T}_{\mathrm{i},1}^{\triangledown}(a, t_{k+1}) \end{pmatrix} = \begin{pmatrix} \mathcal{P}_{\mathrm{i},1}^{\triangle}(a, t_{k+1}) \\ \mathcal{P}_{\mathrm{i},1}^{\triangledown}(a, t_{k+1}) + \mathcal{I}_{\mathrm{i},1}^{\triangledown}(t_{k+1}) \end{pmatrix} \tag{4.79}$$

garantiert eingeschlossen wird. Die neuen Variablen $\tilde{a}^{\triangle}$ wurden dabei lediglich umbenannt und zusammen mit den beibehaltenen Variablen $a^{\triangledown}$ wieder in a zusammengefasst.

Während $\mathcal{T}_{\mathrm{i},1}^{\triangle}$ aufgrund der beschriebenen Vorgehensweise einen verschwindenden Intervallrest aufweist, kann der Intervallrest von $\mathcal{T}_{\mathrm{i},1}^{\triangledown}$ relativ groß sein. Dies kann beispielsweise durch Akkumulation von Rundungsfehlern und Restgliedern über einen längeren Zeitraum oder auch durch einen großen Fehler aufgrund einer möglicherweise schlechten Invertierbarkeit bei der Korrektur des inneren Taylor-Modells bedingt sein.

Da ein zu großer Intervallrest jedoch die Lösungseinschließung im nächsten Prädiktionsschritt erschweren oder gar verhindern kann, wird im TM-Beobachter in diesem Fall das berechnete innere Taylor-Modell verworfen und durch

$$\mathcal{T}_{\mathrm{i},1}(a, t_{k+1}) = a \tag{4.80}$$

ersetzt. Dies bedeutet, dass im nächsten Schritt ausschließlich auf Basis des korrigierten äußeren Taylor-Modells weitergerechnet wird. Die Einschließung der Zustandsmenge mittels des konvexen äußeren Taylor-Modells bedeutet zwar eine Überapproximation, die jedoch im Gegensatz zu einem unkontrolliert anwachsenden Intervallrest weniger problematisch ist, zumal sie nur bei Bedarf und nicht in jedem Zeitschritt durchgeführt wird. Als guter Kompromiss zwischen erzielbarer Genauigkeit und Rechenaufwand hat sich in dieser Arbeit der Schwellwert

$$\vartheta = \frac{\mathrm{w}\left(\mathcal{I}_{\mathrm{i},1}^{\triangledown}(t_{k+1})\right)}{\mathrm{w}\left(\mathrm{bd}\left(\mathcal{T}_{\mathrm{i},1}^{\triangledown}(a, t_{k+1})\right)\right)} = 0{,}05 \tag{4.81}$$

erwiesen. Das berechnete innere Taylor-Modell wird also verworfen, sobald der Intervallrest $\mathcal{I}_{\mathrm{i},1}^{\triangledown}(t_{k+1})$ mehr als 5% der gesamten Ausdehnung von $\mathcal{T}_{\mathrm{i},1}^{\triangledown}(a, t_{k+1})$ ausmacht.

Damit ist insgesamt die Beschreibung der konsistenten Zustandsmenge

$$\mathcal{X}(t_{k+1}) = \mathcal{T}_1(a, t_{k+1}) \cap \mathcal{T}_2(b, t_{k+1}) \text{ mit} \tag{4.82a}$$

$$\mathcal{T}_1(a, t_{k+1}) = (\mathcal{T}_{\mathrm{a}} \circ \mathcal{T}_{\mathrm{i},1})(a, t_{k+1}) \text{ und} \tag{4.82b}$$

$$\mathcal{T}_2(b, t_{k+1}) = (\mathcal{T}_{\mathrm{a}} \circ \mathcal{T}_{\mathrm{i},2})(b, t_{k+1}) \tag{4.82c}$$

mit $\mathcal{T}_{\mathrm{a}}$ aus der Gleichung (4.60), $\mathcal{T}_{\mathrm{i},2}$ aus der Gleichung (4.61) und $\mathcal{T}_{\mathrm{i},1}$ aus der Gleichung (4.79) oder der Gleichung (4.80) bekannt. Der Korrekturschritt des TM-Beobachters ist damit abgeschlossen. Für den nächsten Zeitschritt können die Schritte Prädiktion und Korrektur analog zur hier beschriebenen Vorgehensweise wiederholt werden, sodass die Aufgabe der Zustandsmengenbeobachtung mittels des TM-Beobachters insgesamt iterativ gelöst wird.

Abschließend wird der Korrekturschritt des TM-Beobachters nochmals anhand des folgenden, einfachen Beispiels verdeutlicht.

Beispiel 4.3: Korrekturschritt des TM-Beobachters

Gegeben sei das prädizierte Taylor-Modell in präkonditionierter Form

$$\mathcal{T}_{\mathrm{p}}(a) = \begin{pmatrix} 2a_1 - a_2 - \frac{1}{4}a_2^2 \\ \frac{1}{2}a_1 + \frac{1}{2}a_2 + \frac{1}{4}a_1^2 \end{pmatrix} = (\mathcal{T}_{\mathrm{a,p}} \circ \mathcal{T}_{\mathrm{i,p}})(a)$$

mit

$$\mathcal{T}_{\mathrm{a,p}}(\widetilde{a}) = \begin{pmatrix} -\frac{1}{8} + \frac{9}{4}\widetilde{a}_1 - \frac{29}{24}\widetilde{a}_2 \\ \frac{1}{8} + \frac{9}{16}\widetilde{a}_1 + \frac{29}{48}\widetilde{a}_2 \end{pmatrix} \quad \text{und} \quad \mathcal{T}_{\mathrm{i,p}}(a) = \begin{pmatrix} -\frac{1}{27} + \frac{8}{9}a_1 + \frac{4}{27}a_1^2 - \frac{2}{27}a_2^2 \\ -\frac{5}{29} + \frac{24}{29}a_2 + \frac{8}{29}a_1^2 + \frac{2}{29}a_2^2 \end{pmatrix},$$

das mithilfe der Messmenge $\mathcal{X}_{\mathrm{m}} = \left([-1, 0] \quad [-\infty, \infty]\right)^{\mathrm{T}}$ korrigiert werden soll (siehe Abbildung 4.11). Die Korrektur des äußeren Taylor-Modells wird wie im IHO-Beobachter durch Wahl einer geeigneten Basismatrix mithilfe der QR-Zerlegung sowie mit dem PIGS-Verfahren durchgeführt. Das Ergebnis wird wieder als Taylor-Modell dargestellt und lautet hier

$$\mathcal{T}_{\mathrm{a}}(\widetilde{a}) = \begin{pmatrix} -\frac{1}{2} + \frac{1}{2}\widetilde{a}_1 \\ \frac{1}{32} + \frac{1}{8}\widetilde{a}_1 + \frac{29}{32}\widetilde{a}_2 \end{pmatrix}.$$

Zur Berechnung des zugehörigen inneren Taylor-Modells wird das prädizierte innere Taylor-Modell zunächst bezüglich des durch $\mathcal{T}_{\mathrm{a}}$ definierten Koordinatensys-

tems dargestellt:

$$\breve{\boldsymbol{T}}_{\mathrm{i}}(\boldsymbol{a}) = \begin{pmatrix} 1 + 4a_1 - 2a_2 - \frac{1}{2}a_2^2 \\ -\frac{5}{29} + \frac{24}{29}a_2 + \frac{8}{29}a_1^2 + \frac{2}{29}a_2^2 \end{pmatrix} = \begin{pmatrix} \breve{\boldsymbol{T}}_{\mathrm{i}}^{\Delta}(\boldsymbol{a}) \\ \breve{\boldsymbol{T}}_{\mathrm{i}}^{\nabla}(\boldsymbol{a}) \end{pmatrix}.$$

Es ist offensichtlich, dass für $\boldsymbol{D_a} \in [-1,1] \times [-1,1]$

$$\mathrm{bd}\!\left(\breve{\boldsymbol{T}}_{\mathrm{i}}^{\Delta}\right) \notin [-1,1]$$

gilt. Daher soll $\breve{\boldsymbol{T}}_{\mathrm{i}}^{\Delta}$ durch das einfachere Taylor-Modell $\boldsymbol{T}_{\mathrm{i}}(\widetilde{a}_1) = \widetilde{a}_1$ ersetzt werden. Zusammen mit $\breve{\boldsymbol{T}}_{\mathrm{i}}^{\nabla}$ ergäbe sich jedoch insgesamt ein Taylor-Modell, das von den drei Variablen $\widetilde{a}_1$, a_1 und a_2 abhängt. Durch eine partielle Inversion von $\breve{\boldsymbol{T}}_{\mathrm{i}}^{\Delta}$ kann jedoch eine dieser Variablen mithilfe der übrigen Variablen ausgedrückt werden.

Löst man die Gleichung $\widetilde{a}_1 = \breve{\boldsymbol{T}}_{\mathrm{i}}^{\Delta}$ gemäß

$$\widetilde{a}_1 = 1 + 4a_1 - 2a_2 - \tfrac{1}{2}a_2^2 \quad \Leftrightarrow \quad a_1 = -\tfrac{1}{4} + \tfrac{1}{2}a_2 + \tfrac{1}{4}\widetilde{a}_1 + \tfrac{1}{8}a_2^2$$

nach a_1 auf, was in diesem Fall exakt – und daher ohne Intervallrest – möglich ist, und setzt das Ergebnis in $\breve{\boldsymbol{T}}_{\mathrm{i}}^{\nabla}$ ein, so ergibt sich

$$\begin{aligned} \boldsymbol{T}_{\mathrm{i}}^{\nabla}(\widetilde{a}_1, a_2) &= -\tfrac{5}{29} + \tfrac{2}{29}a_2^2 + \tfrac{24}{29}a_2 + \tfrac{8}{29}a_1^2 \Big|_{a_1 = -\frac{1}{4} + \frac{1}{2}a_2 + \frac{1}{4}\widetilde{a}_1 + \frac{1}{8}a_2^2} \\ &= -\tfrac{9}{58} - \tfrac{1}{29}\widetilde{a}_1 + \tfrac{22}{29}a_2 + \tfrac{1}{58}\widetilde{a}_1^2 + \tfrac{7}{58}a_2^2 + \tfrac{2}{29}\widetilde{a}_1 a_2 + \tfrac{1}{58}\widetilde{a}_1 a_2^2 + \tfrac{1}{29}a_2^3 + \tfrac{1}{232}a_2^4. \end{aligned}$$

Insgesamt erhält man damit das innere Taylor-Modell

$$\boldsymbol{T}_{\mathrm{i}}(\widetilde{a}_1, a_2) = \begin{pmatrix} \widetilde{a}_1 \\ \boldsymbol{T}_{\mathrm{i}}^{\nabla}(\widetilde{a}_1, a_2) \end{pmatrix},$$

das die gesuchte Schnittmenge vollständig und möglichst gut einschließt (vergleiche Abbildung 4.11).

4.4   Vergleich der Beobachterkonzepte

In den Abschnitten 4.2 und 4.3 wurden zwei Verfahren zur Zustandsmengenbeobachtung nichtlinearer Systeme vorgestellt, die hier auf Basis theoretischer Überlegungen sowie anhand von Beispielen verglichen werden. Die zugrunde liegenden Verfahren zur Lösungseinschließung gewöhnlicher Differenzialgleichungssysteme wurden im Kapitel 3 erläutert, wobei im Abschnitt 3.4 bereits ein Vergleich der Verfahren vorgenommen wurde.

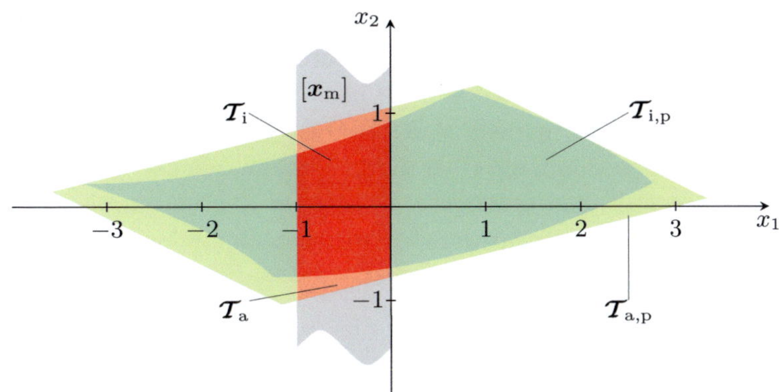

Abbildung 4.11: Beispiel zum Korrekturschritt des TM-Beobachters

Der im Abschnitt 4.2 vorgestellte IHO-Beobachter basiert auf dem IHO-Verfahren aus dem Abschnitt 3.2. Für den IHO-Beobachter wird in dieser Arbeit die implizite Struktur des IHO-Verfahrens zur Zustandsmengenbeobachtung ausgenutzt. Im Anschluss an die Prädiktion werden im Korrekturschritt die neuen Messinformationen der Ausgangsgrößen bei der Lösung eines impliziten Intervallgleichungssystems berücksichtigt. Dadurch lässt sich die konsistente Zustandsmenge $\mathcal{X}(t_{k+1})$ nicht nur durch direkte Betrachtung der Schnittmenge $\mathcal{X}_{\mathrm{p}}(t_{k+1}) \cap \mathcal{X}_{\mathrm{m}}(t_{k+1})$ korrigieren. Die Berechnung der Rückwärtslösung ermöglicht zusätzlich auch die Verkleinerung der vorherigen Zustandsmenge $\mathcal{X}(t_k)$ durch Ausschluss von Zuständen, die garantiert nicht zur unsicheren Messung $\mathcal{Y}(t_{k+1})$ geführt haben können. Mit der erneuten Vorwärtslösung lässt sich dann die Menge möglicher Folgezustände stärker einschränken, als dies bei einem expliziten Verfahren möglich wäre.

Demgegenüber stellt das dem TM-Beobachter zugrunde liegende TM-Verfahren ein explizites Lösungsverfahren dar. Im Gegensatz zum IHO-Beobachter kann daher im TM-Beobachter nur direkt eine möglichst enge Einschließung der Schnittmenge $\mathcal{X}_{\mathrm{p}}(t_{k+1}) \cap \mathcal{X}_{\mathrm{m}}(t_{k+1})$ angestrebt werden. Dies stellt jedoch gegenüber dem IHO-Beobachter praktisch keinen Nachteil dar: Durch die deutlich bessere Mengendarstellung im TM-Beobachter können auch ohne Rückwärts- und erneute Vorwärtsintegration im Allgemeinen engere Schranken für die Mengen möglicher Zustände berechnet werden als mit dem IHO-Beobachter.

Zur Validierung werden im TM-Verfahren Taylor-Modelle verwendet, die aufgrund ihrer expliziten Abhängigkeit von der Zeit bessere a-priori-Einschließungen über das jeweils betrachtete Zeitintervall $[t_k, t_{k+1}]$ ermöglichen als die im IHO-Verfahren verwendeten reinen Intervallvektoren, mit denen lediglich über der Zeit konstante Einschließungen dargestellt werden können. Aufgrund dieser besseren Validierung des TM-Verfahrens ist im Allgemeinen zu erwarten, dass der TM-Beobachter im Gegensatz zum IHO-Beobachter größere Schrittweiten ermöglicht. Liegen nur wenige Messinformationen vor, so muss beim IHO-Beobachter häufiger eine Unterteilung des Zeitintervalls vorgenommen werden als beim TM-Beobachter. Dadurch erhöht sich natürlich auch der Rechenaufwand des IHO-Beobachters. Außerdem kann beim IHO-Beobachter bedingt durch die Überapproximationen in den einzelnen Zwischenschritten in diesem Fall eine erhebliche Überapproximation der betrachteten Zustandsmengen auftreten, während der TM-Beobachter mit weniger Schritten eine deutlich geringere Überapproximation erzielt.

Das IHO-Verfahren verwendet zur Mengenbeschreibung neben einem reinen Intervallvektor $[\boldsymbol{x}]$ noch einen weiteren Intervallvektor $\widehat{\boldsymbol{x}} + \boldsymbol{A}\,[\boldsymbol{r}]$ bezüglich eines transformierten Koordinatensystems. Diese Form der Mengendarstellung wurde für den IHO-Beobachter übernommen. Ein besonderes Augenmerk gilt im IHO-Beobachter zusätzlich der Bestimmung einer geeigneten Basismatrix so, dass sich damit die Schnittmenge $\mathcal{X}_\mathrm{p} \cap \mathcal{X}_\mathrm{m}$ besser beschreiben lässt als mit der durch das IHO-Verfahren prädizierten Basismatrix.

Durch die Darstellung mittels Intervallvektoren werden sämtliche im Rahmen des IHO-Beobachters auftretenden Zustandsmengen stets durch eine konvexe Mengendarstellung eingeschlossen. Diese relativ einfache Mengendarstellung bedeutet zwar einerseits einen im Vergleich zum TM-Beobachter deutlich geringeren Rechenaufwand, bedingt aber andererseits in jedem Schritt eine möglicherweise erhebliche Überapproximation aufgrund des Wrapping-Effekts. Um diese Überapproximation so gering wie möglich zu halten, werden im Rahmen des IHO-Beobachters neben der bereits angesprochenen Basismatrix auch noch weitere Modifikationen des IHO-Verfahrens umgesetzt. So wird das implizite Intervallgleichungssystem im Korrekturschritt mittels des PIGS-Verfahrens gelöst, was im Vergleich zur Vorgehensweise aus dem IHO-Verfahren engere Lösungseinschließungen erwarten lässt.

Die im TM-Beobachter zur Mengendarstellung verwendeten Taylor-Modelle ermöglichen im Gegensatz zur Intervalldarstellung des IHO-Beobachters auch die Repräsentation nichtkonvexer Mengen auf Basis des multivariaten Polynomanteils. Dadurch ergibt sich eine deutlich geringere Überapproximation und damit engere Einschließungen der betrachteten Zustandsmengen. Durch den Polynomanteil werden weiterhin Abhängigkeiten zwischen einzelnen Größen weitgehend berücksichtigt und damit die Auswirkungen des Dependency-Effekts ebenfalls deutlich reduziert. Im TM-Beobachter werden dazu neben den aus dem TM-Verfahren bekannten Variablen zur Beschreibung der Anfangszustandsmenge noch weitere Variablen zur Beschreibung von Eingangs- und Modellunsicherheiten eingeführt. Dies erhöht zwar einerseits den Rechenaufwand, ermöglicht andererseits jedoch eine weitere Verringerung der Überapproximation im Vergleich zum IHO-Beobachter, bei dem diese Unsicherheiten nur direkt in Form von Intervallen berücksichtigt werden können.

Um eine erfolgreiche Lösungseinschließung im Prädiktionsschritt des TM-Beobachters zu ermöglichen, muss darauf geachtet werden, dass der Intervallrest der beteiligten Taylor-Modelle hinreichend klein bleibt. Durch eine verbesserte Präkonditionierungsstrategie wird im TM-Beobachter neben einer weiteren Verringerung der Überapproximation des Intervallrests auch ermöglicht, das innere Taylor-Modell bei zu großem Intervallrest zu verwerfen und nur auf Basis des äußeren affinen Taylor-Modells weiter zu arbeiten. In diesem Fall wird die betrachtete Zustandsmenge im Korrekturschritt des TM-Beobachters wie beim IHO-Beobachter durch eine konvexe Menge eingeschlossen.

Im Korrekturschritt des TM-Beobachters wird zur Korrektur des affinen äußeren Taylor-Modells die aus dem IHO-Beobachter bekannte Vorgehensweise mittels des PIGS-Verfahrens sowie der Basismatrixwahl mittels QR-Zerlegung verwendet. Anschließend wird beim IHO-Beobachter noch die Rückwärts- und erneute Vorwärtsintegration durchgeführt. Im Gegensatz dazu wird beim TM-Beobachter eine zusätzliche Korrektur des inneren Taylor-Modells durchgeführt, um die Vorteile der nicht konvexen Mengendarstellung so weit wie möglich zu erhalten. Diese Berechnung eines geeigneten inneren Taylor-Modells erfordert jedoch einen erheblichen Rechenaufwand. Dabei wird durch die Einführung neuer Variablen eine möglichst enge Einschließung der Schnittmenge angestrebt und gleichzeitig durch eine partielle Inversion ein Teil der bisherigen Variablen durch die neuen Variablen ausgedrückt, um die Gesamtzahl der Variablen nicht zu erhöhen.

Insgesamt ist zu erwarten, dass vor allem im Fall großer Unsicherheiten oder großer Schrittweiten durch selten verfügbare Messinformationen der TM-Beobachter gegenüber dem IHO-Beobachter im Vorteil ist. Bei kleinen Schrittweiten und entsprechend häufig vorliegenden Messwerten werden durch die häufigen Korrekturschritte die Zustandsmengen in beiden Mengenbeobachtern relativ klein gehalten, sodass in diesem Fall der Vorteil des TM-Beobachters weniger stark ausfällt. Andererseits kommt ebenfalls bei kleinen Schrittweiten der deutlich höhere Rechenaufwand als größter Nachteil des TM-Beobachters gegenüber dem IHO-Beobachter am stärksten zum Tragen.

Im Literaturüberblick im Abschnitt 2.3 wurden insbesondere drei bereits existierende Verfahren zur Zustandsmengenbeobachtung erwähnt, die Ähnlichkeiten mit den Verfahren dieser Arbeit aufweisen. In [RRC05] wird ein Zustandsmengenbeobachter mit gleitendem Horizont auf Basis des IHO-Verfahrens beschrieben. Im Gegensatz zur Vorgehensweise aus dem Abschnitt 4.2 wird dort jedoch direkt die aus dem IHO-Verfahren bekannte Vorgehensweise gewählt. Dies bedeutet unter anderem, dass in [RRC05] keine besonderen Anstrengungen zur möglichst guten Einschließung der Schnittmenge durch die Wahl einer geeigneten Basismatrix unternommen werden. Außerdem wird durch die ursprüngliche Vorgehensweise des IHO-Verfahrens die implizite Struktur des Lösungsverfahren für den Korrekturschritt nicht ausgenutzt. Dadurch geht deutlich Genauigkeit verloren und das Potential des Verfahrens kann nicht voll ausgenutzt werden.

In [KRAH06] wird ein Verfahren zur Zustandsmengenbeobachtung auf Basis der Taylor-Modelle vorgestellt. Im Korrekturschritt kommen dabei neben einem Intervall-Newton-Verfahren zusätzliche Konsistenztests zum Einsatz. Wie im Abschnitt 4.3.2 bereits ausgeführt wurde, ist jedoch insbesondere im Fall größerer Eingangs- und Modellunsicherheiten mit dem Intervall-Newton-Verfahren oft keine hinreichend gute Einschränkung der Menge möglicher Anfangszustände möglich. Weiterhin hat sich in dieser Arbeit gezeigt, dass die Schnittmenge $\mathcal{X}_{\mathrm{p}}(t_{k+1}) \cap \mathcal{X}_{\mathrm{m}}(t_{k+1})$ durch eine bloße Verkleinerung des Wertebereichs einzelner Variablen mithilfe des Intervall-Newton-Verfahrens nicht unbedingt ausreichend genau dargestellt werden kann, da die prinzipielle Struktur des betrachteten Taylor-Modells dadurch nicht verändert wird. Die zusätzlichen Konsistenztests aus [KRAH06] verbessern zwar die Ergebnisse, erfordern jedoch eine Unterteilung der betrachteten Zustandsmengen mittels geeigneter Bisektionsstrategien und sind daher mit einem möglicherweise extrem hohen Rechenaufwand verbunden. Um dies zu vermeiden, wird in dieser Arbeit der Schwerpunkt auf eine möglichst gute Einschließung der Schnittmenge sowie auf die geeignete Darstellung von Unsicherheiten mittels zusätzlicher Variablen gelegt, wodurch auch ohne Bisektion in vielen Anwendungen sehr gute Resultate erzielt werden können.

Schließlich wird in [LS07a] ein Zustandsmengenbeobachter auf Basis eines Einschließungsverfahrens aus [LS07b] beschrieben. Der Korrekturschritt dieses Mengenbeobachters basiert dabei auf dem Prinzip der „Constraint Propagation" (siehe auch [JKDW01]), das wie die Konsistenztests aus [KRAH06] eine häufige Unterteilung der betrachteten Zustandsmengen erfordert. Das Einschließungsverfahren aus [LS07b] kann als Kombination aus IHO- und TM-Verfahren angesehen werden, orientiert sich dabei jedoch stark am IHO-Verfahren und nutzt die Vorteile der Taylor-Modelle zur Lösungseinschließung nicht aus (siehe auch Abschnitt 3.4).

Im Folgenden werden nun anhand zweier Beispiele mit den in dieser Arbeit entwickelten Zustandsmengenbeobachtern dieser Arbeit erzielte Ergebnisse vorgestellt und verglichen. Weitere Anwendungsbeispiele finden sich im Rahmen der konsistenzbasierten Fehlerdiagnose im Kapitel 6.

Beispiel 4.4: Van-der-Pol-Oszillator

Der Van-der-Pol-Oszillator ist ein Beispiel für ein selbsterregtes, schwingungsfähiges System mit nichtlinearer Dämpfung. Dieses in der nichtlinearen Systemtheorie häufig als Benchmark betrachtete System wird beschrieben durch die nichtlineare Differenzialgleichung zweiter Ordnung

$$\ddot{y}(t) = \varepsilon \left(1 - y^2(t)\right) \dot{y}(t) - y(t)$$

mit dem reellen Parameter $\varepsilon \geq 0$. Mit $x_1 = y$ und $x_2 = \dot{y}$ erhält man daraus die Zustandsdarstellung

$$\dot{\boldsymbol{x}} = \begin{pmatrix} x_2 \\ \varepsilon \left(1 - x_1^2\right) x_2 - x_1 \end{pmatrix}, \quad y = x_1.$$

Für die folgenden Experimente wurden mithilfe des MATLAB-Simulationsverfahrens `ode45` Simulationsdaten y generiert. Der Anfangszustand wurde dabei zu $\boldsymbol{x}_0 = \begin{pmatrix} 2 & 0 \end{pmatrix}^{\mathrm{T}}$ und der Parameter zu $\varepsilon = 2$ gewählt.

Anhand dieser Simulationsdaten werden nun die beiden Beobachterkonzepte dieser Arbeit getestet und verglichen. Dabei wird stets die folgende Anfangszustandsmenge verwendet:

$$\boldsymbol{\mathcal{X}}_0 = \begin{pmatrix} [-3,3] \\ [-3,3] \end{pmatrix} = \begin{pmatrix} 3a_{x_1} \\ 3a_{x_2} \end{pmatrix}.$$

Zunächst wird davon ausgegangen, dass das Modell exakt bekannt ist, dass also der Parameter ε keine Unsicherheiten aufweist. In der Abbildung 4.12 sind die Ergebnisse der Zustandsmengenbeobachtung eines IHO-Beobachters sowie eines TM-Beobachters der Ordnung $\ell = 3$ abgebildet. Die Messunsicherheit wurde dabei zu $\Delta y = 0{,}1$ angenommen. Die Abtastzeit wurde zu $T_{\mathrm{A}} = 0{,}02$ s gewählt. Auf der linken Seite sind exemplarisch für verschiedene Zeitpunkte die berechneten Einschließungen im Zustandsraum dargestellt. Beginnend mit der größten Zustandsmenge, die aus dem Einschwingvorgang der Beobachter stammt, verlaufen die Trajektorien im Uhrzeigersinn um den Ursprung. Auf der rechten Seite sind die zugehörigen zeitlichen Verläufe der Schranken für die beiden Zustandsgrößen dargestellt. Es ist klar zu erkennen, dass der TM-Beobachter wie erwartet aufgrund des deutlich geringeren Dependency- sowie des ebenfalls geringeren Wrapping-Effekts kleinere Zustandsmengen liefert.

Bereits anhand der größten Zustandsmenge zeigt sich der Vorteil der Mengendarstellung in Form der Taylor-Modelle: Die berechnete Einschließung weist beim TM-Beobachter eine trapezähnliche Form auf, die jedoch nicht in Form von Intervallvektoren dargestellt werden kann, weswegen die zugehörige Einschließung beim IHO-Beobachter eine größere Überapproximation aufweist. Im weiteren Verlauf zeigt sich, dass der TM-Beobachter teilweise in der Lage ist, für die Zustandsgröße x_1 Schranken zu berechnen, die vollständig innerhalb der Messunsicherheiten liegen. Dies ist mit der hervorragenden Nachbildung der Auswirkungen des stabilen Grenzzyklus des Van-der-Pol-Oszillators zu erklären. Im Gegensatz dazu liefert der IHO-Beobachter aufgrund der größeren Überapproximation für x_1 stets Schranken, die der durch die Messunsicherheit vorgegebenen Genauigkeit

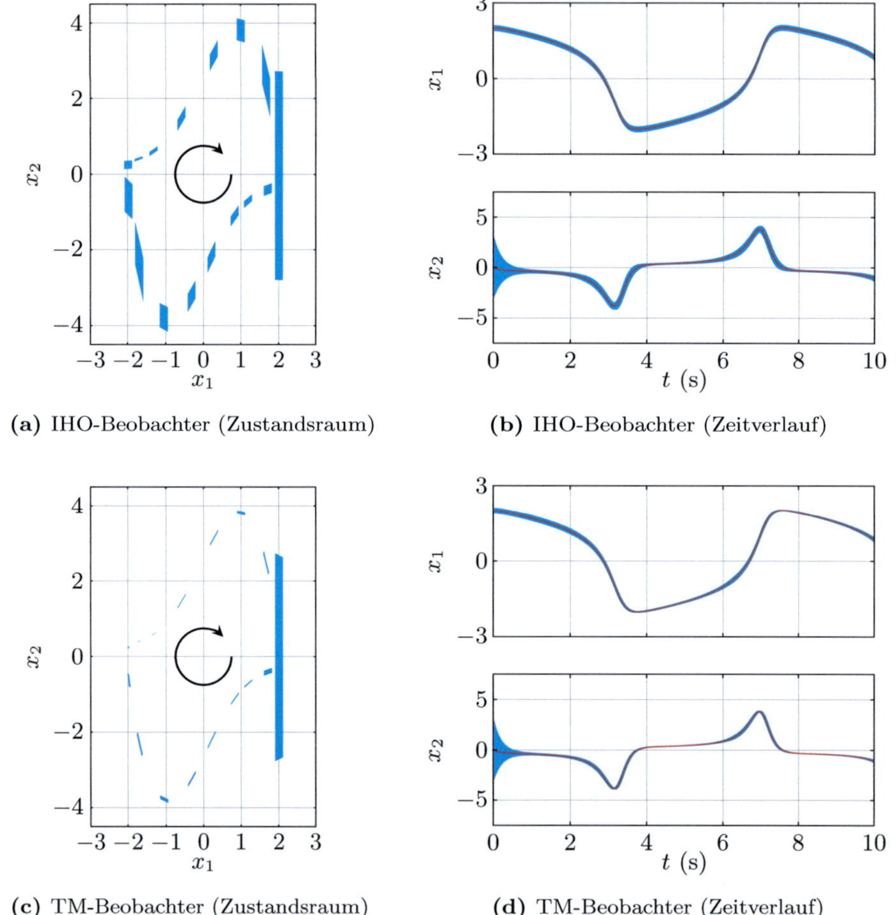

(a) IHO-Beobachter (Zustandsraum)

(b) IHO-Beobachter (Zeitverlauf)

(c) TM-Beobachter (Zustandsraum)

(d) TM-Beobachter (Zeitverlauf)

Abbildung 4.12: Zustandsmengenbeobachtung am Beispiel des Van-der-Pol-Oszillators: exaktes Modell, $\Delta y = 0{,}1$ (blau: berechnete Einschließung, rot: tatsächlicher Zustand)

*entsprechen. Die Rechenzeit[6] des TM-Beobachters liegt in diesem Fall, wie eben-
falls erwartet, mit 520 ms pro 1 s Simulationszeit allerdings deutlich über der des
IHO-Beobachters mit 70 ms.*

*Die Abbildung 4.13 zeigt den Einfluss der Messunsicherheit auf die Größe der be-
rechneten Zustandsmengen. Die Abtastzeit wurde wieder zu $T_A = 0{,}02$ s gewählt,
die Beobachterordnung zu $\ell = 3$. Mit steigender Messunsicherheit nehmen die Intervallbreiten der beiden Zustandsgrößen sowohl beim IHO-Beobachter als auch
beim TM-Beobachter zu. Dieser Effekt ist beim IHO-Beobachter deutlich ausge-
prägter, da der Korrekturschritt mit steigender Messunsicherheit weniger effektiv
ist und sich damit die Überapproximationen noch deutlicher bemerkbar machen.*

*In der Abbildung 4.14 ist der Einfluss eines nicht exakt bekannten Parameters
ε dargestellt. Die Abtastzeit wurde wie in den vorangegangenen Beispielen zu
$T_A = 0{,}02$ s gewählt, die Beobachterordnung zu $\ell = 3$. Für den IHO-Beobachter
wurde hier das Intervall $[\varepsilon] = [1{,}6, 2{,}4]$ verwendet (siehe Abbildung 4.14(a)). Im
TM-Beobachter wurde die Parameterunsicherheit als Taylor-Modell mit der Variablen a_z gemäß $T_z = 2 + 0{,}4a_z$ (siehe Abbildung 4.14(b)) und zusätzlich auch
direkt in Form des Intervallparameters $[\varepsilon]$ wie beim IHO-Beobachter berücksichtigt (siehe Abbildung 4.14(c)). Auch hier bestätigen sich die Erwartungen aufgrund der theoretischen Überlegungen: Der IHO-Beobachter liefert die größten
Zustandsmengen und damit die schlechtesten Einschließungen aufgrund der größeren Überapproximation durch den Dependency- und den Wrapping-Effekt. Mit
dem TM-Beobachter ergeben sich deutlich engere Schranken für die Zustandsgrößen, wobei die Ergebnisse im Fall des TM-Beobachters mit dem Intervallparameter etwas schlechter sind, da die Auswirkungen der Parameterunsicherheit direkt
dem Intervallrest der jeweiligen Taylor-Modelle zugeschlagen werden müssen und
nicht durch den Polynomanteil repräsentiert werden können.*

*Abschließend zeigt die Abbildung 4.15 mit einem TM-Beobachter berechnete Ein-
schließungen der Zustandsmengen für verschiedene Zeitpunkte, anhand derer die
Arbeitsweise des TM-Beobachters sehr deutlich zu erkennen ist. Die zugehörigen Zeitverläufe sind in der Abbildung 4.15(e) dargestellt. Für dieses Beispiel
wurde eine deutlich größere Abtastzeit von $T_A = 0{,}1$ s gewählt. Die Ordnung des
TM-Beobachters wurde auf $\ell = 12$ erhöht. Ein IHO-Beobachter kann mit einer
so großen Abtastzeit für dieses Beispielsystem auch bei noch höherer Beobachterordnung keine brauchbaren Einschließungen mehr berechnen und bricht nach
kurzer Zeit aufgrund der Unterschreitung der Mindestschrittweite nach mehrfach
fehlgeschlagener Validierung im Prädiktionsschritt ab.*

---

[6]Alle Berechnungen wurden auf einem PC mit AMD Athlon64 3200+ CPU und 1GB Arbeitsspeicher unter Windows XP (32bit) durchgeführt. Dabei wurden die im Rahmen dieser Arbeit entstandenen, eigenen C++-Implementierungen des IHO- und des TM-Beobachters verwendet.

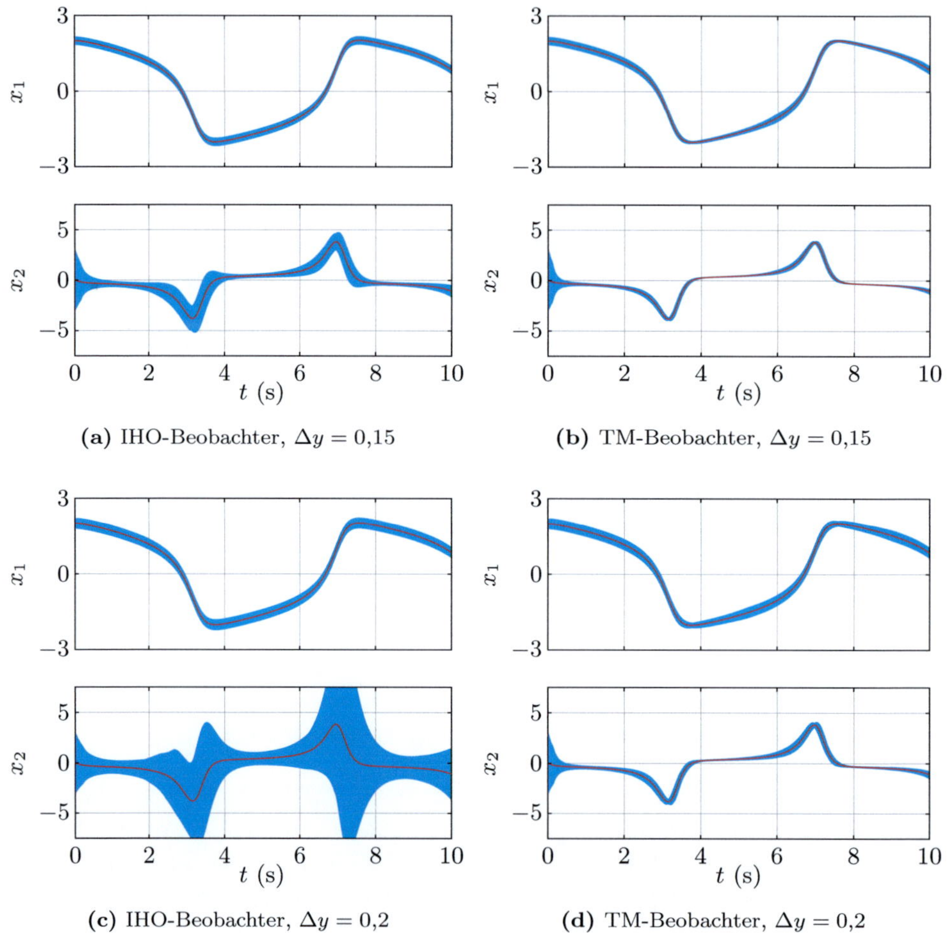

(a) IHO-Beobachter, $\Delta y = 0{,}15$ **(b)** TM-Beobachter, $\Delta y = 0{,}15$

(c) IHO-Beobachter, $\Delta y = 0{,}2$ **(d)** TM-Beobachter, $\Delta y = 0{,}2$

Abbildung 4.13: Zustandsmengenbeobachtung am Beispiel des Van-der-Pol-Oszillators: exaktes Modell, Einfluss der Ausgangsunsicherheit Δy (blau: berechnete Einschließung, rot: tatsächlicher Zustand)

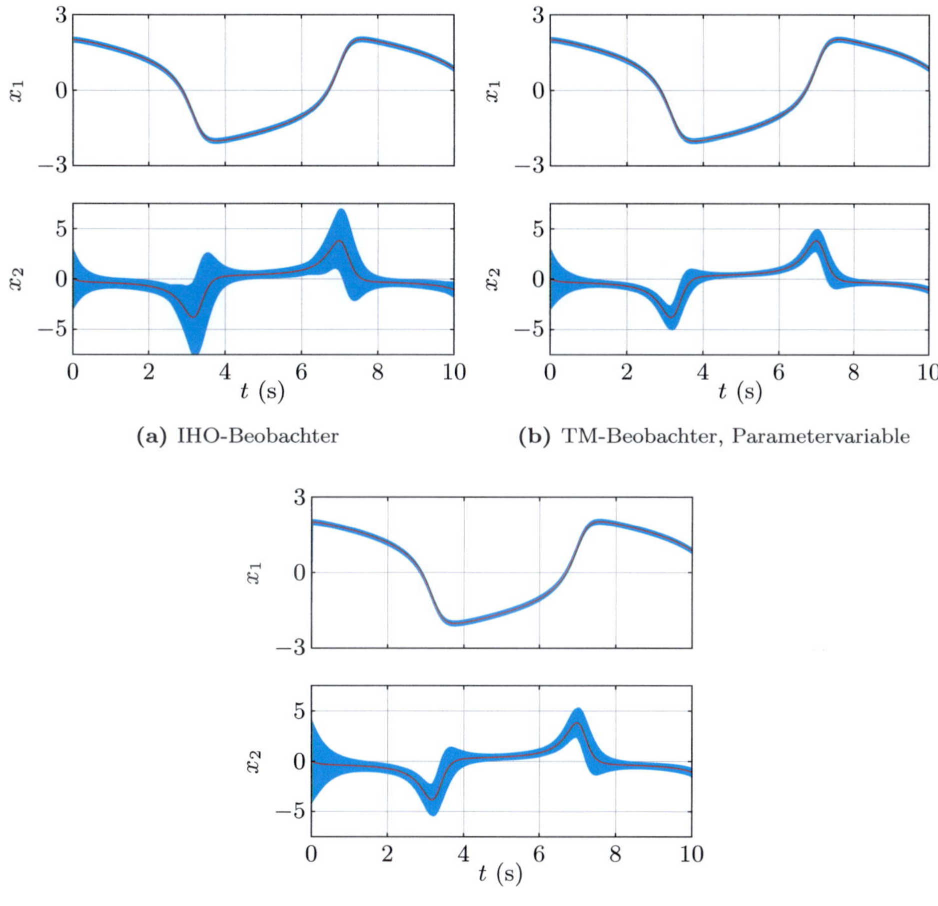

(a) IHO-Beobachter

(b) TM-Beobachter, Parametervariable

(c) TM-Beobachter, Intervallparameter

Abbildung 4.14: Zustandsmengenbeobachtung am Beispiel des Van-der-Pol-Oszillators: unsicheres Modell (blau: berechnete Einschließung, rot: tatsächlicher Zustand)

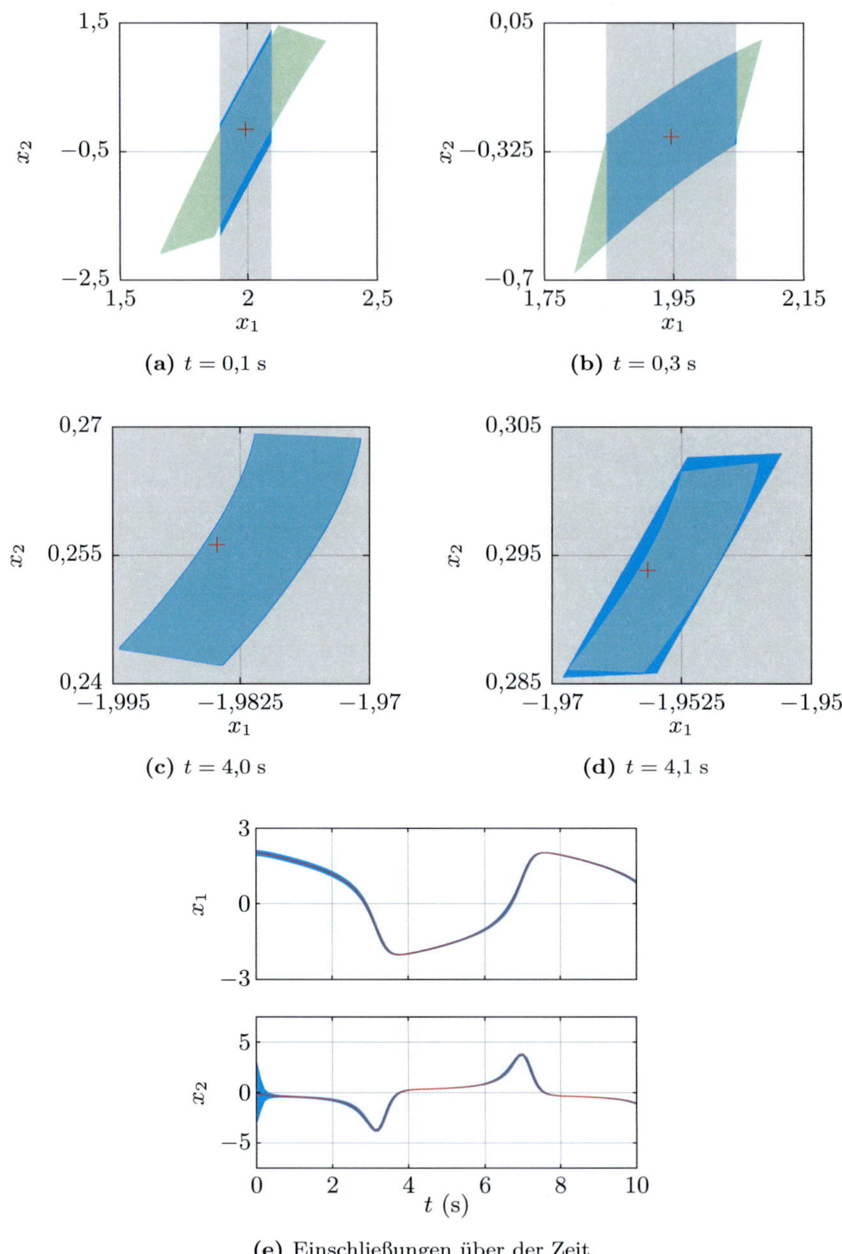

(a) $t = 0{,}1$ s

(b) $t = 0{,}3$ s

(c) $t = 4{,}0$ s

(d) $t = 4{,}1$ s

(e) Einschließungen über der Zeit

Abbildung 4.15: Zustandsmengenbeobachtung am Beispiel des Van-der-Pol-Oszillators: exaktes Modell, TM-Beobachter, Abtastzeit $T_A = 0{,}1$ s (grün: prädizierte Menge, grau: Messmenge, blau: Einschließung der Schnittmenge, rot: tatsächlicher Zustand)

Die Abbildung 4.15(a) zeigt den Fall eines zu großen Intervallrests im Korrektur-schritt des TM-Beobachters. In diesem Fall wird das berechnete innere Taylor-Modell verworfen und nur das korrigierte äußere Taylor-Modell weiterverwen-det, wodurch die etwas größere Überapproximation zu erklären ist. In der Ab-bildung 4.15(b) erkennt man sehr deutlich die hervorragende Einschließung der Schnittmenge von prädizierter Menge und Messmenge, die durch die partielle Inversion des inneren Taylor-Modells ermöglicht wird.

In den Abbildungen 4.15(c) und 4.15(d) sind schließlich zwei Fälle dargestellt, in denen die prädizierte Menge vollständig innerhalb der Messmenge liegt. In diesem Fall kann durch den Korrekturschritt keine bessere Einschließung erzielt werden. Daher ist die korrigierte Zustandsmenge in der Abbildung 4.15(c) identisch mit der prädizierten Menge. Die Abbildung 4.15(d) zeigt einen ähnlichen Fall, jedoch wird hier im Korrekturschritt aufgrund eines zu großen Intervallrests das innere Taylor-Modell wie im Fall aus der Abbildung 4.15(a) verworfen, weswegen die korrigierte Zustandsmenge geringfügig größer als die prädizierte Menge ist.

Zum Vergleich ist in allen Fällen der mittels des MATLAB*-Simulationsverfahrens* ode45 *berechnete „tatsächliche Systemzustand" eingezeichnet. Während zu Be-ginn dieser Zustand noch recht genau in der Mitte der berechneten Zustandsmen-ge liegt, wandert er mit zunehmender Simulationsdauer aus dem Zentrum heraus, bleibt jedoch stets in der berechneten Menge enthalten. Dies zeigt deutlich die Aus-wirkungen der akkumulierten Fehler bei der näherungsweisen Lösung mittels des* ode45*-Verfahrens. Im Gegensatz zu den Verfahren in dieser Arbeit, die stets alle Rundungs- und Diskretisierungsfehler berücksichtigen, werden solche Fehler bei der Simulation mittels* ode45 *vernachlässigt.*

Trotz der um den Faktor fünf größeren Abtastzeit und einer dementsprechend selteneren Korrektur unterscheiden sich die mit dem TM-Beobachter berechneten Schranken für die Zustandsgrößen (siehe Abbildung 4.15(e)) praktisch nicht von denen aus der Abbildung 4.12(d).

Beispiel 4.5: Kombinierte Zustands- und Parameterschätzung an einem Feder-Masse-Dämpfer-System

Sollen zusätzlich zu den Zustandsgrößen auch Parameter eines gegebenen Systems geschätzt werden, so führt dies auch im Fall linearer Systeme auf ein nichtlineares Schätzproblem, das mit den Verfahren dieser Arbeit gelöst werden kann. Beispiel-haft wird im Folgenden ein einfaches Feder-Masse-Dämpfer-System betrachtet, das durch die Differenzialgleichung

$$m\ddot{y}(t) + d\dot{y}(t) + cy(t) = u(t)$$

beschrieben wird. Dabei stellt m die Masse (in kg*), c die Federkonstante (in* N/m*), d die Dämpfungskonstante (in* Ns/m*) und u(t) die auf das System einwirkende Kraft (in* N*) dar. Für die Parameter m und d gilt im Folgenden m = 0,25* kg *und d = 0,5* Ns/m*. Zusätzlich zu den Zustandsgrößen $x_1 = y$ (in* m*) und $x_2 = \dot{y}$ (in* m/s*) soll die unbekannte Federkonstante $x_3 = c$ (in* N/m*) geschätzt werden. Unter der Annahme eines unveränderlichen Parameters c erhält man das nichtlineare Zustandsraummodell*

$$\dot{\boldsymbol{x}} = \begin{pmatrix} x_2 \\ -\frac{1}{m}x_1 x_3 - \frac{d}{m}x_2 + \frac{1}{m}u \\ 0 \end{pmatrix}, \quad y = x_1.$$

Im Gegensatz dazu müssen für die Schätzung zeitveränderlicher Parameter c(t) Schranken für die maximal zulässige Änderungsrate des Parameters angegeben werden, die hier zu $[-0,1,\ 0,1]$ *angenommen werden. Die dritte Zustandsgleichung ergibt sich dann zu*

$$\dot{x}_3 = [-0,1,\ 0,1].$$

Für die folgenden Experimente wurden mithilfe des MATLAB*-Simulationsverfahrens* ode45 *Simulationsdaten y generiert, wobei $\boldsymbol{x}_0 = \begin{pmatrix} 0 & 0 & 2 \end{pmatrix}^{\mathrm{T}}$ als Anfangszustand gewählt wurde. Für die Eingangsgröße wurde die periodische Rechteckfunktion*

$$u(t) = \sum_{k=0}^{\infty} \widetilde{u}(t - 10k) \ \textit{mit} \ \widetilde{u}(t) = \begin{cases} 2\,\text{N} & \textit{für } 0\,\text{s} \leq t < 5\,\text{s}, \\ -2\,\text{N} & \textit{für } 5\,\text{s} \leq t < 10\,\text{s}, \\ 0\,\text{N} & \textit{sonst.} \end{cases}$$

verwendet. Im Fall des veränderlichen Parameters c(t) gilt für die Simulation $\dot{c} = 0,1$ N/sm*. Als Anfangszustandsmenge für die Zustandsmengenbeobachtung wird*

$$\boldsymbol{\mathcal{X}}_0 = \begin{pmatrix} [-3,3]\ \text{m} \\ [-3,3]\ \text{m/s} \\ [0,10]\ \text{N/sm} \end{pmatrix} = \begin{pmatrix} 3a_{x_1} \\ 3a_{x_2} \\ 5 + 5a_{x_3} \end{pmatrix}$$

verwendet. Die Abtastzeit beträgt stets $T_{\mathrm{A}} = 0,04$ s*. Als Eingangsunsicherheit wird $\Delta u = 0,1$* N *und als Ausgangsunsicherheit $\Delta y = 0,1$* m *verwendet.*

In der Abbildung 4.16 sind die mit dem IHO-Beobachter beziehungsweise dem TM-Beobachter berechneten Einschließungen der Zustandsgrößen einschließlich des zu schätzenden, konstanten Parameters für verschiedene Beobachterordnungen dargestellt. Es ist zu erkennen, dass keines der beiden Beobachterkonzepte mit *einer Ordnung von $\ell = 1$ eine ausreichend enge Einschließung für die unbekannten Zustandsgrößen liefern kann. Insbesondere gelingt es nicht, das für $x_3 = c$ angenommene Anfangsintervall zu verkleinern.*

Der IHO-Beobachter liefert in diesem Fall engere Einschließungen für die Zustandsgröße x_2 als der TM-Beobachter. Dies ist darauf zurückzuführen, dass für diese geringe Ordnung die Mengendarstellung in Form von Intervallvektoren besser geeignet ist als die Taylor-Modelle, die für $\ell = 1$ aus einem linearen Polynomanteil und einem Intervallrest bestehen. Damit kommen in diesem Fall durch den relativ großen Intervallrest und die niedrige Ordnung die Vorteile der Taylor-Modelle nicht zum Tragen. Beim IHO-Beobachter fallen außerdem die gezackten Ränder der berechneten Einschließungen auf, die in schwächerer Form auch in den weiteren Abbildungen erkennbar sind. Sie sind auf die Wahl der Basismatrix zurückzuführen (siehe Abschnitt 4.2.2): In Abhängigkeit davon, welche Basisvektoren in der transformierten Mengendarstellung zur Beschreibung der Zustandsmenge verwendet werden, ergeben sich unterschiedlich große Projektionen der Zustandsmengen auf die einzelnen Zustandsgrößen. Zwar wird durch die heuristische Vorgehensweise im Korrekturschritt des IHO-Beobachters eine möglichst gute Einschließung im Sinne eines möglichst kleinen Volumens des Durchschnitts aus prädizierter Menge und Messmenge angestrebt, dies bedeutet jedoch nicht, dass die Projektion der Zustandsmenge auf einzelne Zustandsgrößen eine möglichst geringe Breite aufweisen muss.

Eine Erhöhung der Ordnung auf $\ell = 3$ verbessert in beiden Fällen die Ergebnisse signifikant, wobei die Verbesserung beim TM-Beobachter noch deutlicher ausfällt als beim IHO-Beobachter. In beiden Fällen gelingt es, das Anfangsintervall für $x_3 = c$ deutlich einzuschränken. Es ist zu erkennen, dass die Einschließungen für x_2 zu Beginn aufgrund des sehr unsicheren Modellparameters ebenfalls noch starken Unsicherheiten unterworfen sind. Mit der verbesserten Einschließung von x_3 gelingt dann erwartungsgemäß auch eine bessere Einschließung von x_2.

Eine weitere Erhöhung der Ordnung auf $\ell = 5$ bringt in beiden Fällen eine weitere Verbesserung mit sich, die sich insbesondere in einer schnelleren Einschränkung des möglichen Wertebereichs für x_3 niederschlägt. Eine Beobachterordnung von $\ell = 7$ bewirkt schließlich im Fall des IHO-Beobachters keine sichtbare Verbesserung der Ergebnisse mehr, während sich die Ergebnisse des TM-Beobachters aufgrund der geringeren Überapproximation nochmals geringfügig verbessern lassen.

Als Anhaltspunkt für den benötigten Rechenaufwand sind die Rechenzeiten der IHO- beziehungsweise der TM-Beobachter pro 1 s Simulationszeit für die verschiedenen Beobachterordnungen in der Tabelle 4.1 zusammengestellt. Aufgrund der stark zunehmenden Komplexität des Polynomanteils der Taylor-Modelle nimmt beim TM-Beobachter die Rechenzeit mit der Ordnung ℓ deutlich stärker zu als

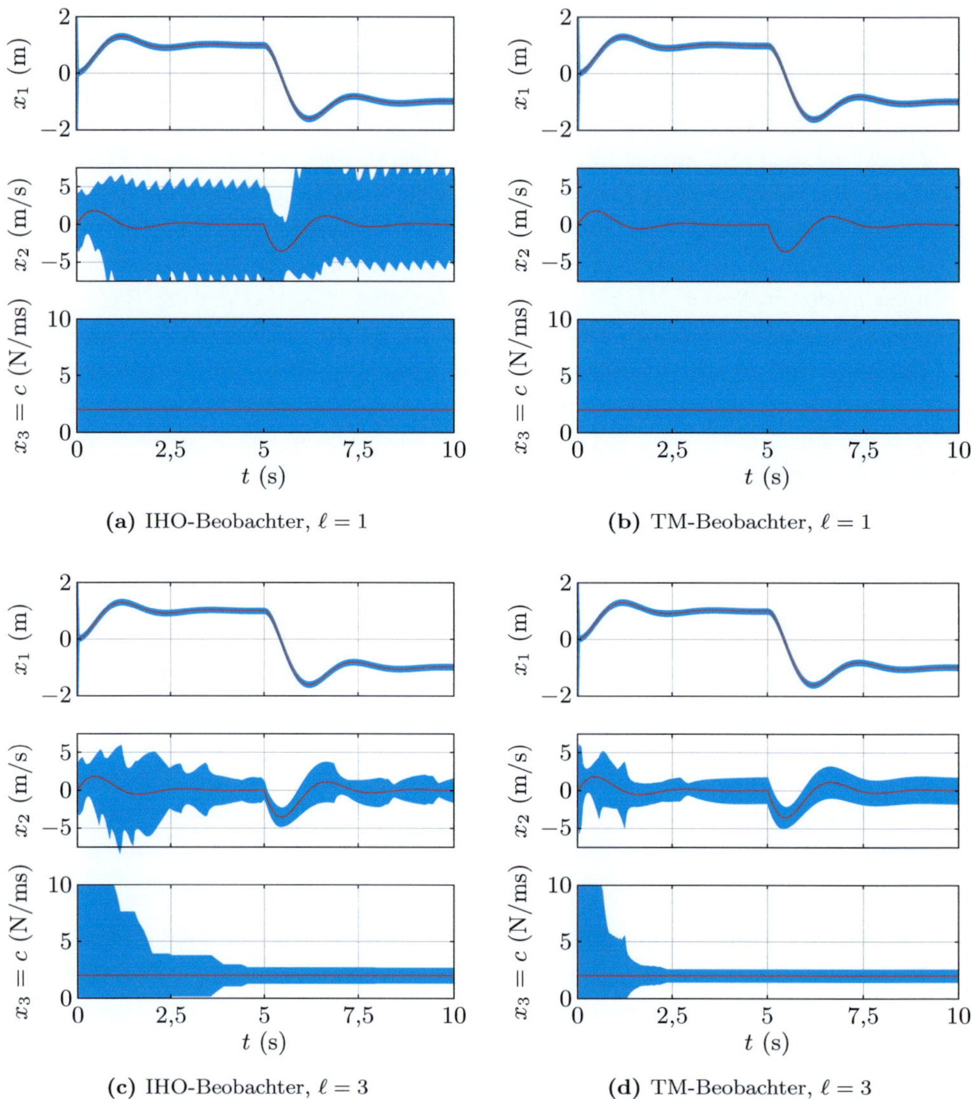

(a) IHO-Beobachter, $\ell = 1$

(b) TM-Beobachter, $\ell = 1$

(c) IHO-Beobachter, $\ell = 3$

(d) TM-Beobachter, $\ell = 3$

Abbildung 4.16: Zustandsmengenbeobachtung am Beispiel des Feder-Masse-Dämpfers: Einfluss der Beobachterordnung ℓ (blau: berechnete Einschließung, rot: tatsächlicher Zustand)

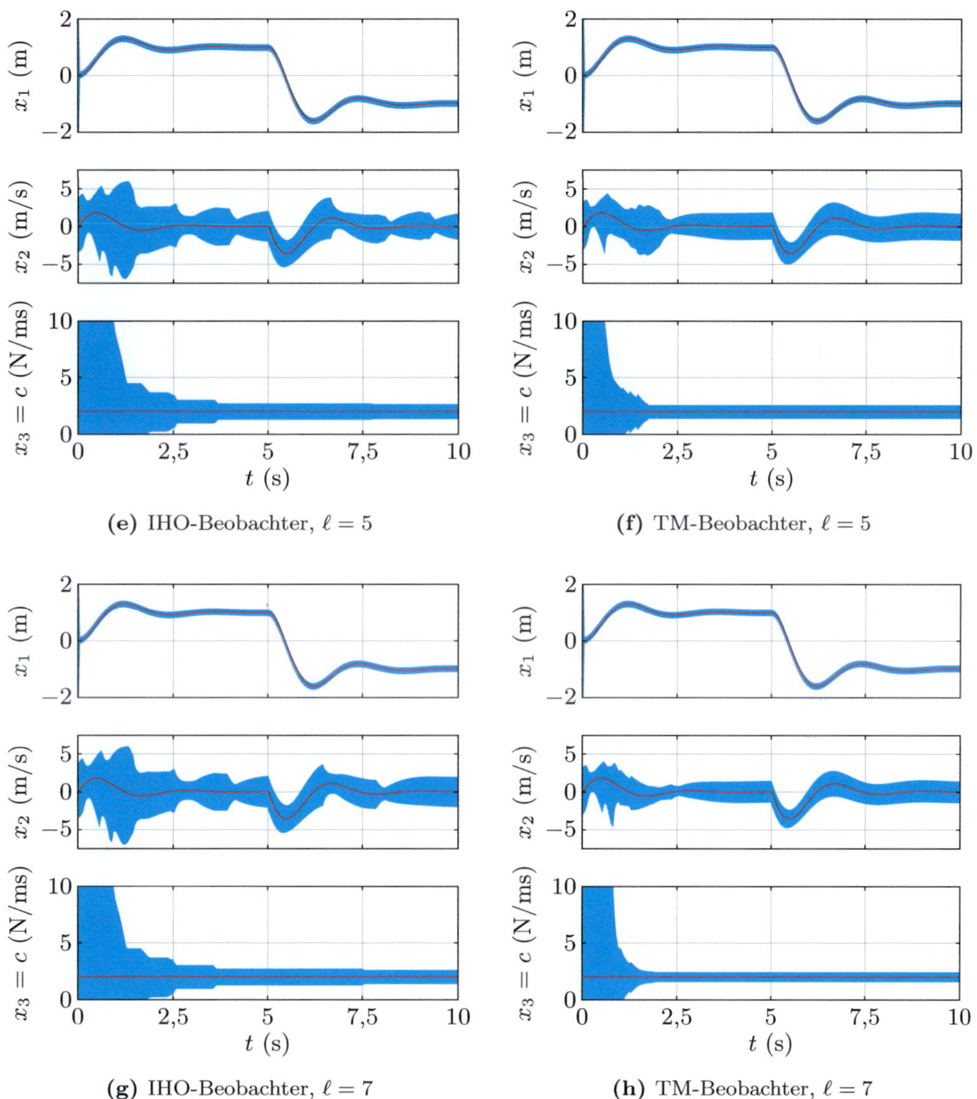

(e) IHO-Beobachter, $\ell = 5$ (f) TM-Beobachter, $\ell = 5$

(g) IHO-Beobachter, $\ell = 7$ (h) TM-Beobachter, $\ell = 7$

Abbildung 4.16: Zustandsmengenbeobachtung am Beispiel des Feder-Masse-Dämpfers: Einfluss der Beobachterordnung ℓ (Fortsetzung, blau: berechnete Einschließung, rot: tatsächlicher Zustand)

Ordnung ℓ	IHO-Beobachter	TM-Beobachter
1	10 ms	170 ms
3	15 ms	550 ms
5	20 ms	1850 ms
7	30 ms	7550 ms

Tabelle 4.1: Rechenzeiten[7] für die Zustandsmengenbeobachtung des Feder-Masse-Dämpfers pro 1 s Simulationszeit

beim IHO-Beobachter. Es ist klar erkennbar, dass – wie auch aufgrund der theoretischen Überlegungen zu erwarten ist – der TM-Beobachter einen deutlich höheren Rechenaufwand mit sich bringt. Für $\ell > 3$ ist der TM-Beobachters in diesem Beispiel mit der verwendeten Abtastzeit von $T_\mathrm{A} = 0{,}04$ s auf dem verwendeten Rechner nicht mehr echtzeitfähig.

Beide Verfahren könnten durch Optimierung der Implementierung hinsichtlich der Ausführungsgeschwindigkeit noch beschleunigt werden, wobei beim TM-Beobachter wegen des hohen Aufwands zur Bearbeitung des Polynomanteils tendenziell noch mehr Optimierungspotenzial besteht (siehe beispielsweise die Ausführungen zur Implementierung der Taylor-Modelle im Abschnitt 3.1.2). Da dies jedoch auf die Ergebnisse selbst keinen Einfluss hat, wurden solche Optimierungen im Rahmen dieser Arbeit nicht weiter betrachtet.

In der Abbildung 4.17 sind die Ergebnisse der beiden Beobachterkonzepte für den Fall eines sich verändernden Parameters $c(t)$ dargestellt. Es ist zu erkennen, dass in beiden Fällen eine relativ rasche Einschränkung des möglichen Wertebereichs für $x_3 = c$ erfolgt und die Veränderung der Federkonstanten ebenfalls gut nachverfolgt werden kann.

Insgesamt lässt sich feststellen, dass mit beiden Beobachterkonzepten bei hinreichend hoher Beobachterordnung sehr gute Einschließungen für die Zustandsgrößen und den zu schätzenden Modellparameter erzielt werden können. Bei hoher Ordnung wird schließlich die erzielbare Genauigkeit im Wesentlichen durch die vorgegebenen Unsicherheiten begrenzt. Der TM-Beobachter liefert – wie bereits im vorangegangenen Beispiel – bessere Ergebnisse als der IHO-Beobachter. Diese müssen jedoch mit einem erheblich höheren Rechenaufwand erkauft werden.

---

[7]Alle Berechnungen wurden auf einem PC mit AMD Athlon64 3200+ CPU und 1GB Arbeitsspeicher unter Windows XP (32bit) durchgeführt. Dabei wurden die im Rahmen dieser Arbeit entstandenen, eigenen C++-Implementierungen des IHO- und des TM-Beobachters verwendet.

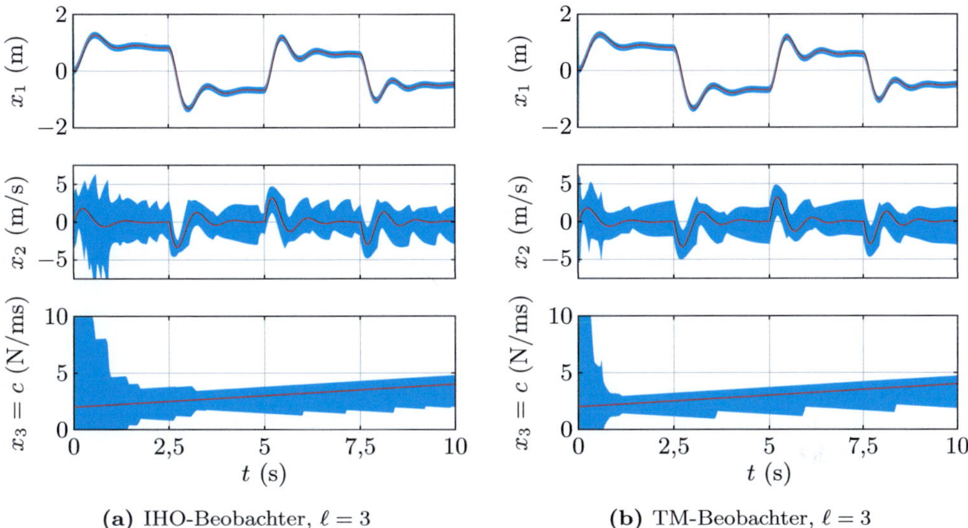

(a) IHO-Beobachter, $\ell = 3$ (b) TM-Beobachter, $\ell = 3$

Abbildung 4.17: Zustandsmengenbeobachtung am Beispiel des Feder-Masse-Dämpfers: veränderlicher Parameter (blau: berechnete Einschließung, rot: tatsächlicher Zustand)

4.5 Zusammenfassung

Aufbauend auf den beiden im Kapitel 3 vorgestellten Verfahren zur Lösungseinschließung gewöhnlicher Differenzialgleichungssysteme wurden in diesem Kapitel zwei Verfahren zur Zustandsmengenbeobachtung nichtlinearer Systeme vorgestellt. Eine wesentliche Eigenschaft dieser mengenbasierten Verfahren ist, dass sie unter Berücksichtigung von Unsicherheiten in den Eingangsgrößen, den Modellparametern und den Ausgangsgrößen zu jedem betrachteten Zeitpunkt eine Menge von Zuständen liefern, die alle mit dem Modell und den Messungen konsistenten Zustände garantiert enthält, sofern die Annahmen über die Unsicherheiten korrekt sind.

Die garantierte Einschließung ist wesentlich für die Einsetzbarkeit der Verfahren zur konsistenzbasierten Fehlerdiagnose, die im Kapitel 5 detailliert erläutert wird. Die angestrebte Garantie wird in den Verfahren dieser Arbeit durch den Einsatz der genannten Verfahren zur Lösungseinschließung im Prädiktionsschritt und der Einschließung einer Schnittmenge im Korrekturschritt erreicht.

Den Zustandsmengenbeobachtern dieser Arbeit liegt dabei, im Unterschied zu den meisten mengenbasierten Verfahren aus der Literatur, ein zeitkontinuierliches Modell eines nichtlinearen Systems zugrunde. Um den Rechenaufwand so gering wie möglich zu halten, wurde in dieser Arbeit auf die in der Literatur ebenfalls häufig zu findenden Aufteilungsstrategien der betrachteten Zustandsmengen verzichtet. Der Schwerpunkt der Entwicklung lag stattdessen auf der Berechnung einer möglichst engen Einschließung der jeweiligen Schnittmengen durch die Beschreibung in Form einer möglichst gut geeigneten Mengendarstellung.

Die beiden in dieser Arbeit entwickelten Verfahren zur Zustandsmengenbeobachtung basieren auf unterschiedlichen Beschreibungsformen für die betrachteten Zustandsmengen und ebenfalls deutlich unterschiedlichen Verfahren zur Lösungseinschließung im Prädiktionsschritt. Ein Vergleich der Verfahren hat gezeigt, dass beide Verfahren in unterschiedlichen Bereichen ihre Stärken oder Schwächen haben. Der IHO-Beobachter liefert häufig gut brauchbare Einschließungen der Zustandsgrößen bei relativ geringem Rechenaufwand, erfordert aber meistens die Verwendung relativ kleiner Schrittweiten. Der TM-Beobachter liefert meist noch deutlich engere Einschließungen, benötigt dafür jedoch erheblich mehr Rechenleistung. Dafür ermöglicht er allerdings auch oft die Verwendung deutlich größerer Schrittweiten, wodurch der Nachteil des hohen Rechenaufwands relativiert werden kann, sofern die Anwendung die Verwendung solch großer Schrittweiten zulässt. Insgesamt ist bei kleinen Schrittweiten und möglichst geringem Rechenaufwand meist der IHO-Beobachter ausreichend. Sind dagegen größe Schrittweiten oder höchste Genauigkeit gefordert, so ist der TM-Beobachter klar vorzuziehen.

Daher lässt sich keines der Verfahren als eindeutig besser für jeden beliebigen Anwendungszweck bezeichnen. Vielmehr ergänzen sich die Verfahren so, dass für verschiedene Anwendungen das jeweils besser geeignete Verfahren verwendet werden kann. Weitere Anwendungsbeispiele der beiden Beobachterkonzepte sind im Kapitel 6 zu finden.

Kapitel 5

Konsistenzbasierte Diagnose mittels Zustandsmengenbeobachtung

Das Ziel der konsistenzbasierten Fehlerdiagnose ist die Detektion und Isolation vorhandener Fehler durch einen Vergleich – eine so genannte Konsistenzprüfung – des tatsächlichen mit dem erwarteten Verhalten des betrachteten Systems. Das tatsächliche Systemverhalten ist dabei durch Messinformationen der Systemausgangsgrößen als Reaktion auf die bekannten Systemeingangsgrößen gegeben. Das erwartete fehlerfreie oder auch fehlerbehaftete Systemverhalten wird in dieser Arbeit durch Zustandsraummodelle repräsentiert.

Das Grundprinzip der konsistenzbasierten Fehlerdiagnose wurde bereits im Kapitel 2.3 skizziert. Es wird in diesem Kapitel im Hinblick auf eine konkrete Umsetzung präzisiert, wobei insbesondere die Anwendung der Verfahren zur Zustandsmengenbeobachtung für zeitkontinuierliche nichtlineare Systeme aus dem Kapitel 4 im Mittelpunkt der Ausführungen steht.

Im Abschnitt 5.1 wird zunächst das aus der Literatur bekannte Konzept der Fehlerkandidaten vorgestellt (siehe beispielsweise [Pla07, BKLS06]) und anschließend im Hinblick auf die speziellen Gegebenheiten dieser Arbeit erweitert. Dabei werden insbesondere für diese Arbeit getroffene Annahmen und Voraussetzungen erläutert und im Hinblick auf bereits existierende Verfahren eingeordnet. Der vollständige Ablauf der konsistenzbasierten Fehlerdiagnose mittels Zustandsmengenbeobachtung mit den beiden in dieser Arbeit betrachteten Teilaufgaben Fehlerdetektion und Fehlerisolation wird dann im Abschnitt 5.2 vorgestellt. Den Abschluß dieses Kapitels bildet der Abschnitt 5.3, in dem die wesentlichen Eigenschaften des vorgestellten Diagnoseverfahrens diskutiert und zusammengefasst werden.

5.1　Fehlerkandidaten

Das Ziel jedes Diagnoseverfahrens ist die korrekte Bestimmung des oder der im System tatsächlich vorhandenen Fehler oder alternativ eine sichere Aussage über die Abwesenheit von Fehlern. Dieses Idealziel kann jedoch aus einer Vielzahl von Gründen im Allgemeinen praktisch nicht erreicht werden.

Zunächst sind die über das Systemverhalten zur Verfügung stehenden Informationen begrenzt. Dies kann bedeuten, dass bestimmte Fehler in einem System prinzipiell von keinem Diagnoseverfahren detektiert werden können, also nicht detektierbar sind (vergleiche auch Abschnitt 2.1.2). Darüber hinaus können möglicherweise auf Basis der vorhandenen Informationen über das Systemverhalten bestimmte Fehler nicht unterschieden, dass heißt nicht isoliert, werden. Dieses Problem der mangelnden Diagnostizierbarkeit von Fehlern kann gegebenenfalls durch Hinzunahme weiterer Informationen über das System – beispielsweise durch den Einbau zusätzlicher Sensorik – gelöst werden. Greift man jedoch nicht weiter in den Systemaufbau ein und möchte mit den zur Verfügung stehenden Informationen auskommen, dann ist das von einem beliebigen Diagnoseverfahren erzielbare bestmögliche Resultat die Detektion aller detektierbaren und die Isolation aller isolierbaren Fehler.

Das konsistenzbasierte Diagnoseverfahren dieser Arbeit beschreibt als modellbasiertes Diagnoseverfahren das fehlerfreie oder fehlerbehaftete erwartete Systemverhalten mithilfe unsicherer zeitkontinuierlicher nichtlinearer Zustandsraummodelle (vergleiche Definition 2.21). In dieser Arbeit wird der fehlerfreie Normalbetrieb des betrachteten Systems, wie allgemein in der Literatur üblich, mit F_0 bezeichnet. Die für eine konkrete Anwendung betrachteten, unterschiedlichen Fehler werden analog dazu mit F_1, F_2, ... bezeichnet. Der fehlerfreie Fall wird also gewissermaßen als spezieller Fehlerfall aufgefasst, was dadurch gerechtfertigt ist, dass er im Rahmen des Diagnoseverfahrens weitgehend analog zu den tatsächlichen Fehlern behandelt wird.

In praktischen Anwendungen können – beispielsweise schon aufgrund eines unvertretbar hohen Modellierungsaufwands – meist nicht alle potenziellen Fehler berücksichtigt werden. In dieser Arbeit wird daher, im Gegensatz zu beispielsweise [Pla07], angenommen, dass möglicherweise nicht alle Fehler, die potenziell das Systemverhalten beeinflussen können, bekannt sind. Die Menge aller betrachteten Fehler F_i muss also nicht vollständig sein.

In der Praxis kann kein Systemmodell das jeweilige Systemverhalten exakt beschreiben, weswegen die verwendeten Modelle immer mit gewissen Unsicherheiten behaftet sind. Genauso ist es im Allgemeinen nicht möglich, die Messinformationen über das tatsächliche Systemverhalten exakt – das heißt insbesondere ohne Störungen wie beispielsweise Messrauschen – zu erfassen.

In dieser Arbeit wird in Anlehnung an [BKLS06, Pla07]) angenommen, dass für jeden Fehlerfall F_i mit $i = 0, 1, \ldots$ ein unsicheres Zustandsraummodell nach der Definition 2.21 vorliegt, welches das zugehörige charakteristische Verhalten des Systems vollständig beschreibt. Im Vergleich zu einem klassischen, reellwertigen Systemmodell beschreiben die in dieser Arbeit verwendeten, unsicherheitsbehafteten Systemmodelle eine ganze Menge möglicher Verhaltensweisen des Systems. Ein solches Systemmodell heißt *vollständig* („*complete*"), wenn das tatsächliche Verhalten des Systems für den betrachteten Fehlerfall vollständig durch diese Menge möglicher Systemverhaltensweisen abgedeckt wird.

Dies bedeutet insbesondere, dass die tatsächlichen Werte der Modellparameter in den gewählten Parameterintervallen enthalten sein müssen. Analog müssen die tatsächlich vorhandenen Messunsicherheiten vollständig durch die berücksichtigten Eingangs- und Ausgangsunsicherheiten Δu beziehungsweise Δy abgedeckt sein. Darüber hinaus muss die Anfangszustandsmenge $\mathcal{X}(t_0)$ so gewählt werden, dass sie den unbekannten, tatsächlichen Anfangszustand des Systems garantiert enthält.

Diese Annahmen führen auf die folgende Definition eines *Fehlerkandidaten*, die hier in Anlehnung an [Pla07] getroffen wird.

Definition 5.1: Fehlerkandidat

Ein Fehler F_i heißt Fehlerkandidat („fault candidate"), wenn die vorliegenden unsicherheitsbehafteten Messinformationen konsistent mit dem Verhalten des zugehörigen, ebenfalls unsicherheitsbehafteten Systemmodells sind. Die unsicheren Messinformationen sind konsistent mit dem unsicheren Systemmodell, wenn es unter Berücksichtigung der Unsicherheiten wenigstens eine Möglichkeit gibt, die Messinformationen mit dem Systemmodell zu erklären.

Das Ziel eines konsistenzbasierten Diagnoseverfahrens ist die korrekte Bestimmung aller Fehlerkandidaten mit den gegebenen Systemmodellen unter Berücksichtigung der betrachteten Unsicherheiten. Dies geschieht durch Ausschluss inkonsistenter Systemmodelle und der zugehörigen Fehler. Die Menge aller Fehlerkandidaten stellt diejenigen Fehler dar, die unter den gegebenen Voraussetzungen als mögliche Fehler angesehen werden müssen. Enthält diese Menge mehrere Fehler, die prinzipiell voneinander unterscheidbar, das heißt isolierbar sind, dann ist die Mehrdeutigkeit des Diagnoseergebnisses – abgesehen von der Möglichkeit eines ungeeigneten Diagnoseverfahrens – auf eine nicht ausreichend genaue Beschreibung des jeweiligen Systemverhaltens oder auf zu wenig Messinformationen zurückzuführen.

Im Fall der hier betrachteten konsistenzbasierten Fehlerdiagnose bezieht sich die nicht ausreichend genaue Modellierung insbesondere auf die berücksichtigten Mess- oder Modellunsicherheiten. Durch eine Verringerung der Unsicherheiten – beispielsweise durch eine genauere Modellierung oder eine bessere Messdatenerfassung – kann das Diagnoseergebnis gegebenenfalls verbessert werden. Zu kleine Unsicherheiten müssen jedoch in jedem Fall vermieden werden, da diese zu einer unerwünschten Inkonsistenz bei der Zustandsmengenbeobachtung führen können (siehe auch Abschnitt 4.1).

Die Konsistenz zwischen Modell und Realität wird bei der konsistenzbasierten Fehlerdiagnose mittels Zustandsmengenbeobachtung durch Bildung des Durchschnitts der prädizierten Menge $\mathcal{X}_{\mathrm{p}}(t_{k+1})$ und der Messmenge $\mathcal{X}_{\mathrm{m}}(t_{k+1})$ überprüft. Auch wenn dabei in jedem Schritt nur der aktuelle Zeitpunkt betrachtet wird, bezieht sich die Konsistenzprüfung aufgrund der Beobachterstruktur auf sämtliche bisher betrachteten Messinformationen (vergleiche Abschnitt 4.1).

Berechnet man bei der Zustandsmengenbeobachtung die prädizierte Menge auf Basis des zum Fehler F_i gehörenden Systemmodells und ist der Durchschnitt mit der Messmenge nicht leer, so ist nicht ausgeschlossen, dass F_i konsistent mit den verfügbaren Messinformationen ist und daher einen Fehlerkandidaten darstellt. Aufgrund der zusätzlichen, durch die Verfahren zur Zustandsmengenbeobachtung bedingten Unsicherheiten ist es jedoch möglich, dass ein Fehler zwar keinen Fehlerkandidaten im Sinne der Definition 5.1 darstellt, aber trotzdem zu einer nicht leeren Schnittmenge führt und daher mit dem verwendeten Verfahren nicht ausgeschlossen werden kann.

Ist die im Korrekturschritt der Zustandsmengenbeobachtung berechnete Einschließung der Schnittmenge dagegen leer, so ist aufgrund der getroffenen Voraussetzungen an die Systemmodelle sowie die Messunsicherheiten (vergleiche Definition 2.21) und außerdem der Eigenschaften der verwendeten Zustandsmengenbeobachter (vergleiche Abschnitt 4.1) garantiert, dass der zum betrachteten Systemmodell gehörende Fehler F_i nicht aufgetreten sein kann.

Im Fall linearer Systeme kann die prädizierte Menge ebenso wie die anschließende Schnittmenge unter gewissen zusätzlichen Annahmen exakt berechnet werden, sodass theoretisch die Menge aller Fehlerkandidaten korrekt bestimmt werden kann [Pla07]. Wie in den Kapiteln 3 und 4 erläutert wurde, ist dies jedoch im Allgemeinen bei nichtlinearen Systemen nicht mehr möglich, da die auftretenden Zustandsmengen aufgrund einer nicht zu vermeidenden Überapproximation nicht exakt beschrieben werden können. Dies führt dazu, dass im Allgemeinen nur eine Obermenge der Menge der Fehlerkandidaten bestimmt werden kann. Die Elemente der mit einem Zustandsmengenbeobachter dieser Arbeit bestimmbaren Obermenge der Fehlerkandidaten werden im Folgenden als *mögliche Fehlerkandidaten* bezeichnet.

Definition 5.2: Möglicher Fehlerkandidat

Ein Fehler F_i heißt möglicher Fehlerkandidat, wenn die vorliegenden Messinformationen konsistent mit dem zugehörigen Systemmodell unter Berücksichtigung der Mess- und Modellunsicherheiten sowie der zusätzlichen, durch das verwendete

Verfahren zur Zustandsmengenbeobachtung bedingten Unsicherheiten sind. Ein möglicher Fehlerkandidat zeichnet sich also dadurch aus, dass die durch die Zustandsmengenbeobachtung auf Basis des zugehörigen Systemmodells berechnete Schnittmenge nicht leer ist.

Üblicherweise tritt ein Fehler in einem technischen System nur selten auf. Dies bedeutet, dass häufig zwischen dem Beginn der Messungen und der aufgrund eines Fehlers auftretenden Veränderung im Systemverhalten eine erhebliche Zeitspanne vergeht. In dieser Arbeit wird daher angenommen, dass ein Fehler zu einem beliebigen, im Allgemeinen unbekannten Zeitpunkt t_f zwischen dem Beginn der Messdatenerfassung zum Zeitpunkt t_0 und dem Abschluss der Fehlerdetektion zum Zeitpunkt t_d auftreten darf. Im Gegensatz dazu wird beispielsweise in [Pla07] angenommen, dass ein einzelner Fehler das Systemverhalten über den gesamten betrachteten Zeithorizont beeinflusst.

Für die folgende Fehlerisolation – also für das Zeitintervall zwischen dem Detektionszeitpunkt t_d und dem Isolationszeitpunkt t_i – wird in dieser Arbeit dann ebenfalls angenommen, dass kein weiterer Fehler das Systemverhalten beeinflusst. Wie im Abschnitt 2.1 bereits erläutert, werden in dieser Arbeit also nur einfache Fehler betrachtet. Das Systemverhalten selbst darf sich jedoch – beispielsweise durch eine sich verändernde Fehlerstärke – im Sinne eines oder mehrerer zeitveränderlicher Modellparameter durchaus verändern. Diese potenziell veränderlichen Modellparameter müssen dann im Rahmen der Fehlerisolation bei der Zustandsmengenbeobachtung mitgeschätzt werden, um eine erfolgreiche Fehlerisolation zu ermöglichen. Dadurch ist es mit den Verfahren dieser Arbeit möglich, neben abrupten auch schleichende Fehler erfolgreich zu isolieren (siehe auch Abschnitt 2.1.1).

5.2 Diagnosealgorithmus

Sowohl zur Fehlerdetektion als auch zur Fehlerisolation werden die jeweils betrachteten Fehler in der so genannten *Fehlerliste* $\mathcal{F}(t)$ zusammengefasst. Die prinzipielle Vorgehensweise ist für die Fehlerdetektion und die Fehlerisolation identisch und wird anhand des Ablaufdiagramms in der Abbildung 5.1 verdeutlicht. Für jedes zum Zeitpunkt t_k noch in der Fehlerliste $\mathcal{F}(t_k)$ enthaltene Element F_i wird mithilfe des verwendeten Zustandsmengenbeobachters die konsistente Folgezustandsmenge $\mathcal{X}_{F_i}(t_{k+1})$ berechnet. Ist diese Folgezustandsmenge leer, so wurde eine Inkonsistenz zwischen dem jeweiligen Systemmodell und den Messinformationen festgestellt. Das entsprechende Element F_i stellt demnach keinen möglichen Fehlerkandidaten mehr dar und wird daher aus der Fehlerliste entfernt. Der Fehler F_i kann – wie bereits erläutert – garantiert nicht aufgetreten sein.

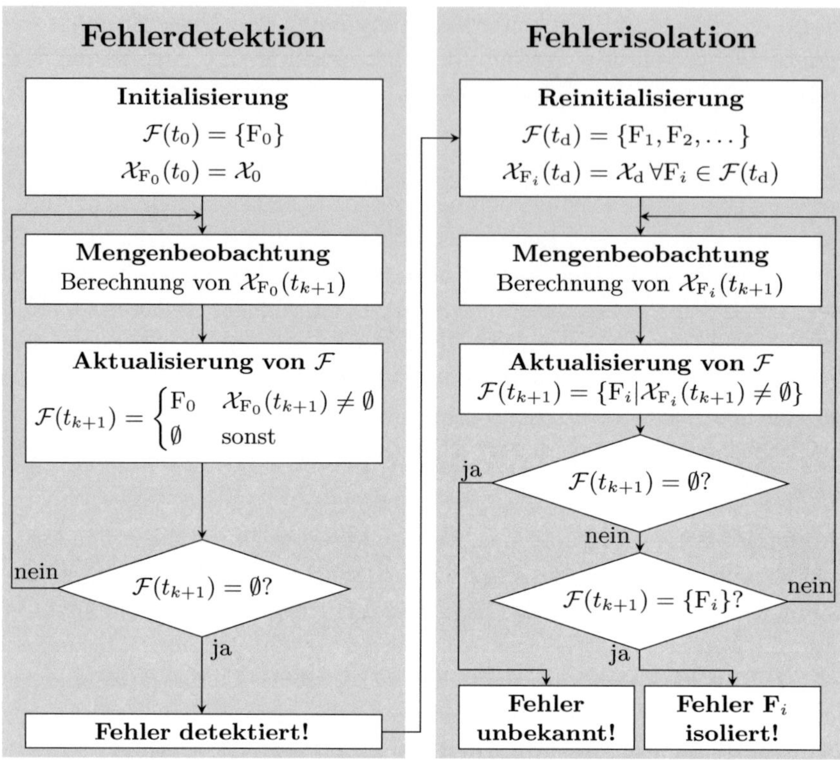

Abbildung 5.1: Prinzipieller Ablauf der Fehlerdetektion und -isolation

Die Unterschiede zwischen der Fehlerdetektion und der Fehlerisolation liegen in der Art und Weise der Initialisierung und der Auswertung der jeweiligen Fehlerliste $\mathcal{F}(t_{k+1})$. Sie werden im Folgenden noch genauer erläutert.

5.2.1 Fehlerdetektion

Zur Fehlerdetektion genügt ein Modell des Systemverhaltens für den fehlerfreien Normalbetrieb F_0 [BKLS06]. Der fehlerfreie Fall muss so lange als Möglichkeit in Betracht gezogen werden, bis er durch die Zustandsmengenbeobachtung als garantiert inkonsistent mit der Realität erkannt wird. Die Fehlerliste wird daher mit

$$\mathcal{F}(t_0) = \{F_0\} \tag{5.1}$$

initialisiert. Der zugehörige Zustandsmengenbeobachter wird mit einer geeigneten Anfangszustandsmenge $\mathcal{X}_{F_0}(t_0)$ initialisiert, die so gewählt werden muss, dass sie den unbekannten tatsächlichen Anfangszustand garantiert enthält. Anschließend wird die

Zustandsmengenbeobachtung so lange durchgeführt, bis sich der mögliche Fehlerkandidat F_0 als inkonsistent mit der Realität erweist. In diesem Fall wird F_0 aus $\mathcal{F}(t_{k+1})$ entfernt, wodurch die Fehlerliste leer wird. Der Zeitpunkt der Fehlerdetektion wird mit t_d bezeichnet. Durch die Zustandsmengenbeobachtung wurde also festgestellt, dass das modellierte fehlerfreie Systemverhalten garantiert nicht der Realität entsprechen kann, sofern die Annahmen über die Mess- und Modellunsicherheiten korrekt sind.

In [Pla07] wird abweichend von der hier gewählten Vorgehensweise die Fehlerliste bereits zur Fehlerdetektion mit allen betrachteten Fehlern F_i initialisiert. Dadurch kann ein *vollständiges Diagnoseergebnis* erzielt werden: Unter den zusätzlichen Annahmen, dass alle potenziellen Fehler bekannt sind und das Systemverhalten über den gesamten betrachteten Zeithorizont von einem einzigen, konstanten Fehler beeinflusst wird, lässt sich die Schlussfolgerung ziehen, dass der tatsächlich vorhandene Fehler zu jedem Zeitpunkt in der Fehlerliste enthalten ist.

Wie bereits erläutert, werden in dieser Arbeit jedoch beide Annahmen gelockert: Ein Fehler darf zu einem beliebigen Zeitpunkt zwischen t_0 und t_d auftreten und es wird nicht vorausgesetzt, dass alle potenziellen Fehler bekannt sind. In diesem Fall ist die Initialisierung von $\mathcal{F}(t_0)$ mit zusätzlichen Elementen außer F_0 wenig sinnvoll. Da sich die Konsistenzprüfung durch die Zustandsmengenbeobachtung auf den gesamten betrachteten Zeithorizont bezieht, könnte es passieren, dass sich nach dem Auftreten eines Fehlers F_i $(i \neq 0)$ sowohl F_0 als auch F_i als inkonsistent erweisen, da keines der beiden Fehlermodelle zur gesamten aufgezeichneten Messdatenreihe passt. Daher muss unter den in dieser Arbeit getroffenen Annahmen zur anschließenden Fehlerisolation in jedem Fall eine Reinitialisierung von $\mathcal{F}$ durchgeführt werden, selbst wenn zu Beginn außer F_0 noch weitere potenzielle Fehler in $\mathcal{F}(t_0)$ aufgenommen würden.

Die Detektion eines Fehlers hängt in beiden Fällen nur von der Konsistenz beziehungsweise Inkonsistenz des fehlerfreien Falls F_0 ab. Die alleinige Betrachtung von F_0 im Rahmen der Fehlerdetektion reduziert den benötigten Rechenaufwand beträchtlich, da der zusätzliche Aufwand der Zustandsmengenbeobachtung für die weiteren Fehlermodelle entfällt.

Ist man nur an einer Fehlerdetektion interessiert, so genügt also ein Modell des fehlerfreien Falls F_0, ohne dass die Modellierung potenzieller Fehler erforderlich wäre. Für die auf die Fehlerdetektion folgende Fehlerisolation werden jedoch solche zusätzlichen Modelle für alle betrachteten Fehler benötigt.

5.2.2 Fehlerisolation

Wurde ein Fehler detektiert, so kann bei Bedarf anschließend versucht werden, den aufgetretenen Fehler durch eine Fehlerisolation zu ermitteln. Dazu wird die Fehlerliste $\mathcal{F}(t_{\mathrm{d}})$ unter Verwendung aller betrachteten Fehler F_i mit Ausnahme des gerade als inkonsistent erkannten fehlerfreien Falls F_0 neu initialisiert:

$$\mathcal{F}(t_{\mathrm{d}}) = \{\mathrm{F}_1, \mathrm{F}_2, \dots\} \tag{5.2}$$

Die zugehörigen Zustandsmengenbeobachter müssen ebenfalls analog zur Fehlerdetektion mit einer geeigneten Anfangszustandsmenge $\mathcal{X}(t_{\mathrm{d}}) = \mathcal{X}_{\mathrm{d}}$ initialisiert werden. Dazu kann beispielsweise $\mathcal{X}_{\mathrm{d}} = \mathcal{X}_0$ verwendet werden oder alternativ auch die letzte nichtleere Zustandsmenge aus der Fehlerdetektion hinreichend stark aufgebläht werden.

Anschließend werden analog zur Fehlerdetektion mithilfe der Zustandsmengenbeobachter für alle konsistenten Fehlermodelle ausgehend von den aktuellen Zustandsmengen die konsistenten Folgezustandsmengen bestimmt. Alle Fehler F_i, die sich durch die Zustandsmengenbeobachtung als inkonsistent erweisen, werden aus der Fehlerliste entfernt, sodass die Fehlerliste stets nur die noch möglichen Fehlerkandidaten enthält.

Bei der Fehlerisolation wird in dieser Arbeit davon ausgegangen, dass in dem für die Isolation benötigten Zeitintervall $[t_{\mathrm{d}}, t_{\mathrm{i}}]$ kein weiterer Fehler auftritt und das Systemverhalten daher im gesamten betrachteten Zeitraum vom gleichen Fehler beeinflusst wird. Damit werden in dieser Arbeit nur einfache Fehler betrachtet (vergleiche Abschnitt 2.1.1). Sollte diese Annahme nicht erfüllt sein, dann könnten sich im Rahmen der Fehlerisolation alle betrachteten Fehler F_i als inkonsistent erweisen (vergleiche auch die Ausführungen zur Fehlerdetektion).

Zur Auswertung der Fehlerliste im Rahmen der Fehlerisolation werden in dieser Arbeit die folgenden Fälle unterschieden:

$\mathcal{F}(t_{k+1}) = \{\mathbf{F}_i, \mathbf{F}_j, \dots\}$: Auf Basis der aktuell vorliegenden Informationen stellen mehrere Fehler noch mögliche Fehlerkandidaten dar. Dies ist darauf zurückzuführen, dass die betreffenden Fehler entweder aufgrund der betrachteten Unsicherheiten oder aufgrund einer prinzipiell nicht vorhandenen Isolierbarkeit nicht voneinander unterschieden werden können (unterbliebene Isolation). Um die Fehler möglicherweise doch noch voneinander unterscheiden zu können, wird in dieser Arbeit – sofern dies für die jeweilige Anwendung vertretbar erscheint – die Zustandsmengenbeobachtung so lange weiter fortgesetzt, bis einer der folgenden Fälle eintritt.

$\mathcal{F}(t_{k+1}) = \{\mathbf{F}_i\}$: Nur ein Fehler verbleibt als möglicher Fehlerkandidat in der Fehlerliste, sodass man – zumindest nach einer gewissen Zeit – davon ausgehen kann, dass dieser Fehler auch tatsächlich vorliegt. Diese Aussage ist jedoch nicht garantiert: Es ist durchaus möglich, dass sich im weiteren Verlauf auch der letzte verbleibende mögliche Fehlerkandidat F_i noch als inkonsistent erweist (siehe unten). In der Praxis sollte deswegen in diesem Fall – sofern dies vertretbar erscheint – die Zustandsmengenbeobachtung noch eine gewisse Zeit fortgesetzt werden, bevor davon ausgegangen werden kann, dass der Fehler korrekt isoliert wurde. Im Ablaufdiagramm in der Abbildung 5.1 ist dieser Fall im Interesse einer kompakteren Darstellung vereinfacht dargestellt: Der Fehler F_i wird dort als isoliert angenommen, sobald sich alle anderen möglichen Fehlerkandidaten als inkonsistent erwiesen haben.

$\mathcal{F}(t_{k+1}) = \emptyset$: Alle betrachteten Fehler haben sich als garantiert inkonsistent erwiesen. Daher muss – ebenfalls garantiert – ein unbekannter Fehler aufgetreten sein, der zwar detektiert wurde, aber mangels eines entsprechenden Systemmodells nicht isoliert werden kann (unterbliebene Isolation).

Die Auswertung der im Rahmen der Fehlerisolation bestimmten Fehlerliste muss aufgrund der nicht garantierten Fehlerisolation mit entsprechender Vorsicht durchgeführt werden. In dieser Arbeit wird zu Vergleichszwecken der Zeitpunkt, zu dem der tatsächlich vorhandene Fehler korrekt isoliert wird, als Isolationszeitpunkt t_i bezeichnet.

Werden im Rahmen der Fehlerisolation bei der Zustandsmengenbeobachtung zusätzlich noch Parameter eines Fehlermodells mit geschätzt, so können damit neben abrupten Fehlern auch schleichende Fehler isoliert werden. Die berechneten Einschließungen für die Modellparameter liefern dann gleichzeitig noch weitere Informationen im Sinne einer Fehleridentifikation, beispielsweise über die Stärke des aufgetretenen Fehlers. Diese Informationen können dann im Rahmen geeigneter Gegenmaßnahmen genutzt werden. Diese weiterführenden Aufgaben hängen jedoch sehr stark vom jeweils betrachteten Anwendungsfall ab und werden daher in dieser Arbeit nicht weiter betrachtet.

5.3 Eigenschaften des Diagnoseverfahrens

Den wesentlichen Bestandteil des konsistenzbasierten Diagnoseverfahrens dieser Arbeit bilden die im Kapitel 4 vorgestellten Verfahren zur Zustandsmengenbeobachtung für nichtlineare zeitkontinuierliche Systeme. Die Eigenschaften des Diagnoseverfahrens ergeben sich damit sowohl aus den Eigenschaften der verwendeten Zustandsmengenbeobachter als auch aus deren Einsatz zur Fehlerdetektion beziehungsweise -isolation, die im Abschnitt 5.2 erläutert wurden.

Wie im Abschnitt 2.1 bereits ausgeführt wurde, stellt die Forderung nach einer möglichst frühzeitigen und korrekten Erkennung von Fehlern die wesentliche Herausforderung der Fehlerdiagnose dar. Das konsistenzbasierte Diagnoseverfahren dieser Arbeit ist robust (vergleiche Definition 2.17) in dem Sinne, dass durch die Zustandsmengenbeobachtung ausgeschlossene Fehler garantiert nicht aufgetreten sein können. Damit können, sofern die Annahmen über die Mess- und Modellunsicherheiten korrekt sind, bei der Fehlerdetektion keine Fehlalarme auftreten. Neben korrekten Alarmen sind jedoch auch unterbliebene Alarme möglich, sofern die Auswirkungen eines tatsächlich aufgetretenen Fehlers durch die angenommenen Unsicherheiten verdeckt werden oder der tatsächlich aufgetretene Fehler prinzipiell nicht detektierbar ist.

Im Rahmen der Fehlerisolation werden ebenfalls die als garantiert inkonsistent erkannten Fehler ausgeschlossen. Damit kann bei der Fehlerisolation prinzipiell kein tatsächlich nicht vorhandener Fehler isoliert werden. Dabei ist jedoch zu beachten, dass die Aussage der Fehlerisolation im Allgemeinen keine garantierte Aussage ist. Nur wenn tatsächlich alle potenziellen Fehler modelliert wurden, ist garantiert, dass der letzte verbleibende Fehlerkandidat dem tatsächlich vorhandenen Fehler entspricht, da es in diesem Fall keine unbekannten Fehler mehr gibt. Ansonsten muss bei der Interpretation des Ergebnisses der Fehlerisolation neben den in der Fehlerliste $\mathcal{F}$ verbliebenen möglichen Fehlerkandidaten immer auch der Fall eines unbekannten Fehlers als Möglichkeit in Betracht gezogen werden. Der Fall eines unbekannten Fehlers wird jedoch in dieser Arbeit nicht als zusätzliches Element in $\mathcal{F}$ aufgenommen, da es dazu kein entsprechendes Fehlermodell und demnach auch keinen zugehörigen Zustandsmengenbeobachter gibt. Betrachtet man bei der Auswertung der Fehlerisolation die Gesamtheit aller in $\mathcal{F}$ verbliebenen möglichen Fehlerkandidaten und zusätzlich die Möglichkeit eines unbekannten Fehlers, so sind durch die Vorgehensweise dieser Arbeit falsche Isolationen im Rahmen der Fehlerisolation ausgeschlossen.

Mit dem Diagnoseverfahren dieser Arbeit sind neben der korrekten Isolation auch unterbliebene Isolationen möglich. Ähnlich wie bei der Fehlerdetektion ist dies entweder auf eine fehlende Isolierbarkeit oder auch darauf zurückzuführen, dass sich mehrere betrachtete Fehler unter Berücksichtigung der Unsicherheiten zu ähnlich sind, um sie voneinander trennen zu können.

Die Empfindlichkeit (vergleiche Definition 2.18) des Verfahrens wird im Wesentlichen durch die Unsicherheiten der Modellparameter sowie der Ein- und Ausgangsgrößen bestimmt. Diese Unsicherheiten müssen bei der Modellierung so klein wie möglich gewählt werden, um eine möglichst gute Detektion und Isolation auftretender Fehler zu ermöglichen. Um die Robustheit des Verfahrens nicht zu gefährden, ist es jedoch unbedingt erforderlich, darauf zu achten, dass die Unsicherheiten nicht zu klein angenommen werden. Nur wenn die tatsächlichen Unsicherheiten vollständig durch die modellierten Unsicherheiten abgedeckt werden – und damit die Annahmen über die Mess- und Modellunsicherheiten korrekt sind – ist das Verfahren tatsächlich robust im oben erläuterten Sinn. Die Unterscheidung von Störungen und Fehlern, die im Abschnitt 2.1 als wesentliches Ziel eines Diagnoseverfahrens genannt wurde (vergleiche Definitionen 2.1 und 2.2), erfolgt im Wesentlichen ebenfalls durch eine geeignete Wahl der Mess- und Modellunsicherheiten.

Die Zustandsmengenbeobachter als Kernbestandteil des Diagnoseverfahrens weisen im Gegensatz zu klassischen Zustandsbeobachtern keine Rückkopplung des Schätzfehlers auf. Dies kommt ebenfalls der Empfindlichkeit des Diagnoseverfahrens zugute. Eine solche Rückkopplung würde eine Anpassung des Beobachters an ein möglicherweise vom erwarteten Verhalten abweichendes Systemverhalten bewirken, wodurch insbesondere die Erkennung kleiner Fehler erschwert oder gar verhindert werden kann. Des Weiteren werden bei Diagnoseverfahren auf Basis klassischer Beobachter, bei denen die Residuen aus der Differenz zwischen geschätzten und gemessenen Ausgangsgrößen gebildet werden, Fehler nur vorübergehend so lange angezeigt, bis der Schätzfehler aufgrund der Rückkopplung wieder abgeklungen ist. Dieses Phänomen wird bei den Verfahren dieser Arbeit durch die fehlende Rückkopplung vermieden.

Wie im Abschnitt 2.1 bereits erläutert wurde, werden in dieser Arbeit nur einfache Fehler betrachtet. Da die Fehlerdetektion nur auf einer Inkonsistenz des Systemmodells für den fehlerfreien Fall beruht, ist es zunächst unwesentlich, welche Art von Fehler tatsächlich vorliegt. Damit ist mit dem konsistenzbasierten Diagnoseverfahren dieser Arbeit die Detektion von abrupten Fehlern genauso möglich wie die Detektion von schleichenden oder sporadischen Fehlern. Natürlich müssen jedoch die Auswirkungen der jeweiligen Fehler so stark ausgeprägt sein, dass sie nicht von den Unsicherheiten verdeckt werden.

Im Rahmen der Fehlerisolation können neben den – bei ausreichender Fehlerstärke – relativ einfach zu erkennenden, abrupten Fehlern auch schleichende Fehler isoliert werden. Dies wird vor allem durch die kombinierte Zustands- und Parameterschätzung im Rahmen der nichtlinearen Zustandsmengenbeobachtung ermöglicht. Ohne diese zusätzliche Parameterschätzung müsste für jede mögliche Veränderung eines Modellparameters und jede mögliche Fehlerstärke ein separates Modell mit zugehörigem möglichem Fehlerkandidaten betrachtet werden. Dadurch wäre eine erfolgreiche Isolation schleichender Fehler aufgrund eines extrem hohen Modellierungs- und Rechenaufwands praktisch nicht möglich. Die Isolation sporadischer Fehler ist aufgrund der praktisch meist nicht durchführbaren Modellierung mit den Verfahren dieser Arbeit ebenfalls kaum möglich, es sei denn, die Diagnose konnte bereits erfolgreich abgeschlossen werden, bevor der Fehler wieder verschwindet.

Wie im Abschnitt 2.1 bereits erwähnt wurde, wird im Rahmen dieser Arbeit die Aufgabe der Fehleridentifikation nicht weiter betrachtet. In einem gewissem Maße liefert jedoch die kombinierte Zustands- und Parameterschätzung im Rahmen der Fehlerisolation bereits Informationen über mögliche Fehlerstärken und die weitere Entwicklung von Fehlern, die im Sinne einer Fehleridentifikation ausgewertet werden können.

Kapitel 6

Anwendungen der konsistenzbasierten Diagnose

In diesem Kapitel wird das Verfahren zur konsistenzbasierten Fehlerdiagnose nichtlinearer Systeme aus dem Kapitel 5 auf Basis der im Kapitel 4 entwickelten Ansätze zur Zustandsmengenbeobachtung anhand verschiedener Anwendungsbeispiele verdeutlicht und evaluiert.

Im Abschnitt 6.1 wird zunächst ein Van-der-Pol-Oszillator betrachtet, der in der nichtlinearen Systemtheorie häufig als Benchmark-System verwendet wird. Anschließend verdeutlicht der Abschnitt 6.2 die Möglichkeiten der konsistenzbasierten Fehlerdiagnose im Zusammenspiel mit der kombinierten Zustands- und Parameterschätzung im Rahmen der Zustandsmengenbeobachtung anhand eines einfachen Feder-Masse-Dämpfer-Systems. Diese Beispielsysteme wurden bereits im Abschnitt 4.4 zum Vergleich von IHO- und TM-Beobachter herangezogen.

Als weiteres Anwendungsbeispiel wird im Abschnitt 6.3 ein inverses Pendel betrachtet, das ebenfalls ein häufig verwendetes Benchmark-System der nichtlinearen Systemtheorie ist. Im Gegensatz zum Van-der-Pol-Oszillator liegen hier jedoch keine Simulationsdaten zugrunde. Stattdessen werden Messdaten aus einem am Institut für Regelungs- und Steuerungssysteme vorhandenen Laboraufbau verwendet.

Schließlich wird das konsistenzbasierte Diagnoseverfahren im Abschnitt 6.4 zur Fehlerdiagnose einer Ansaugluft-Drosselklappe eingesetzt, die als Teil des Abgasrückführsystems moderner Dieselmotoren eine abgasrelevante Komponente darstellt und deren Überwachung daher gesetzlich vorgeschrieben ist. Zur Fehlerdiagnose der Ansaugluft-Drosselklappe stehen neben Messdaten aus einem Laboraufbau auch Messungen aus Versuchsfahrten zur Verfügung, die in Kooperation mit der Daimler AG an einem Versuchsfahrzeug aufgezeichnet wurden.

Die wesentlichen Ergebnisse dieses Kapitels werden abschließend im Abschnitt 6.5 nochmals kurz zusammengefasst.

6.1   Van-der-Pol-Oszillator

Als einführendes Beispiel zur konsistenzbasierten Fehlerdiagnose wird in diesem Abschnitt ein Van-der-Pol-Oszillator untersucht, der bereits im Beispiel 4.4 im Abschnitt 4.4 betrachtet wurde. Der Van-der-Pol-Oszillator wird im Zustandsraum beschrieben durch das nichtlineare Systemmodell

$$\dot{\boldsymbol{x}} = \begin{pmatrix} x_2 \\ \varepsilon \left(1 - x_1^2 \right) x_2 - x_1 \end{pmatrix}, \quad y = x_1 \tag{6.1}$$

mit dem reellen Parameter $\varepsilon \geq 0$. Diese Darstellung entspricht der Definition 2.21 und kann daher direkt zur konsistenzbasierten Fehlerdiagnose herangezogen werden.

Für die folgenden Simulationsexperimente werden neben dem fehlerfreien Fall F_0 drei Fehlerfälle betrachtet, die sich im Wert des Parameters ε unterscheiden:

F_0: fehlerfreier Fall mit $\varepsilon = 2$

F_1: Fehler mit $\varepsilon = 3$

F_2: Fehler mit $\varepsilon = 4$

F_3: Fehler mit $\varepsilon = 4.25$

Zusätzlich wird noch ein unbekannter Fehler mit $\varepsilon = 1$ simuliert. Mithilfe des MATLAB-Simulationsverfahrens `ode45` wurden für diese Fehler Simulationsdaten y mit einer Abtastzeit von $T_\mathrm{A} = 0{,}02$ s generiert. Alle simulierten Fehler traten dabei zum Zeitpunkt $t_\mathrm{f} = 2$ s auf.

Die konsistenzbasierte Fehlerdiagnose wird hier sowohl auf Basis eines IHO-Beobachters als auch auf Basis eines TM-Beobachters durchgeführt. Die Beobachterordnung wird dabei zu $\ell = 5$ und die Ausgangsunsicherheit zu $\Delta y = 0{,}1$ gewählt. Die jeweiligen Fehlermodelle werden für dieses Beispiel als exakt bekannt angenommen, der Parameter ε unterliegt also keinen Unsicherheiten. Als Anfangszustandsmenge sowie zur Reinitialisierung der Zustandsmengenbeobachter für die Fehlerisolation wird der Intervallvektor beziehungsweise das vektorielle Taylor-Modell

$$\boldsymbol{\mathcal{X}}(0) = \boldsymbol{\mathcal{X}}(t_\mathrm{d}) = \begin{pmatrix} [-3, 3] \\ [-7, 7] \end{pmatrix} = \begin{pmatrix} 3a_{x_1} \\ 7a_{x_2} \end{pmatrix} \tag{6.2}$$

verwendet. Hier wie auch in allen weiteren Beispielen ist es sinnvoll, die Zustandsmengenbeobachtung nicht mit dem Prädiktionsschritt zu beginnen, sondern die Anfangszustandsmenge mithilfe einer Messung $\boldsymbol{\mathcal{Y}}(0)$ vorab durch eine einfache Schnittmengenbildung zu korrigieren (vergleiche Abschnitt 4.1).

Die mit den Verfahren dieser Arbeit erzielten Diagnoseergebnisse sind in den Abbildungen 6.1 bis 6.4 dargestellt. Die Abbildungen zeigen jeweils über der Zeit t die

	IHO-Beobachter		TM-Beobachter	
	$t_\mathrm{d} - t_\mathrm{f}$	$t_\mathrm{i} - t_\mathrm{d}$	$t_\mathrm{d} - t_\mathrm{f}$	$t_\mathrm{i} - t_\mathrm{d}$
Fehler F_1	1,08 s	3,72 s	1,02 s	3,50 s
Fehler F_2	0,92 s	–	0,88 s	9,86 s
Fehler F_3	0,86 s	–	0,84 s	10,08 s
unbekannter Fehler	1,22 s	1,84 s	1,10 s	0,86 s

Tabelle 6.1: Benötigte Zeit zur Fehlerdetektion $(t_\mathrm{d} - t_\mathrm{f})$ beziehungsweise Fehlerisolation $(t_\mathrm{i} - t_\mathrm{d})$ beim Van-der-Pol-Oszillator

Projektionen der berechneten Einschließungen im Zustandsraum auf die Zustandsgrößen x_1 und x_2 sowie in Form von Balkendiagrammen die in der Fehlerliste $\mathcal{F}$ enthaltenen möglichen Fehlerkandidaten F_i.

Die jeweils zur Fehlerdetektion benötigte Zeit zwischen dem Auftreten eines Fehlers zum Zeitpunkt $t_\mathrm{f} = 2$ s und dem Detektionszeitpunkt t_d sowie die zur Fehlerisolation benötigte Zeit zwischen t_d und dem Isolationszeitpunkt t_i ist in der Tabelle 6.1 dargestellt. Die maximale Rechenzeit[1] pro 1 s Simulationszeit bei drei parallel laufenden Zustandsmengenbeobachtern beträgt bei Verwendung von IHO-Beobachtern 125 ms und bei Verwendung von TM-Beobachtern 1,9 s. Wie im Abschnitt 4.4 bereits erwähnt, besteht insbesondere bei den TM-Beobachtern noch Potenzial zur Beschleunigung der Berechnungen, so dass die benötigte Rechenzeit bei Bedarf noch deutlich reduziert werden könnte. Alternativ könnte auch die Beobachterordnung reduziert oder die Abtastzeit vergrößert werden. Dadurch verschlechtern sich jedoch die Diagnoseergebnisse, da eine geringere Beobachterordnung größere Überapproximationen und eine längere Abtastzeit seltener durchgeführte Korrekturschritte bedeutet.

Im Fall des Fehlers F_1 kann mit beiden Mengenbeobachtern der tatsächlich vorhandene Fehler nach kurzer Zeit detektiert und im weiteren Verlauf auch korrekt isoliert werden (siehe Abbildung 6.1). Es zeigt sich, dass der TM-Beobachter – wie aufgrund der Betrachtungen im Abschnitt 4.4 zu erwarten ist – engere Einschließungen der Zustandsgrößen liefert, die in der Folge auch zu einer geringfügig schnelleren Fehlerdetektion beziehungsweise -isolation führen. Die berechneten Einschließungen sind jedoch in beiden Fällen aufgrund der fehlenden Modellunsicherheiten sehr eng, weswegen sich der TM-Beobachter nur wenig vom IHO-Beobachter absetzen kann.

Der Fehler F_2 (vergleiche Abbildung 6.2) kann mittels des IHO-Beobachters geringfügig schneller detektiert werden als der Fehler F_1, bei der anschließenden Fehlerisolation gelingt es jedoch nicht, die Menge der möglichen Fehlerkandidaten einzu-

---

[1] Alle Berechnungen wurden auf einem PC mit AMD Athlon64 3200+ CPU und 1GB Arbeitsspeicher unter Windows XP (32bit) durchgeführt. Dabei wurden die im Rahmen dieser Arbeit entstandenen, eigenen C++-Implementierungen des IHO- und des TM-Beobachters verwendet.

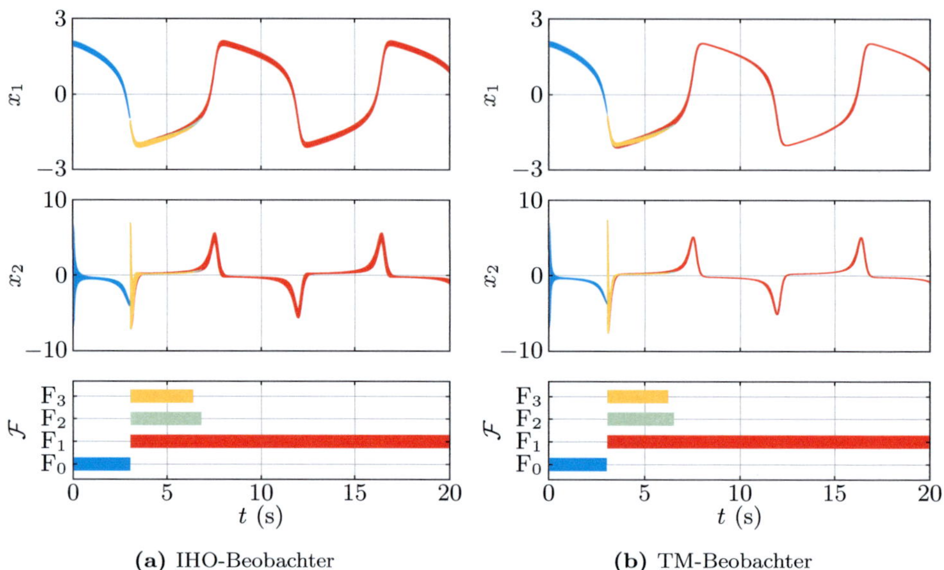

(a) IHO-Beobachter   (b) TM-Beobachter

Abbildung 6.1: Diagnose des Van-der-Pol-Oszillators: Fehler F_1

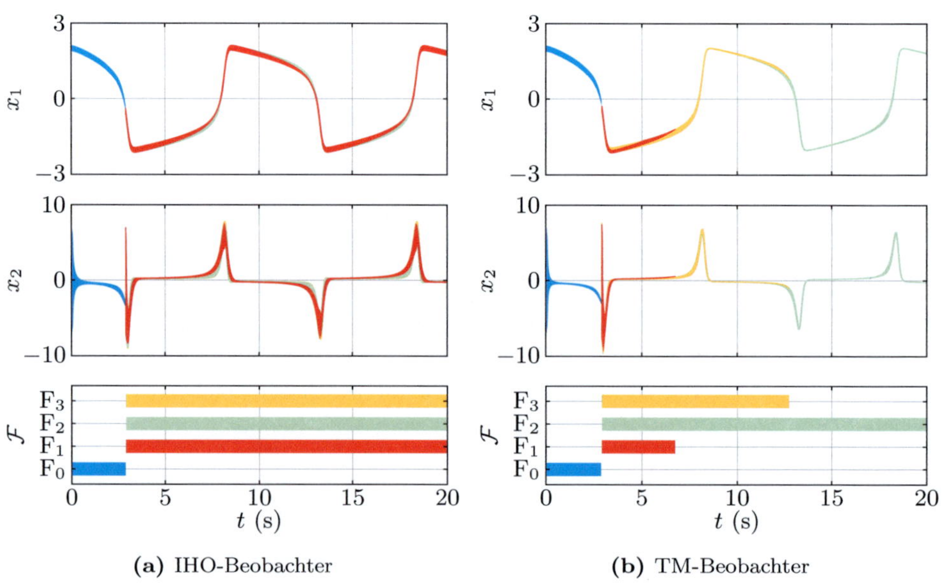

(a) IHO-Beobachter   (b) TM-Beobachter

Abbildung 6.2: Diagnose des Van-der-Pol-Oszillators: Fehler F_2

schränken. Hier ist der TM-Beobachter klar im Vorteil: Die engeren Einschließungen aufgrund der geringeren Überapproximationen führen dazu, dass sowohl F_1 als auch F_3 als inkonsistent ausgeschlossen werden und damit eine korrekte Isolation des Fehlers F_2 erreicht werden kann. Wie bereits erwähnt wurde, erfordert dies jedoch einen erheblich höheren Rechenaufwand. Der Fehler F_2 ist also prinzipiell isolierbar. Die unterbliebene Isolation mit dem IHO-Beobachter ist demnach auf die größeren Überapproximationen zurückzuführen.

Ein ähnliches Ergebnis wird für den Fehler F_3 erreicht (siehe Abbildung 6.3). Hier gelingt mit dem IHO-Beobachter immerhin der Ausschluss von F_1. Die möglichen Fehler F_2 und F_3 sind sich jedoch zu ähnlich, um sie unterscheiden zu können. Mit dem TM-Beobachter ist diese Unterscheidung möglich. Dies zeigt, dass auch dieser der Fehler F_3 prinzipiell isolierbar ist und die unterbliebene Isolation beim IHO-Beobachter hier ebenfalls auf die größeren Überapproximationen zurückzuführen ist.

Die Diagnose des unbekannten Fehlers ist schließlich in der Abbildung 6.4 dargestellt. In der auf die Fehlerdetektion folgenden Fehlerisolation werden alle betrachteten Fehler als inkonsistent ausgeschlossen, sodass sich eine leere Fehlerliste $\mathcal{F}$ ergibt, die – wie im Abschnitt 5.2 erläutert – auf das Auftreten eines unbekannten Fehlers schließen lässt. Wie in den vorigen Fällen erweist sich auch hier die Verwendung des TM-Beobachters als vorteilhaft im Sinne einer schnelleren Fehlerdetektion beziehungsweise -isolation.

Abschließend wird nun noch der Vorteil der im Abschnitt 4.3 eingeführten zweiten Mengendarstellung $\mathcal{T}_2$ im TM-Beobachter verdeutlicht. Während im IHO-Beobachter (vergleiche Abschnitt 4.2) sowohl die Mengendarstellung in Form des reinen Intervallvektors $[\boldsymbol{x}]$ als auch die transformierte Mengendarstellung $\widehat{\boldsymbol{x}} + \boldsymbol{A}[\boldsymbol{r}]$ zwingend benötigt werden, könnte beim TM-Beobachter auf $\mathcal{T}_2$ im Prinzip auch verzichtet werden. Wie im Abschnitt 4.3 erläutert, wurde diese zweite Mengendarstellung in Anlehnung an den IHO-Beobachter jedoch eingeführt, um zu verhindern, dass eine zu große Überapproximation dadurch entsteht, dass die jeweilige Zustandsmenge nicht hinreichend gut durch das Taylor-Modell $\mathcal{T}_1$ darstellbar ist. Dieser Fall tritt insbesondere dann auf, wenn das betrachtete Systemmodell und die Messungen nicht zueinander passen. Bevor dies zu einer nachgewiesenen Inkonsistenz führt, treten gelegentlich Schnittmengen auf, die durch das Taylor-Modell $\mathcal{T}_1$ nur mit einer großen Überapproximation darstellbar sind. Diese Überapproximation kann den Nachweis einer Inkonsistenz deutlich verzögern oder gar verhindern. Dieser unerwünschte Effekt wird durch die zusätzlich eingeführte Mengendarstellung $\mathcal{T}_2$ deutlich reduziert.

Der Vorteil ist aus einem Vergleich der Abbildungen 6.2(b) und 6.5 klar ersichtlich. Die Ergebnisse der Abbildung 6.5 wurden – im Gegensatz zu denen der Abbildung 6.2(b) – mit einem TM-Beoachter berechnet, bei dem auf die zusätzliche Mengendarstellung $\mathcal{T}_2$ verzichtet wurde. Es ergeben sich durch die größeren Über-

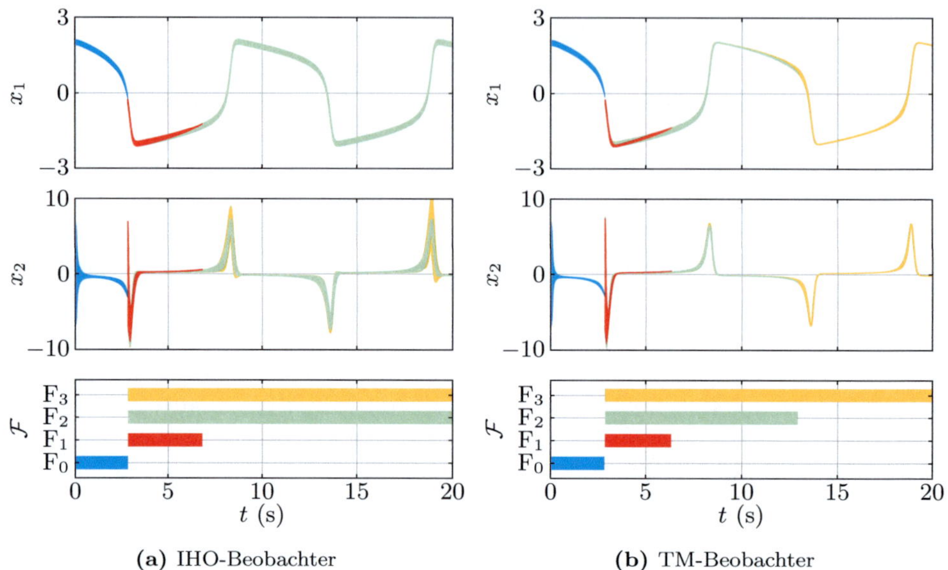

(a) IHO-Beobachter   (b) TM-Beobachter

Abbildung 6.3: Diagnose des Van-der-Pol-Oszillators: Fehler F_3

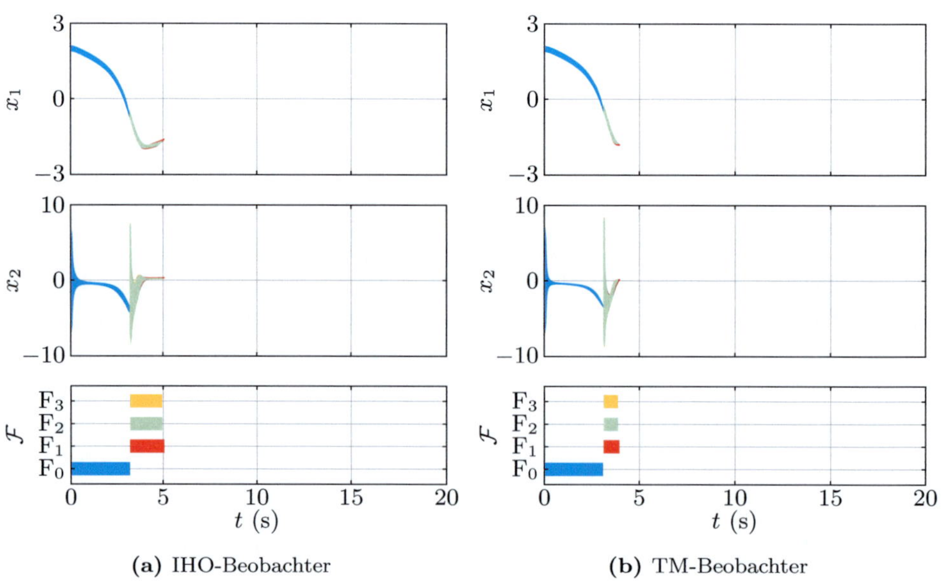

(a) IHO-Beobachter   (b) TM-Beobachter

Abbildung 6.4: Diagnose des Van-der-Pol-Oszillators: unbekannter Fehler

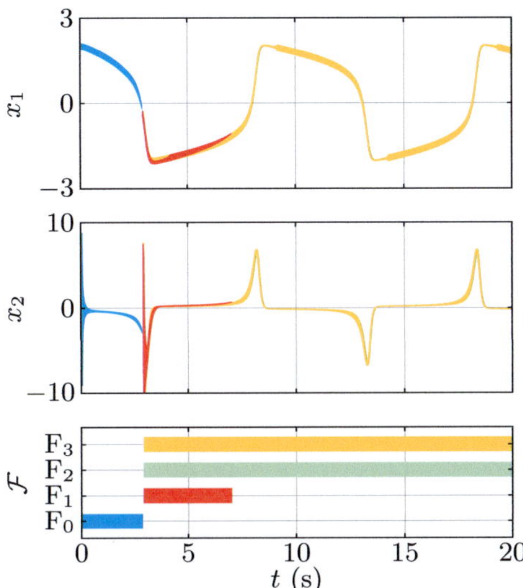

Abbildung 6.5: Diagnose des Van-der-Pol-Oszillators: Fehler F_2, Verwendung eines TM-Beobachters ohne zweite Mengendarstellung

approximationen deutliche Verschlechterungen in den berechneten Einschließungen der Zustandsgrößen. Insbesondere fallen die plötzlichen Aufblähungen der für x_1 berechneten Einschließungen bei $t \approx 9\,\text{s}$, $t \approx 14\,\text{s}$ und $t \approx 19\,\text{s}$ auf. Der Verzicht auf $\mathcal{T}_2$ führt in diesem Fall dazu, dass der tatsächlich vorhandene Fehler F_2 nicht mehr isoliert werden kann. Die Berechnung von $\mathcal{T}_2$ bedeutet fast keinen zusätzlichen Aufwand: Die Rechenzeiten mit und ohne Berücksichtigung von $\mathcal{T}_2$ sind praktisch identisch. Damit erscheint die zusätzliche Berechnung von $\mathcal{T}_2$ in jedem Fall gerechtfertigt.

6.2 Feder-Masse-Dämpfer

In diesem Abschnitt wird die Detektion und Isolation schleichender Fehler mit den Verfahren dieser Arbeit anhand eines einfachen Beispiels verdeutlicht. Die Isolation schleichender Fehler wird durch die kombinierte Zustands- und Parameterschätzung im Rahmen der nichtlinearen Zustandsmengenbeobachtung ermöglicht. Dazu wird ein Feder-Masse-Dämpfer-System untersucht, das bereits im Beispiel 4.5 im Abschnitt 4.4 betrachtet wurde.

Das Feder-Masse-Dämpfer-System wird beschrieben durch das Zustandsraummodell

$$\dot{\boldsymbol{x}} = \begin{pmatrix} x_2 \\ -\frac{c}{m}x_1 - \frac{d}{m}x_2 + \frac{1}{m}u \end{pmatrix}, \quad y = x_1. \tag{6.3}$$

Zur zusätzlichen Schätzung einer langsam veränderlichen Federkonstanten c wird dieses Zustandsraummodell auf

$$\dot{\boldsymbol{x}} = \begin{pmatrix} x_2 \\ -\frac{1}{m}x_1 x_3 - \frac{d}{m}x_2 + \frac{1}{m}u \\ \dot{c} \end{pmatrix}, \quad y = x_1 \tag{6.4}$$

erweitert. Für die folgenden Simulationsexperimente werden die drei Fälle

   F_0: fehlerfreier Betrieb mit $c = 2$ N/m, $d = 0{,}5$ Ns/m und $m = 0{,}25$ kg

   F_1: schlagartige Veränderung der Dämpfung auf $d = 1$ Ns/m

   F_2: schleichende Veränderung der Federkonstanten mit $\dot{c} = -0{,}05$ N/ms

betrachtet, für die mithilfe des MATLAB-Simulationsverfahrens `ode45` Simulationsdaten y generiert wurden. Die Abtastzeit wurde zu $T_A = 0{,}04$ s und alternativ auch zu $T_A = 0{,}08$ s gewählt. Alle betrachteten Fehler traten jeweils zum Zeitpunkt $t_f = 2$ s auf. Als Eingangsgröße $u(t)$ (in N) wurde dabei wie im Beispiel 4.5 eine periodische Rechteckfunktion verwendet:

$$u(t) = \sum_{k=0}^{\infty} \widetilde{u}(t - 10k) \text{ mit } \widetilde{u}(t) = \begin{cases} 2 \text{ N} & \text{für } 0 \text{ s} \leq t < 5 \text{ s,} \\ -2 \text{ N} & \text{für } 5 \text{ s} \leq t < 10 \text{ s,} \\ 0 \text{ N} & \text{sonst.} \end{cases} \tag{6.5}$$

Zur Fehlerdiagnose werden sowohl IHO-Beobachter als auch TM-Beobachter eingesetzt. Die Beobachterordnung wird für die Simulationen mit $T_A = 0{,}04$ s zu $\ell = 5$ und für die Simulationen mit $T_A = 0{,}08$ s zu $\ell = 7$ gewählt. Als Eingangsunsicherheit wird $\Delta u = 0{,}1$ N und als Ausgangsunsicherheit $\Delta y = 0{,}1$ m verwendet.

Für F_0 und F_1 werden Mengenbeobachter auf Basis des linearen Modells (6.3) verwendet. Die Federkonstante c darf dabei – im Sinne einer Bauteiltoleranz – im Intervall $[c] = [1{,}95, 2{,}05]$ N/m variieren. Die Dämpfung wurde für F_0 zu $d = 0{,}5$ Ns/m und für F_1 zu $[d] = [0{,}7, 1{,}0]$ Ns/m angenommen. Die zur Initialisierung der Fehlerdetektion sowie zur Reinitialisierung der Fehlerisolation verwendete Anfangszustandsmenge ergibt sich aus den Intervallen $[x_{1,0}] = [-3, 3]$ m und $[x_{2,0}] = [-5, 5]$ m/s. Die Masse wird in beiden Fällen zu $m = 0{,}25$ kg angenommen. Zur Isolation des schleichenden Fehlers F_2 wird ein Mengenbeobachter auf Basis des nichtlinearen Modells nach Gleichung (6.4) mit $[\dot{c}] = [-0{,}1, 0{,}1]$ N/ms, $d = 0{,}5$ Ns/m und $m = 0{,}25$ kg verwendet. Die Schätzung des Parameters c ist notwendig, da zum Zeitpunkt der Fehlerdetektion t_d nicht bekannt ist, wie weit der schleichende Fehler bereits fortgeschritten ist, also welchen tatsächlichen Wert der Parameter c hat. Das Anfangsintervall für die zusätzliche Zustandsgröße wird zu $[x_{3,0}] = [0, 10]$ N/m gewählt.

In der Abbildung 6.6 ist das Diagnoseergebnis für den Fall des Fehlers F_1 dargestellt. Für die Abtastzeit von $T_A = 0{,}04$ s liefern beide Beobachter sehr gute Er-

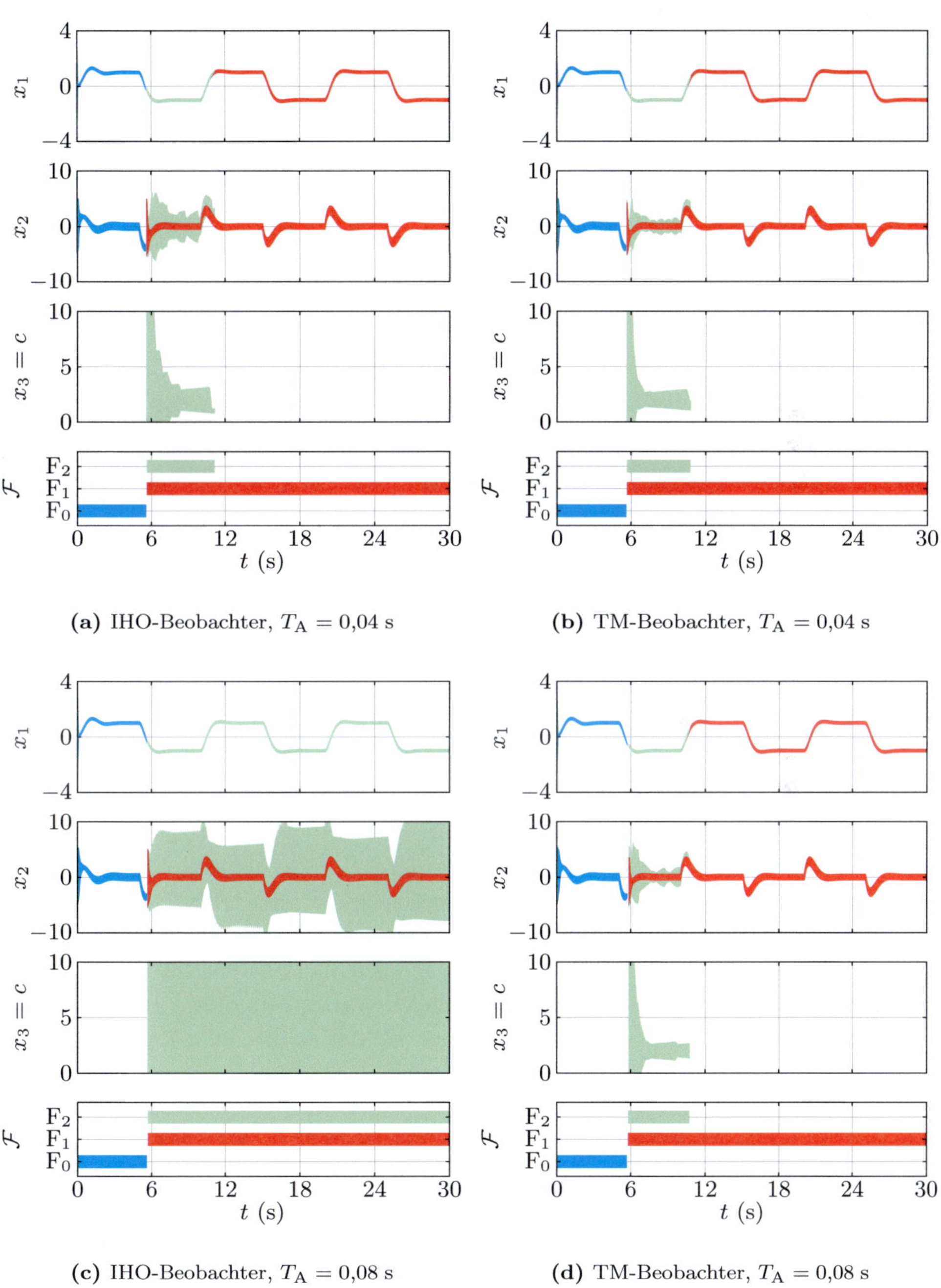

(a) IHO-Beobachter, $T_\mathrm{A} = 0{,}04$ s

(b) TM-Beobachter, $T_\mathrm{A} = 0{,}04$ s

(c) IHO-Beobachter, $T_\mathrm{A} = 0{,}08$ s

(d) TM-Beobachter, $T_\mathrm{A} = 0{,}08$ s

Abbildung 6.6: Diagnose des Feder-Masse-Dämpfers: Fehler F_1

gebnisse. Die maximale Rechenzeit pro 1 s Simulationszeit beträgt in diesem Fall bei zwei parallel laufenden IHO-Beobachtern 30 ms und bei zwei parallel laufenden TM-Beobachtern 2,25 s. Die TM-Beobachter liefern tendenziell engere Schranken für die Zustandsgrößen als die IHO-Beobachter, was sich jedoch kaum auf die zur Fehlerdetektion beziehungsweise -isolation benötigte Zeit auswirkt. Dies ist darauf zurückzuführen, dass die größeren Unsicherheiten beim IHO-Beobachter auf größere Überapproximationen zurückzuführen sind, die jedoch durch den Korrekturschritt weitgehend beseitigt werden können, sobald die berechneten Einschließungen hinreichend eng sind. Da die Größe der berechneten Zustandsmengen insbesondere kurz vor einer festgestellten Inkonsistenz stark abnimmt, kann der IHO-Beobachter hier durch die Beseitigung der Überapproximationen im Korrekturschritt gegenüber dem TM-Beobachter wieder aufholen.

In beiden Fällen wird etwa zum Zeitpunkt $t_\mathrm{d} \approx 5{,}6$ s eine Inkonsistenz des fehlerfreien Falls nachgewiesen und damit ein Fehler detektiert. Bei der anschließenden Fehlerisolation grenzt zunächst der zum möglichen Fehlerkandidaten F_2 gehörende Zustandsmengenbeobachter den möglichen Wertebereich für den mitgeschätzten Modellparameter c ein, bis schließlich feststeht, dass es keinen Wert für c aus der gewählten Anfangsmenge gibt, mit dem das gemessene Systemverhalten erklärt werden kann. Der mögliche Fehlerkandidat F_1 verbleibt als einzige Möglichkeit in der Fehlerliste $\mathcal{F}$, sodass schließlich davon ausgegangen werden kann, dass dieser Fehler tatsächlich aufgetreten ist.

Im Fall der größeren Abtastzeit von $T_\mathrm{A} = 0{,}08$ s und einem dementsprechend selteneren Korrekturschritt zeigt sich der bereits im Abschnitt 4.4 festgestellte Vorteil des TM-Beobachters bei größeren Schrittweiten. Die größere Abtastzeit wirkt sich zwar im Vergleich zum vorigen Fall bei beiden Beobachtern praktisch nicht auf die zur Fehlerdetektion benötigte Zeit aus. Bei der anschließenden Fehlerisolation weist der TM-Beobachter jedoch klare Vorteile auf. Im Gegensatz zum IHO-Beobachter kann mit dem TM-Beobachter auch in diesem Fall der mögliche Wertebereich der Federkonstanten immer weiter eingeschränkt werden, bis schließlich eine Inkonsistenz nachgewiesen werden kann und damit der tatsächlich vorliegende Fehler korrekt isoliert wird. Bedingt durch die Überapproximationen gelingt es hier dem IHO-Beobachter nicht, den Wertebereich für $x_3 = c$ einzuschränken. Sowohl F_1 als auch F_2 bleiben dadurch als mögliche Fehlerkandidaten erhalten (unterbliebene Isolation). Allerdings benötigt auch hier die Diagnose mittels der TM-Beobachter deutlich mehr Rechenzeit. Sie beträgt pro 1 s Simulationszeit bei zwei parallelen TM-Beobachtern 6,2 s anstatt 20 ms bei zwei parallelen IHO-Beobachtern.

Die Abbildung 6.7 zeigt das Diagnoseergebnis für den Fall des Fehlers F_2. Auch hier liefert der TM-Beobachter tendenziell engere Einschließungen, ohne dass sich dies nennenswert auf die zur Fehlerdetektion beziehungsweise -isolation benötigte Zeit auswirkt. Nach der Detektion des Fehlers bei etwa $t_\mathrm{d} \approx 9{,}5$ s erweist sich F_1 sowohl

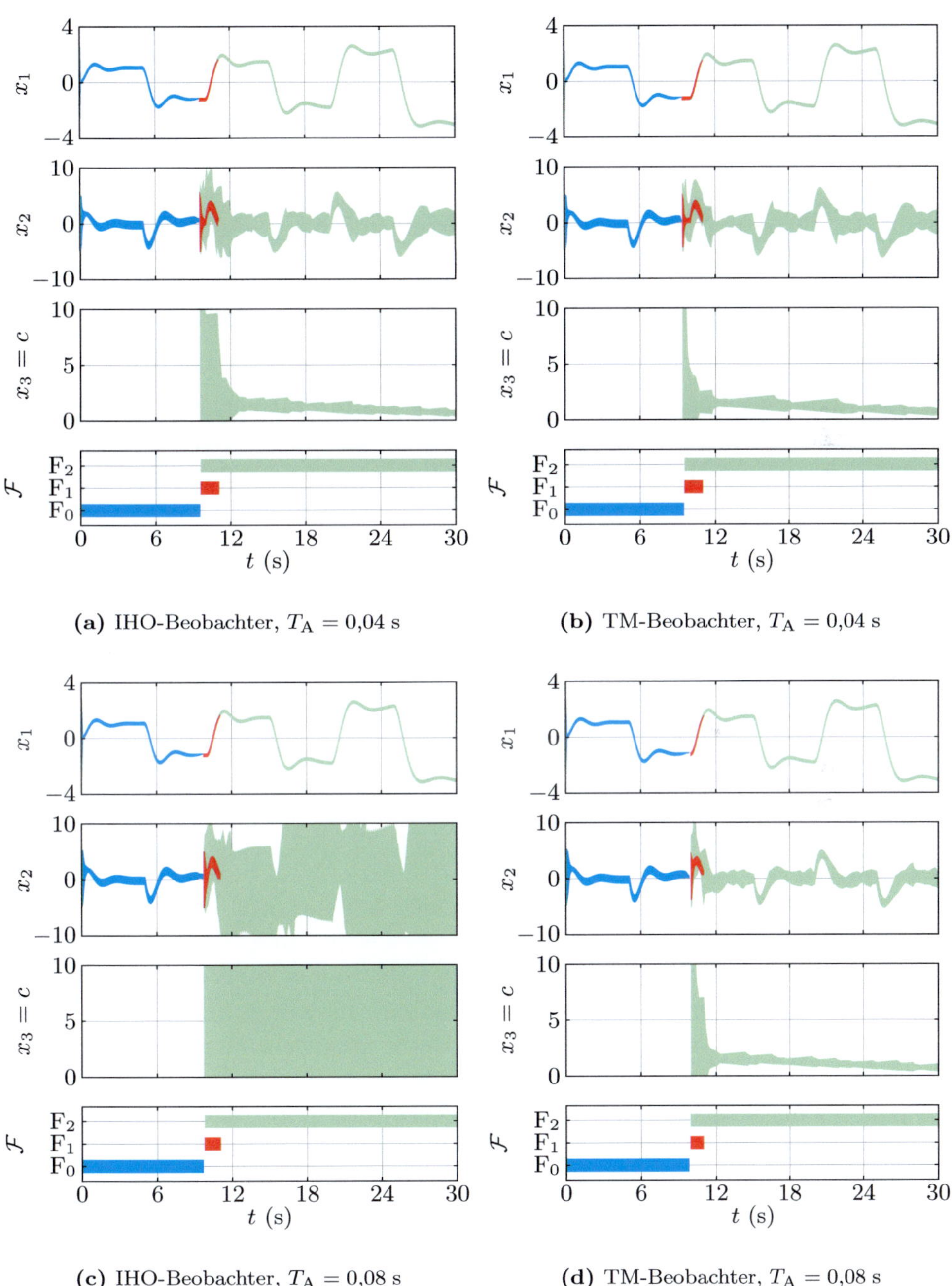

(a) IHO-Beobachter, $T_A = 0{,}04$ s

(b) TM-Beobachter, $T_A = 0{,}04$ s

(c) IHO-Beobachter, $T_A = 0{,}08$ s

(d) TM-Beobachter, $T_A = 0{,}08$ s

Abbildung 6.7: Diagnose des Feder-Masse-Dämpfers: Fehler F_2

Abbildung 6.8: Laboraufbau eines inversen Pendels

für $T_A = 0{,}04$ s als auch für $T_A = 0{,}08$ s schnell als inkonsistent, während F_2 in der Fehlerliste verbleibt. Die zeitliche Veränderung der möglichen Werte für $x_3 = c$ zeigt, dass es sich tatsächlich um einen schleichenden Fehler und nicht etwa um eine abrupte Änderung handelt. Mit dem IHO-Beobachter gelingt für $T_A = 0{,}08$ s wiederum keine hinreichend enge Einschließung der Zustandsgrößen. Die korrekte Isolation ist in diesem Fall fraglich, da durch die extrem konservativen Einschließungen leicht ein potenziell unbekannter Fehler übersehen werden könnte. Insbesondere kann mittels des IHO-Beobachters keine praktisch verwertbare Information über die Federkonstante gewonnen werden. In den anderen Fällen zeigen die für $x_3 = c$ berechneten Einschließungen gut die sich verändernden möglichen Werte der Federkonstanten an.

6.3   Inverses Pendel

Ein inverses Pendel wird in der Literatur häufig als Benchmark-System zur Evaluation und zum Vergleich verschiedener Konzepte der nichtlinearen Regelungstechnik verwendet. In der Abbildung 6.8 ist der Laboraufbau eines solchen inversen Pendels am Institut für Regelungs- und Steuerungssysteme dargestellt. Das inverse Pendel besteht aus einem Wagen, der durch einen Motor angetrieben auf einer Schiene bewegt werden kann. An diesem Wagen ist frei drehbar ein dünner Stab befestigt. Die Aufgabe des Regelungsverfahrens besteht üblicherweise darin, den Stab durch geeignete Bewegungen des Wagens aus seiner stabilen unteren Ruhelage aufzuschwingen und anschließend in der instabilen oberen Ruhelage zu stabilisieren.

Für die Zustandsmengenbeobachter als Bestandteil des konsistenzbasierten Diagnoseverfahrens dieser Arbeit stellt ein solches inverses Pendel ebenfalls ein sehr gutes Benchmark-System dar. Wird der Stab eines ungedämpften Pendels aus der instabilen oberen Ruhelage heraus losgelassen, so entfernt er sich sehr schnell beliebig weit von seiner Ausgangslage, und zwar in Abhängigkeit von einer beliebig kleinen

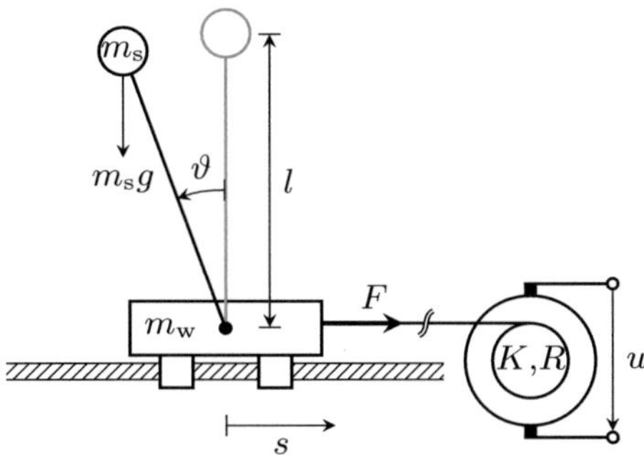

Abbildung 6.9: Schematische Zeichnung des inversen Pendels

Anfangsauslenkung in einer der beiden möglichen Richtungen. Aus diesem Grund ist hier jedes Einschließungsverfahren prinzipiell zum Scheitern verurteilt. Jede Zustandsmenge, die die obere Ruhelage enthält, führt rasch zu beliebig großen Folgezustandsmengen und damit zum Abbruch der Integration aufgrund eines fehlgeschlagenen Validierungsschritts. Nur durch einen ausreichend guten Korrekturschritt bei der Zustandsmengenbeobachtung ist es daher möglich, die berechneten Zustandsmengen beschränkt zu halten und damit ein brauchbares Diagnoseergebnis zu erzielen.

Im Folgenden wird zunächst kurz das in dieser Arbeit verwendete, nichtlineare Zustandsraummodell des inversen Pendels erläutert und anschließend die mit den Verfahren dieser Arbeit erzielten Diagnoseergebnisse vorgestellt und diskutiert.

6.3.1 Modellierung

Das inverse Pendel wird in dieser Arbeit durch ein nichtlineares Zustandsraummodell vierter Ordnung beschrieben. Unter der Annahme eines dünnen Stabes kann der Stab des inversen Pendels durch eine äquivalente Punktmasse m_{s} (in kg) im Abstand l (in m) vom Aufhängepunkt ersetzt werden (siehe Abbildung 6.9). Die Masse des Wagens wird mit m_{w} (in kg) bezeichnet. Mit der Kraft F (in N) und der Erdbeschleunigung g (in m/s^2) lassen sich die Bewegungsgleichungen des inversen Pendels – beispielsweise mittels einer Kräftebilanz und den geometrischen Zusammenhängen – aufstellen:

$$(m_{\mathrm{s}} + m_{\mathrm{w}})\,\ddot{s} + m_{\mathrm{s}}l\dot{\vartheta}^2 \sin\vartheta - m_{\mathrm{s}}l\ddot{\vartheta}\cos\vartheta = F, \tag{6.6a}$$

$$\ddot{s}\cos\vartheta - l\ddot{\vartheta} + g\sin\vartheta = 0. \tag{6.6b}$$

Dabei stellt die Größe s (in m) die Position des Wagens relativ zur Mitte der Schiene und ϑ (in rad) den Winkel relativ zur oberen Ruhelage dar. Das von einem Gleichstrommotor erzeugte Moment wird über ein Getriebe auf den Wagen übertragen. Mit dem Ankerwiderstand R (in Ω) und der Konstanten K (in Vs/m), in der die Maschinenkonstante des Gleichstrommotors und die Getriebeübersetzung zusammengefasst sind, erhält man unter der Annahme eines rein proportionalen Verhaltens des Motors den folgenden Zusammenhang zwischen der vom Motor aufgebrachten Kraft F_{Motor} (in N) und der Ankerspannung u (in V), die die Eingangsgröße des Systems darstellt:

$$F_{\mathrm{Motor}} = \frac{K}{R}u - \frac{K^2}{R}\dot{s}. \tag{6.7}$$

Reibungseffekte lassen sich prinzipiell durch eine der Motorkraft entgegenwirkende Kraft F_{Reib} modellieren:

$$F = F_{\mathrm{Motor}} - F_{\mathrm{Reib}}. \tag{6.8}$$

Da jedoch eine genaue Modellierung der Reibungseffekte und insbesondere die Identifikation der zugehörigen Parameter recht aufwändig sein kann (siehe beispielsweise [OAW$^+$98]) und außerdem die dabei üblicherweise verwendeten Sprungfunktionen aufgrund der Voraussetzungen der in dieser Arbeit verwendeten Einschließungsverfahren nicht verwendet werden können, wird hier ein anderer Weg beschritten. Aus den Gleichungen (6.7) und (6.8) ist ersichtlich, dass die Reibkräfte auch als äquivalente Spannung modelliert werden können:

$$F = F_{\mathrm{Motor}} - F_{\mathrm{Reib}} = \frac{K}{R}u - \frac{K^2}{R}\dot{s} - \frac{K}{R}u_{\mathrm{Reib}} = \frac{K}{R}\left(u - u_{\mathrm{Reib}}\right) - \frac{K^2}{R}\dot{s}. \tag{6.9}$$

Damit lässt sich die unbekannte Spannung u_{Reib} auch als Eingangsunsicherheit interpretieren. Durch eine geeignete Wahl der Eingangsunsicherheit Δu muss daher die Reibung nicht explizit in das Systemmodell mit aufgenommen werden.

Mit den Zustands- und den Ausgangsgrößen $y_1 = x_1 = s$, $y_2 = x_2 = \vartheta$, $x_3 = \dot{s}$ und $x_4 = \dot{\vartheta}$ und $F = F_{\mathrm{Motor}}$ erhält man durch Umformung der Gleichungen (6.6) und (6.7) das gesuchte Zustandsraummodell:

$$\dot{\boldsymbol{x}} = \begin{pmatrix} x_3 \\[2mm] x_4 \\[2mm] \dfrac{m_{\mathrm{s}}\sin x_2 \left(g\cos x_2 - lx_4^2\right) - \frac{K^2}{R}x_3 + \frac{K}{R}u}{m_{\mathrm{w}} + m_{\mathrm{s}}\sin^2 x_2} \\[4mm] \dfrac{\left(\frac{K}{R}u - \frac{K^2}{R}x_3 - m_{\mathrm{s}}lx_4^2\sin x_2\right)\cos x_2 + g(m_{\mathrm{w}} + m_{\mathrm{s}})\sin x_2}{l\left(m_{\mathrm{w}} + m_{\mathrm{s}}\sin^2 x_2\right)} \end{pmatrix}, \tag{6.10a}$$

$$\boldsymbol{y} = \begin{pmatrix} 1 & 0 & 0 & 0 \\ 0 & 1 & 0 & 0 \end{pmatrix}\boldsymbol{x}. \tag{6.10b}$$

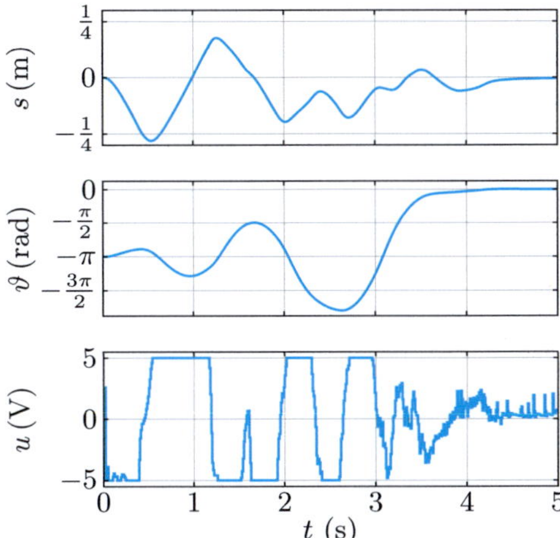

Abbildung 6.10: Messdaten des inversen Pendels im fehlerfreien Fall

	m_w (kg)	K (Vs/m)	R (Ω)	m_s (kg)	l (m)	g (m/s^2)
F$_0$	[1,158, 1,160]	[5,35, 5,45]	[2,6, 2,8]	[0,343, 0,345]	[0,423, 0,425]	[9,75, 9,85]
F$_1$	[1,158, 1,160]	[5,35, 5,45]	[2,6, 2,8]	**[0,420, 0,425]**	**[0,505, 0,510]**	[9,75, 9,85]
F$_2$	[1,158, 1,160]	[5,35, 5,45]	[2,6, 2,8]	**[0,375, 0,380]**	**[0,400, 0,405]**	[9,75, 9,85]

Tabelle 6.2: Modellparameter für die Fehlerdiagnose des inversen Pendels
(im Fehlerfall veränderte Parameter sind fett hervorgehoben)

Das inverse Pendel wird mit einem zeitdiskreten Regler mit einer konstanten Abtastzeit von $T_\mathrm{A} = 10$ ms betrieben [Wol05]. Verwendet man dieselbe Abtastzeit für die
Fehlerdiagnose, so lässt sich die Einschließung der Eingangsgröße durch eine über
einem Zeitschritt konstante Eingangsmenge einfach mit einer konstanten Eingangsunsicherheit Δu realisieren. In der Abbildung 6.10 sind die am Laboraufbau erfassten
Messdaten exemplarisch für den fehlerfreien Fall dargestellt.

Für die Diagnose werden zusätzlich zum fehlerfreien Betrieb zwei Fehlerfälle betrachtet, für die am Stabende beziehungsweise in der Nähe der Drehachse eine kleine
Zusatzmasse angebracht wurde. Dadurch verändern sich die Parameter m_s und l. In
der Tabelle 6.2 sind die unsicheren Modellparameter für die drei Fälle

F$_0$: fehlerfreier Betrieb,

F$_1$: Zusatzmasse am Stabende und

F$_2$: Zusatzmasse an der Stabachse

zusammengestellt. Alle Fehler lagen jeweils bereits zu Beginn eines Messdatensat-
ze vor, es gilt also $t_\mathrm{f} = 0$. Die Eingangsunsicherheit enthält die nicht modellierten

Reibungseffekte und beträgt in den folgenden Beispielen $\Delta u = 0{,}3$ V, was bezogen auf den Eingangsspannungsbereich von ± 5 V einer Unsicherheit von $\pm 6\%$ entspricht. Die Ausgangsunsicherheit beträgt $\boldsymbol{\Delta y} = \begin{pmatrix} 0{,}003 \text{ m} & 0{,}003 \text{ rad} \end{pmatrix}^{\mathrm{T}}$.

Als Anfangszustandsmenge $\mathcal{X}(0)$ wird in allen Fällen der Intervallvektor

$$[\boldsymbol{x}(0)] = \begin{pmatrix} [-0{,}7,\ 0{,}7] \text{ m} \\ [-2\pi,\ 2\pi] \text{ rad} \\ [-1,\ 1] \text{ m/s} \\ [-3\pi,\ 3\pi] \text{ rad/s} \end{pmatrix} \tag{6.11}$$

verwendet, der auch zur Reinitialisierung des Diagnoseverfahrens zur Fehlerisolation eingesetzt wird. Vor dem jeweils ersten Prädiktionsschritt wird die Anfangszustandsmenge durch den Schnitt mit der zugehörigen Messmenge bereits korrigiert. Im folgenden Abschnitt werden nun die Ergebnisse des konsistenzbasierten Diagnoseverfahrens mit den beiden Zustandsmengenbeobachtern dieser Arbeit vorgestellt und diskutiert.

6.3.2 Diagnoseergebnisse

Zur Zustandsmengenbeobachtung im Rahmen des konsistenzbasierten Diagnoseverfahrens werden für das inverse Pendel sowohl IHO-Beobachter als auch TM-Beobachter in unterschiedlichen Varianten verwendet. Wie im Abschnitt 4.3 erläutert, können die unsicheren Parameter im TM-Beobachter entweder direkt durch Intervalle oder alternativ durch zusätzliche Variablen im Polynomanteil berücksichtigt werden, während unsichere Parameter im IHO-Beobachter stets direkt in Form von Intervallen repräsentiert werden.

Als einfachste Variante wird zunächst ein TM-Beobachter mit Intervallparametern eingesetzt, bei dem alle unsicheren Modellparameter direkt in Form von Intervallen repräsentiert werden. Es ist zu erwarten, dass diese Variante von allen TM-Beobachtern die schlechtesten Ergebnisse bei geringster Rechenzeit liefert. Als Zweites wird ein TM-Beobachter eingesetzt, bei dem ein Teil der unsicheren Parameter durch Variablen und der Rest durch Intervalle repräsentiert wird. Aufgrund des Dependency- beziehungsweise des Wrapping-Effekts der Intervallarithmetik ist die größte Verbesserung der Ergebnisse dadurch zu erreichen, dass die Parameter durch Variablen beschrieben werden, die entweder am häufigsten in der gegebenen Systemfunktion auftauchen oder die größten Unsicherheiten besitzen. Daher werden hier von den sechs Modellparametern die drei Parameter K, R und g durch Variablen und die restlichen Parameter direkt durch Intervalle repräsentiert. Als letzte Variante kommt noch ein TM-Beobachter zum Einsatz, für den alle Modellparameter durch

Verfahren	Rechenzeit
IHO-Beobachter	0,4 s
TM-Beobachter, Intervallparameter	8,2 s
TM-Beobachter, Variablen für K, R, g	12,4 s
TM-Beobachter, Variablen für alle Parameter	17,4 s

Tabelle 6.3: Rechenzeiten für das inverse Pendel pro 1 s des Messdatensatzes für den fehlerfreien Fall

Variablen repräsentiert werden. Diese Variante lässt die besten Ergebnisse erwarten, weist allerdings auch die größten Anforderungen hinsichtlich der Rechenzeit auf.

Für alle Zustandsmengenbeobachter wird die Beobachterordnung zu $\ell = 3$ festgelegt, was im Fall des inversen Pendels mit der relativ kleinen Abtastzeit von $T_A = 10$ ms einen guten Kompromiss zwischen der Qualität der Ergebnisse und dem Rechenaufwand bedeutet. Eine höhere Ordnung verbessert die Ergebnisse nur noch unwesentlich, hat aber einen deutlichen Anstieg der Rechenzeit zur Folge. Auf der anderen Seite sind die Ergebnisse bei geringerer Ordnung deutlich schlechter. Als Anhaltspunkt für den Rechenaufwand sind die Rechenzeiten für den fehlerfreien Fall in der Tabelle 6.3 dargestellt. Für die Fehlerisolation in den weiteren Fällen erhöht sich die maximal benötigte Rechenzeit entsprechend der Anzahl der parallel laufenden Zustandsmengenbeobachter.

In der Abbildung 6.11 sind die Diagnoseergebnisse unter Verwendung der Messdaten des fehlerfreien Falls dargestellt. In allen Fällen wird keine Inkonsistenz zwischen Modell und Realität festgestellt und damit der fehlerfreie Betrieb über den gesamten Aufschwingvorgang des inversen Pendels signalisiert, was den tatsächlichen Gegebenheiten entspricht.

Ein Vergleich der berechneten Einschließungen der Zustandsgrößen unter Verwendung der einzelnen Verfahren zeigt, dass der TM-Beobachter mit Intervallparametern zum IHO-Beobachter vergleichbare Intervallbreiten für die Zustandsgrößen liefert. Dies ist darauf zurückzuführen, dass alle Parameterunsicherheiten wie im IHO-Beobachter direkt als Intervalle repräsentiert werden und ihre Auswirkungen damit direkt dem Intervallrest der berechneten Taylor-Modelle zugeschlagen werden müssen. Als Folge davon wird der Intervallrest schnell zu groß, sodass der Korrekturschritt des TM-Beobachters das berechnete innere Taylor-Modell häufig verwirft und nur auf Basis des äußeren Taylor-Modells weitergearbeitet werden kann. Dadurch geht jedoch die nichtkonvexe Mengendarstellung als wesentlicher Vorteil der Taylor-Modelle weitgehend verloren.

Im Gegensatz zum TM-Beobachter mit Intervallparametern liefert der TM-Beobachter mit Variablen für K, R und g deutlich engere Schranken für die berechneten

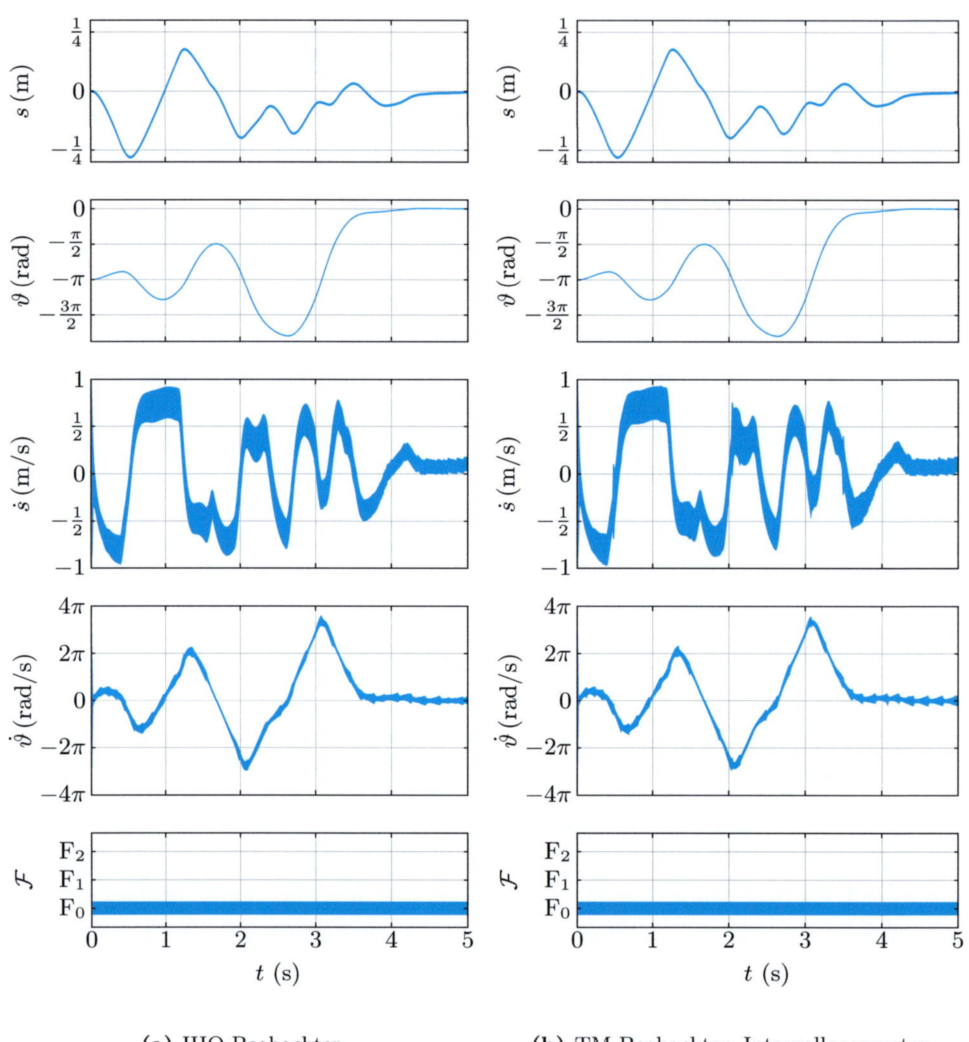

(a) IHO-Beobachter

(b) TM-Beobachter, Intervallparameter

Abbildung 6.11: Diagnose des inversen Pendels: fehlerfreier Fall

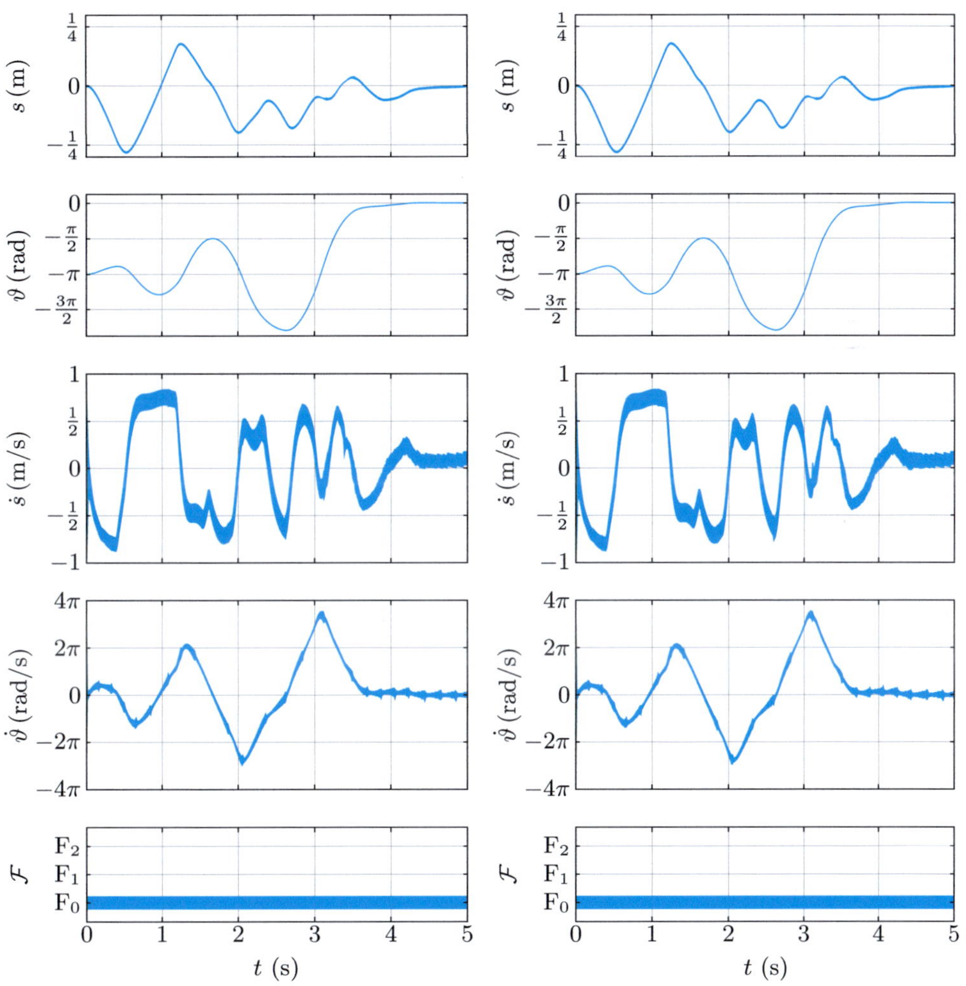

(c) TM-Beobachter, Variablen für K, R, g

(d) TM-Beobachter, Variablen für alle Parameter

Abbildung 6.11: Diagnose des inversen Pendels: fehlerfreier Fall (Fortsetzung)

Zustandsgrößen aufgrund der geringeren Auswirkungen des Dependency- und des Wrapping-Effekts sowie der nichtkonvexen Mengendarstellung. Der TM-Beobachter mit Variablen für alle Parameter liefert schließlich bei nochmals höherem Rechenaufwand praktisch dieselben Ergebnisse wie die vorige Variante. Dies lässt darauf schließen, dass für die Aufteilung der Modellparameter in Intervallparameter und durch Variablen repräsentierte Parameter die richtige Auswahl getroffen wurde.

Die Diagnoseergebnisse für den Fall des Fehlers F_1 sind in der Abbildung 6.12 dargestellt. Die mit dem TM-Beobachter mit Intervallparametern erzielten Ergebnisse unterscheiden sich praktisch nicht von denen des IHO-Beobachters. Sie sind daher nicht abgebildet. Ebenfalls nicht abgebildet sind die Ergebnisse auf Basis des TM-Beobachters mit Variablen für alle Parameter, die sich praktisch nicht von denen des TM-Beobachters mit Variablen für K, R und g unterscheiden. Wie im fehlerfreien Fall zeigt sich, dass die TM-Beobachter mit Variablen für K, R und g beziehungsweise mit Variablen für alle Parameter deutlich engere Schranken für die Zustandsgrößen berechnen als der IHO-Beobachter oder der TM-Beobachter mit Intervallparametern. Für die Diagnose schlägt sich dies in einer früheren Fehlerdetektion und weiterhin in einer signifikant schnelleren Fehlerisolation nieder. Alle Verfahren führen in diesem Fall zu korrekten Alarmen und korrekten Isolationen.

Im Fall des Fehlers F_2, der in der Abbildung 6.13 dargestellt ist, tritt der in den bisherigen Fällen vernachlässigbare Unterschied zwischen dem TM-Beobachter mit Variablen für K, R und g und dem TM-Beobachter mit Variablen für alle Parameter deutlich zu Tage. Während der TM-Beobachter mit Variablen für K, R und g – genauso wie der IHO-Beobachter und der TM-Beobachter mit Intervallparametern, die daher hier nicht dargestellt sind – keine Inkonsistenz zum fehlerfreien Fall feststellen kann (unterbliebener Alarm), gelingt mit dem TM-Beobachter mit Variablen für alle Parameter eine korrekte Fehlerdetektion (korrekter Alarm) und anschließend auch eine korrekte Isolation. Der Fehler F_2, der sich von fehlerfreien Fall F_0 nur geringfügig unterscheidet (vergleiche Tabelle 6.2), kann damit prinzipiell erkannt werden und geht nicht vollständig in den Unsicherheiten unter. Bei allen Mengenbeobachtern außer dem TM-Beobachter mit Variablen für alle Parameter verhindern jedoch die zu großen Überapproximationen bereits eine Fehlerdetektion.

Insgesamt zeigen die Beispiele des inversen Pendels – abgesehen von der großen Rechenzeit bei Verwendung der TM-Beobachter – ein sehr zufriedenstellendes Ergebnis. Die durch die Zustandsmengenbeobachtung berechneten Schranken für die Zustandsgrößen sind trotz vorhandener Unsicherheiten in allen Parametern und den Ein- und Ausgangsgrößen sowie der relativ niedrigen Beobachterordnung ℓ sehr gut brauchbar, und alle betrachteten Fehler können damit mit mindestens einem der Verfahren dieser Arbeit korrekt erkannt werden.

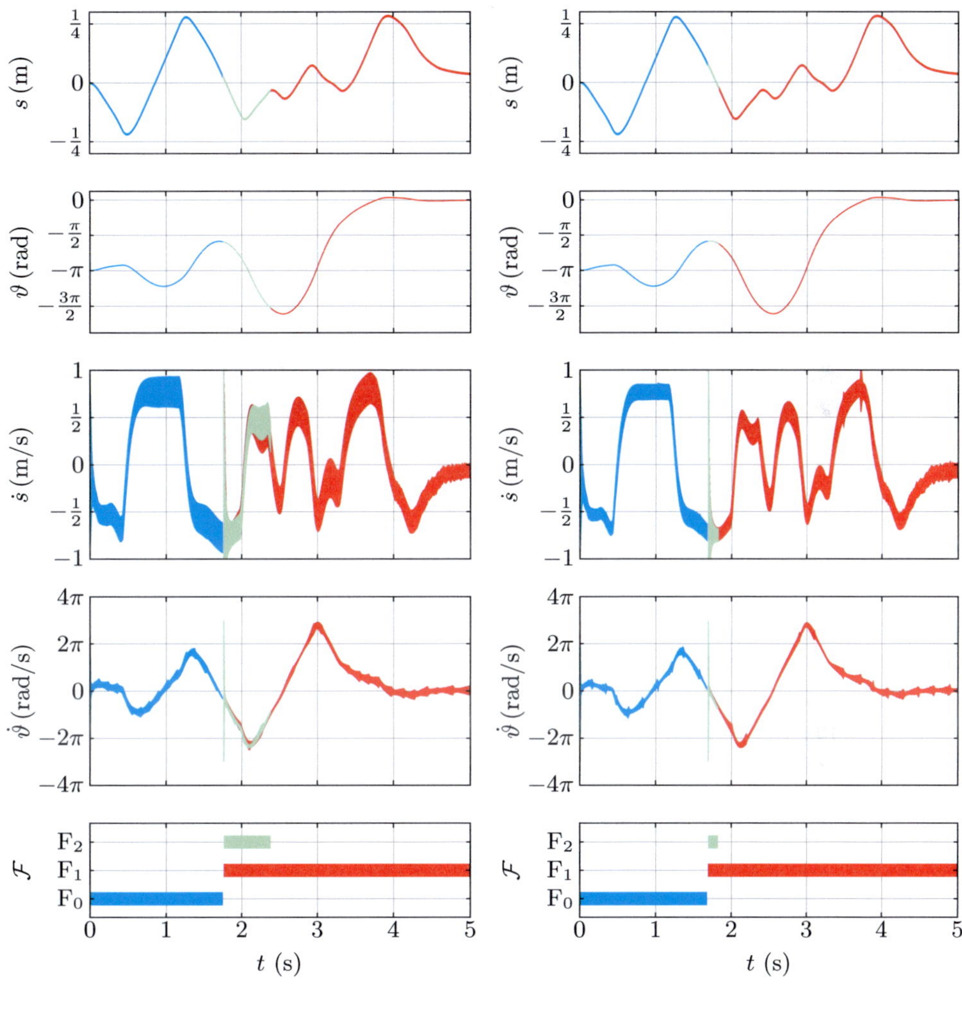

(a) IHO-Beobachter   (b) TM-Beobachter, Variablen für K, R, g

Abbildung 6.12: Diagnose des inversen Pendels: Fehler F_1 (Die Ergebnisse des TM-Beobachters mit Intervallparametern unterscheiden sich praktisch nicht von denen des IHO-Beobachters und sind daher nicht dargestellt. Gleiches gilt für die Ergebnisse des TM-Beobachters mit Variablen für alle Parameter, die praktisch identisch mit denen des TM-Beobachters mit Variablen für K, R und g sind.)

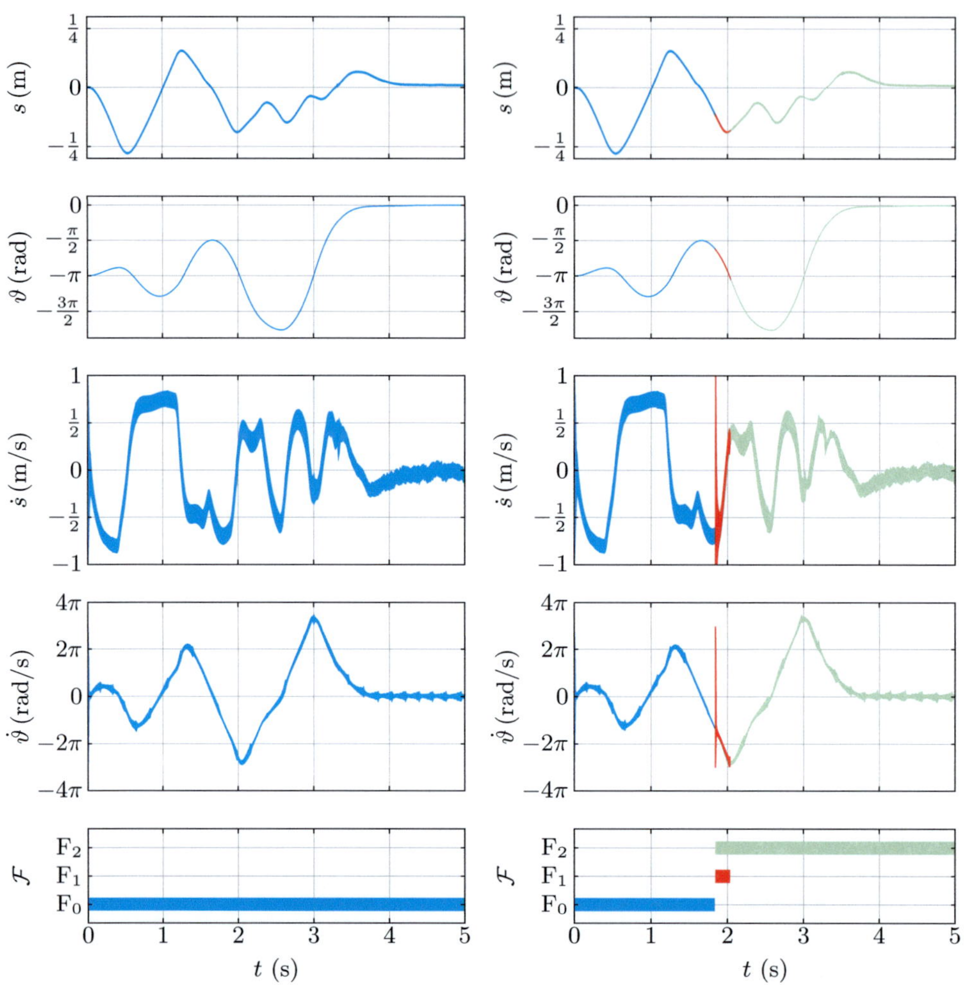

(a) TM-Beobachter, Variablen für K, R, g (b) TM-Beobachter, Variablen für alle Parameter

Abbildung 6.13: Diagnose des inversen Pendels: Fehler F_2 (Die Ergebnisse mit dem IHO-Beobachter beziehungsweise dem TM-Beobachter mit Intervallparametern unterscheiden sich praktisch nicht von denen des TM-Beobachters mit Variablen für K, R und g und sind daher nicht dargestellt.)

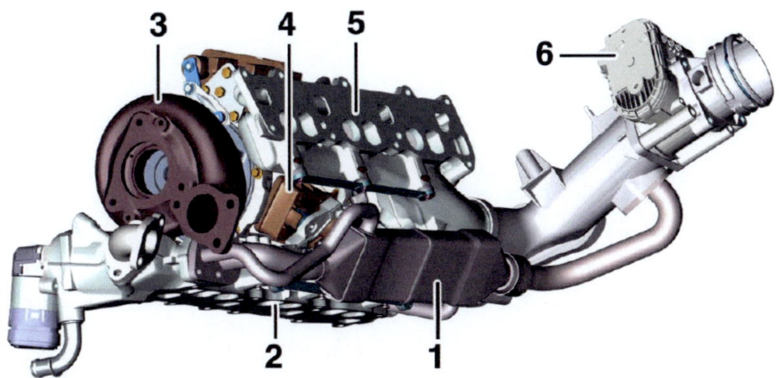

Abbildung 6.14: Abgasrückführung mit Ansaugluft-Drosselklappe[2]: Abgaswärmetauscher (1), Ladeluftverteilerrohr links (2), VTG-Abgasturbolader (3), Motor Einlasskanalabschaltung (4), Ladeluftverteilerrohr rechts (5), **Ansaugluft-Drosselklappe (6)**

6.4 Ansaugluft-Drosselklappe (ALD)

Als letztes Anwendungsbeispiel dieser Arbeit wird in diesem Abschnitt eine Ansaugluft-Drosselklappe (ALD) betrachtet, die in modernen Kraftfahrzeug-Dieselmotoren als Teil der Abgasrückführung (AGR) einen direkten Einfluss auf die Abgasemissionen hat und deren korrekte Funktion daher aufgrund gesetzlicher Vorschriften zu überwachen ist. Im Rahmen einer Forschungskooperation mit der Daimler AG wurde für diese Arbeit die Ansaugluft-Drosselklappe eines V6-Dieselmotors von Mercedes Benz betrachtet. Dieser Dieselmotor mit der Bezeichnung OM 642 wurde 2005 eingeführt und findet mittlerweile in mehreren Modellreihen von der C-Klasse über die E- und S-Klasse bis hin zum Sprinter Verwendung.

Das Ziel einer Abgasrückführung (siehe Abbildung 6.14) ist primär die Senkung der Stickoxidemissionen, die – insbesondere im Magerbetrieb aufgrund des hohen Sauerstoffüberschusses – bei hohen Brennraumtemperaturen vermehrt entstehen (siehe [Feß10]). Durch das Abgasrückführsystem wird ein Teil des Abgases gekühlt und mit Frischluft vermischt wieder in die Zylinder geleitet. Der Abgasanteil nimmt zwar an der Verbrennung nicht teil, muss jedoch mit aufgewärmt werden, sodass damit insgesamt eine niedrigere Brennraumtemperatur erzielt werden kann.
Eine zu geringe Brennraumtemperatur hat jedoch ebenfalls negative Auswirkungen, vor allem auf die Ruß- und die Kohlenmonoxidemissionen. Daher ist die präzise Einstellung der Abgasrückführrate und die Überwachung der korrekten Funktion der Abgasrückführung wichtig für die Einhaltung der gesetzlichen Emissionsgrenzwerte.

---

[2]Bildquelle: Daimler AG

Abbildung 6.15: Ansaugluft-Drosselklappe im Fahrzeug

Die Abgasrückführrate wird beim OM 642 sowohl durch das so genannte AGR-Ventil wie auch durch die in dieser Arbeit betrachtete Ansaugluft-Drosselklappe beeinflusst [DFN[+]05]. Wie in der Abbildung 6.14 dargestellt, ist die Ansaugluft-Drosselklappe in der Frischluftzufuhr kurz vor der Abgasrückführung eingebaut. Durch eine gezielte Drosselung der Frischluftzufuhr entsteht hinter der Drosselklappe ein Unterdruck, der je nach Stellung der Klappe die Ansaugung einer mehr oder weniger großen Abgasmenge zur Folge hat. In der Abbildung 6.15 ist die Ansaugluft-Drosselklappe als Teil der Abgasrückführung eines in einem Fahrzeug verbauten OM 642 nochmals hervorgehoben.

Im Folgenden wird im Abschnitt 6.4.1 zunächst kurz auf das im Rahmen dieser Arbeit verwendete Modell der Ansaugluft-Drosselklappe sowie die betrachteten Fehlerfälle eingegangen, bevor dann in den Abschnitten 6.4.2 beziehungsweise 6.4.3 die mit den Verfahren dieser Arbeit erzielten Diagnoseergebnisse auf Basis von Labormessdaten beziehungsweise Messdaten aus dem Fahrversuch vorgestellt und diskutiert werden.

6.4.1　Modellierung

Die Ansaugluft-Drosselklappe (siehe Abbildung 6.16) besteht aus einer drehbaren Klappe, die über ein Getriebe durch einen 12 V-Gleichstrommotor mit pulsweitenmodulierter Ansteuerung bewegt wird. Eine zusätzlich eingebaute Drehfeder bewirkt ein rückstellendes Moment, sodass die Klappe im stromlosen Zustand voll geöffnet ist. Der Klappenwinkel wird mittels eines Potentiometers bestimmt. In der Abbil-

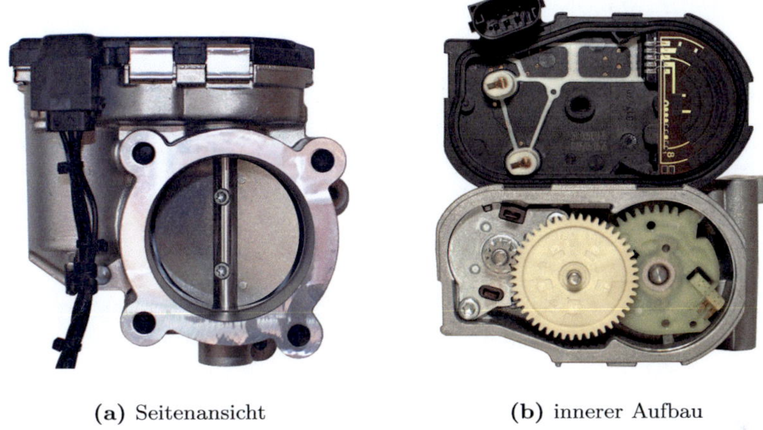

(a) Seitenansicht   (b) innerer Aufbau

Abbildung 6.16: Aufbau der Ansaugluft-Drosselklappe

dung 6.16(b) sind das Getriebe zwischen dem Motor und der Klappe sowie die Schleif-
kontakte des Potentiometers zu erkennen. Die zugehörigen schwarzen Widerstands-
bahnen im Deckel sind ebenfalls zu sehen.

Zur Fehlerdiagnose der Ansaugluft-Drosselklappe mithilfe des konsistenzbasierten
Diagnoseverfahrens werden Systemmodelle und Modellparameter des fehlerfreien
Falls sowie der betrachteten Fehlerfälle benötigt. Basierend auf den physikalischen
Zusammenhängen wird im Folgenden ein einfaches Systemmodell der Ansaugluft-
Drosselklappe hergeleitet.

Neben dem Gleichstrommotor und der Rückstellfeder weist die Ansaugluft-Drosselklappe eine nicht unerhebliche Haft- und Gleitreibung auf, sodass sich die Momen-
tenbilanz zu

$$J\ddot{\vartheta} = M_{\mathrm{Antrieb}} - M_{\mathrm{Feder}} - M_{\mathrm{Reib}} \tag{6.12}$$

ergibt. Dabei ist J das Gesamtträgheitsmoment (in kgm^2) des Systems und ϑ der
Klappenwinkel (in rad). Das durch den Gleichstrommotor erzeugte und über das
Getriebe übertragene Moment ergibt sich zu

$$M_{\mathrm{Antrieb}} = \frac{K}{R}u - \frac{K^2}{R}\dot{\vartheta}. \tag{6.13}$$

Dabei bezeichnet u die Ankerspannung (in V) als Systemeingangsgröße. Die Größen
R (in Ω) und K (in Vs) bezeichnen den Ankerwiderstand und die Maschinenkonstante einschließlich der Getriebeübersetzung.

Da die Drehfeder vorgespannt ist, ist das rückstellende Moment auch im voll geöffneten Zustand nicht identisch Null:

$$M_{\text{Feder}} = K_{\text{F}}\vartheta + M_0. \tag{6.14}$$

Dabei stellt K_{F} die Federkonstante (in Nm/rad) und M_0 die Federvorspannung (in Nm) dar. Zur Beschreibung der Haft- und Gleitreibung wird der Zusammenhang

$$M_{\text{Reib}} = \mu \, \text{sign}\left(\dot{\vartheta}\right) + \nu\,\dot{\vartheta} \tag{6.15}$$

verwendet [OAW$^+$98], der neben der konstanten Haft- und Gleitreibung (Coulomb-Reibung) im ersten Term auch einen linear geschwindigkeitsabhängigen Gleitreibungsanteil (viskose Reibung) umfasst.

Für die Fehlerdiagnose wird allerdings, wie im Abschnitt 2.5 erläutert, ein Systemmodell mit stetig differenzierbarer Systemfunktion benötigt. Um diese Voraussetzung zu erfüllen, wird der Anteil der Coulombreibung wie beim inversen Pendel im Abschnitt 6.3 als zusätzliche Unsicherheit in der Eingangsgröße interpretiert und muss daher nicht explizit in die Systemfunktion aufgenommen werden.

Mit der Normierung $\varphi = \eta_1\vartheta + \eta_2$ des Winkels auf den Wertebereich der Messgröße erhält man nun die Gleichung

$$\ddot{\varphi} = -\underbrace{\frac{K_{\text{F}}}{J}}_{=:z_1}\varphi - \underbrace{\left(\frac{K^2}{JR} + \frac{\nu}{J}\right)}_{=:z_2}\dot{\varphi} + \underbrace{\eta_1\frac{K}{JR}}_{=:z_3}u - \underbrace{\frac{\eta_1 M_0 - \eta_2 K_{\text{F}}}{J}}_{=:z_4}. \tag{6.16}$$

Daraus ergibt sich schließlich mit den normierten Zustands- und Ausgangsgrößen $y = x_1 = \varphi$ und $x_2 = \dot{\varphi}$ das für die Diagnose verwendete Zustandsraummodell zu

$$\dot{\boldsymbol{x}} = \begin{pmatrix} 0 & 1 \\ -z_1 & -z_2 \end{pmatrix}\boldsymbol{x} + \begin{pmatrix} 0 \\ z_3 \end{pmatrix}u + \begin{pmatrix} 0 \\ -z_4 \end{pmatrix}, \tag{6.17a}$$

$$y = \begin{pmatrix} 1 & 0 \end{pmatrix}\boldsymbol{x}. \tag{6.17b}$$

Für die Diagnose werden in dieser Arbeit die folgenden Fälle betrachtet:

F_0: Fehlerfreier Betrieb

F_1: Ausfall der Rückstellfeder durch Bruch oder fehlerhafter Einbau

F_2: Leicht erhöhter Kontaktwiderstand in der Motorzuleitung (beispielsweise durch Korrosion der Steckverbindungen)

F_3: Stark erhöhter Kontaktwiderstand in der Motorzuleitung

F_4: Erhöhte Reibung (beispielsweise durch Korrosion oder Ablagerungen)

Fehlerfall		$[z_1]$	$[z_2]$	$[z_3]$	$[z_4]$
F_0	fehlerfreier Fall	$[25, 40]$	$[40, 55]$	$[45, 60]$	$[85, 100]$
F_1	Ausfall Rückstellfeder	$[\mathbf{-1, 1}]$	$[40, 55]$	$[45, 60]$	$[\mathbf{-1, 1}]$
F_2	Kontaktwiderstand klein	$[25, 40]$	$[\mathbf{27, 39}]$	$[\mathbf{27, 39}]$	$[85, 100]$
F_3	Kontaktwiderstand groß	$[25, 40]$	$[\mathbf{18, 28}]$	$[\mathbf{13, 23}]$	$[85, 100]$
F_4	erhöhte Reibung	$[25, 40]$	$[\mathbf{50, 70}]$	$[45, 60]$	$[85, 100]$

Tabelle 6.4: unsichere Modellparameter der Ansaugluft-Drosselklappe (im Fehlerfall veränderte Parameter sind fett hervorgehoben)

Alle betrachteten Fehlerfälle stellen in der Praxis tatsächlich auftretende Fehler dar. Eine Fehlererkennung durch die vom Zulieferer gelieferte Diagnoseeinrichtung im Steuergerät würde je nach Fehlerfall zu einer Abschaltung der Ansaugluft-Drosselklappe und einer entsprechenden Warnmeldung an den Fahrer führen. Um für alle Fehlerfälle brauchbare Messdaten aus Versuchsfahrten aufzeichnen zu können, wurden alle hier betrachteten Fehler durch Präparation der Ansaugluft-Drosselklappe so ausgeführt, dass sie unterhalb der Detektionsschwellen der Seriendiagnoseeinrichtung liegen. Alle Fehler sind in den gewählten Fehlerstärken daher noch als unkritisch einzustufen.

Die Modellparameter für die verschiedenen Fehlerfälle wurden durch Parameteridentifikation auf Basis von Messdaten aus Laborversuchen bestimmt. Die Messdaten wurden unter Verwendung unterschiedlicher Anregungssignale an mehreren Exemplaren der Ansaugluft-Drosselklappe aufgezeichnet. Aufgrund der nicht unerheblichen Serienstreuungen ergaben sich insgesamt Modellparameter mit erheblichen Unsicherheiten, die für die betrachteten Fehlerfälle in der Tabelle 6.4 zusammengestellt sind. Wegen der großen Unsicherheiten in allen Parametern kommt für die Ansaugluft-Drosselklappe eine kombinierte Zustands- und Parameterschätzung zur Fehlerisolation wie im Abschnitt 6.2 nicht in Frage. Stattdessen werden hier für den Kontaktwiderstand mit F_2 und F_3 zwei Fehlerkandidaten mit unterschiedlich starker Ausprägung desselben Fehlers eingesetzt.

Die Ansaugluft-Drosselklappe wird nach Informationen der Daimler AG im Fahrzeug durch einen im Steuergerät enthaltenen Regler mit einer Abtastzeit von $T_A = 5$ ms geregelt. In den Laborversuchen wurde daher ein entsprechender Regler mit derselben Abtastzeit eingesetzt und die Messdaten ebenfalls mit einer Abtastzeit von 5 ms aufgezeichnet.

Im Versuchfahrzeug konnten die Messdaten über den CAN-Bus jedoch nur mit einer Abtastzeit von 10 ms aufgezeichnet werden, sodass in diesen Messdaten nicht alle für die konsistenzbasierte Diagnose relevanten Informationen vollständig enthalten sind. Dieser Tatsache wird hier durch eine entsprechend größere Eingangsunsicher-

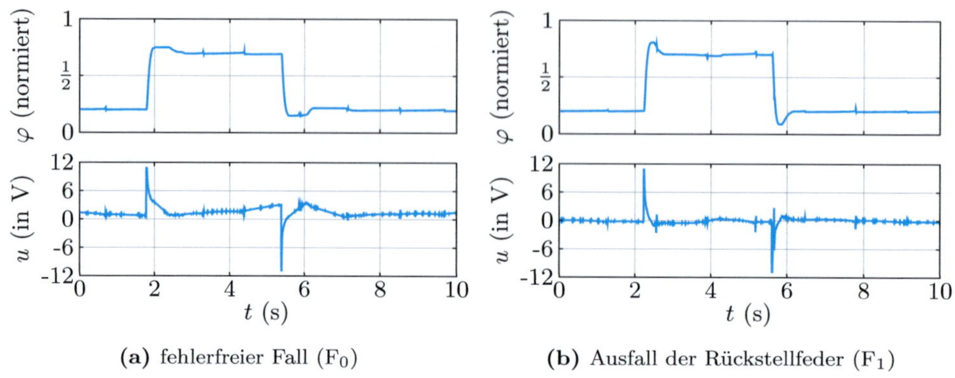

(a) fehlerfreier Fall (F_0)   (b) Ausfall der Rückstellfeder (F_1)

Abbildung 6.17: ALD-Messdaten aus dem Laborversuch

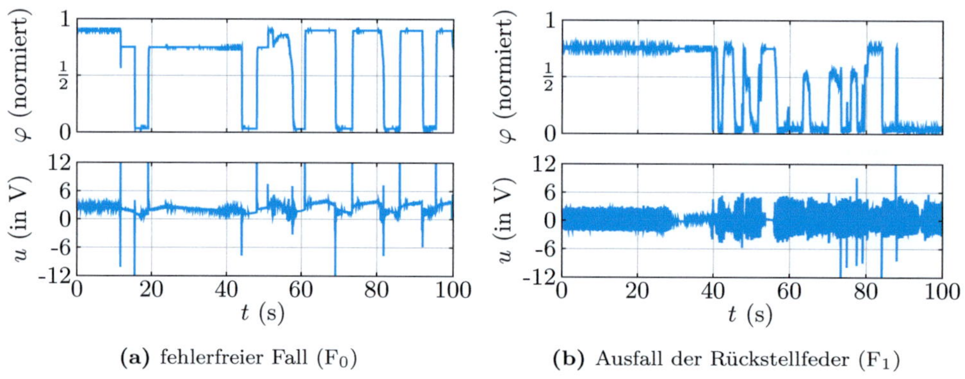

(a) fehlerfreier Fall (F_0)   (b) Ausfall der Rückstellfeder (F_1)

Abbildung 6.18: ALD-Messdaten aus einer Versuchsfahrt

heit Rechnung getragen, durch die eine mögliche Veränderung der Eingangsgröße zwischen zwei Messpunkten zusätzlich zu den übrigen Unsicherheiten eingeschlossen werden soll. In den Abbildungen 6.17 beziehungsweise 6.18 sind exemplarisch für die Diagnose aufgezeichnete Messdaten aus dem Laboraufbau beziehungsweise dem Versuchsfahrzeug dargestellt. Insbesondere anhand der Abbildung 6.18(b) ist zu erkennen, dass der Regelkreis aufgrund des Ausfalls der Rückstellfeder sehr stark schwingt, was eine große mechanische Belastung der Komponenten bedeutet. Es erscheint einleuchtend, dass hier eine Fehlerdiagnose mit entsprechenden Gegenmaßnahmen die Lebensdauer des Systems deutlich verlängern kann.

Die Eingangsunsicherheit muss in den Laborversuchen (siehe Abschnitt 6.4.2) im Wesentlichen die in der Systemfunktion vernachlässigten Reibungseffekte abdecken. Aufgrund der Erfahrungen der Parameteridentifikation wurde sie daher zu $\Delta u = 0{,}4$ V festgelegt. Im Versuchsfahrzeug treten über die im Laborversuch bereits auftretenden Unsicherheiten noch weitere Faktoren auf. Neben der bereits erwähnten Unterabtastung sind dies vor allem Störungen aufgrund von nicht messtechnisch erfassbaren Druckschwankungen um die Ansaugluft-Drosselklappe. Um diese zusätzlichen Unsicherheiten zu berücksichtigen, wird die Eingangsunsicherheit für die Diagnose auf Basis der Messdaten der durchgeführten Versuchsfahrten auf $\Delta u = 0{,}6$ V erhöht. Die Ausgangsunsicherheit beträgt für alle Versuche $\Delta y = 0{,}07$ und ist aufgrund der vorgenommenen Normierung eine einheitenlose Größe.

Die Beobachterordnung wurde für alle Versuche zu $\ell = 4$ gewählt, was einen guten Kompromiss zwischen erzielter Genauigkeit und Rechenaufwand darstellt. Im Folgenden werden nun die Diagnoseergebnisse aus den Laborversuchen beziehungsweise den Versuchsfahrten unter Verwendung eines IHO-Beobachters sowie eines TM-Beobachters mit Variablen für alle Modellparameter vorgestellt und diskutiert.

6.4.2 Diagnoseergebnisse im Laborversuch

Die Diagnoseergebnisse auf Basis der Messdaten aus den Laborversuchen sind in den Abbildungen 6.19 bis 6.23 dargestellt. Für den Messdatensatz des fehlerfreien Falls ergibt sich wie erwartet weder mit dem IHO-Beobachter noch mit dem TM-Beobachter eine Inkonsistenz zwischen modelliertem und tatsächlichem Verhalten.

Im Fall des Fehlers F_1 wird von beiden verwendeten Zustandsmengenbeobachtern sehr schnell eine Inkonsistenz festgestellt und der tatsächliche Fehler auch kurze Zeit später korrekt isoliert. Der Ausfall der Rückstellfeder hat jedoch auch die stärksten Auswirkungen auf das Systemverhalten, sodass dieser Fehler am leichtesten zu erkennen ist. Demgegenüber benötigt die Detektion des Fehlers F_2 etwas mehr Zeit, da die Auswirkungen des leicht erhöhten Kontaktwiderstands weniger gravierend sind. Im Fall des stärker erhöhten Kontaktwiderstands (F_3) ist dann erwartungsgemäß die zur Fehlerdetektion benötigte Zeit wieder geringer. Der Fehler F_4 weist aufgrund der nur geringfügig erhöhten Reibung die größte Ähnlichkeit zum Verhalten des fehlerfreien Falls F_0 auf. Daher vergeht in diesem Fall auch die längste Zeit bis zur Detektion des Fehlers.

In allen Fällen gelingt weiterhin eine korrekte Isolation des tatsächlich vorhandenen Fehlers. Es kann zwar theoretisch nicht mit Sicherheit ausgeschlossen werden, dass sich nach noch längerer Zeit als hier dargestellt der jeweils letzte verbleibende mögliche Fehlerkandidat ebenfalls als inkonsistent mit der Realität erweist. Für die praktische Anwendung kann jedoch in jedem Fall davon ausgegangen werden, dass die letzte verbleibende Möglichkeit auch wirklich dem tatsächlich vorhandenen Fehler entspricht.

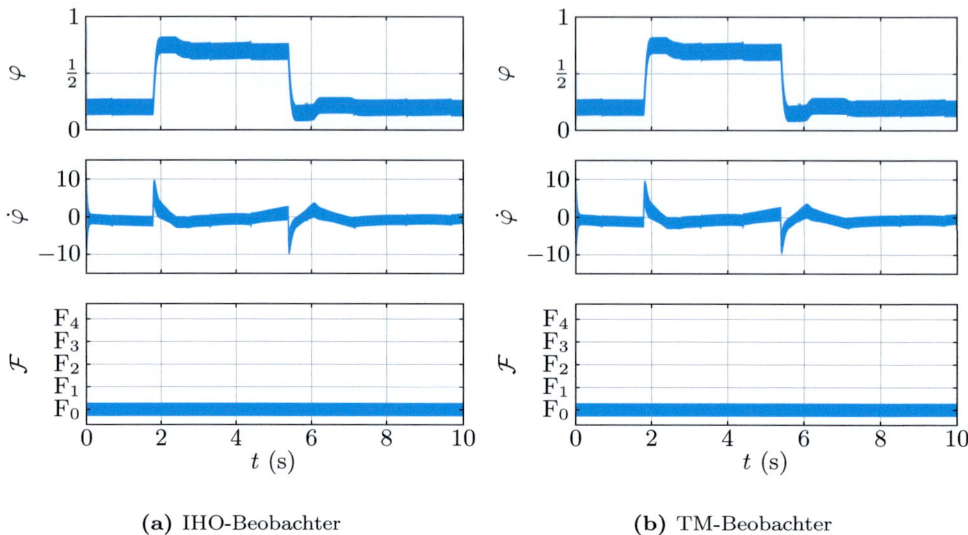

(a) IHO-Beobachter   (b) TM-Beobachter

Abbildung 6.19: ALD-Diagnoseergebnisse im Laborversuch: fehlerfreier Fall

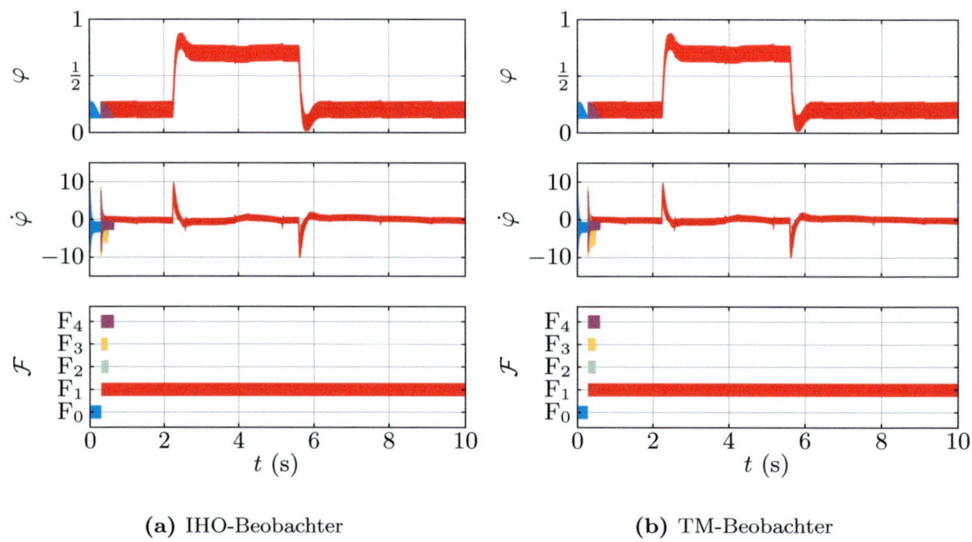

(a) IHO-Beobachter   (b) TM-Beobachter

Abbildung 6.20: ALD-Diagnoseergebnisse im Laborversuch: Fehler F_1

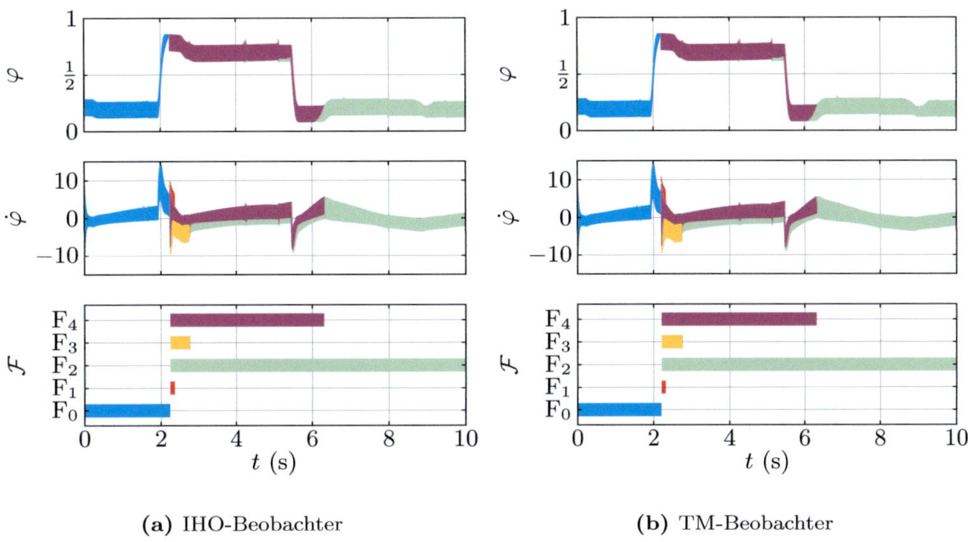

(a) IHO-Beobachter

(b) TM-Beobachter

Abbildung 6.21: ALD-Diagnoseergebnisse im Laborversuch: Fehler F_2

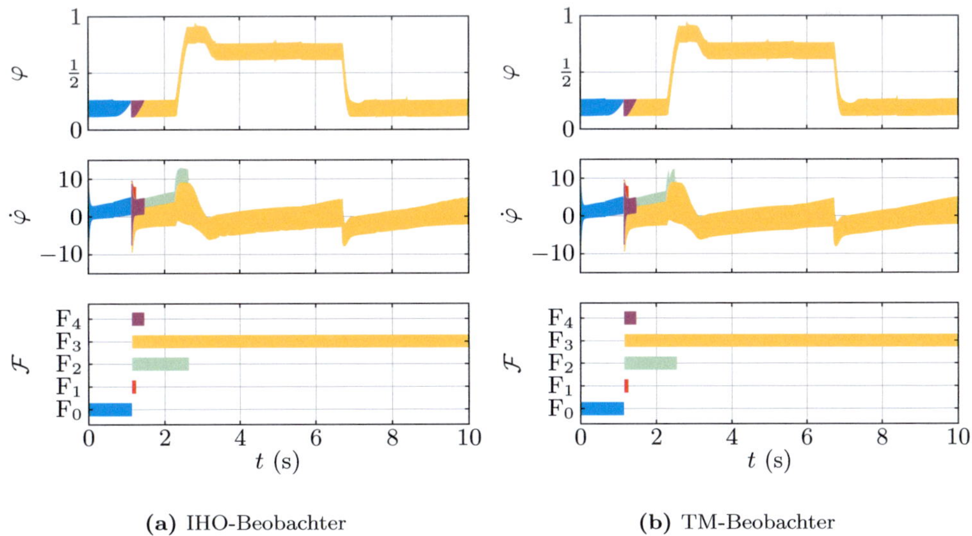

(a) IHO-Beobachter

(b) TM-Beobachter

Abbildung 6.22: ALD-Diagnoseergebnisse im Laborversuch: Fehler F_3

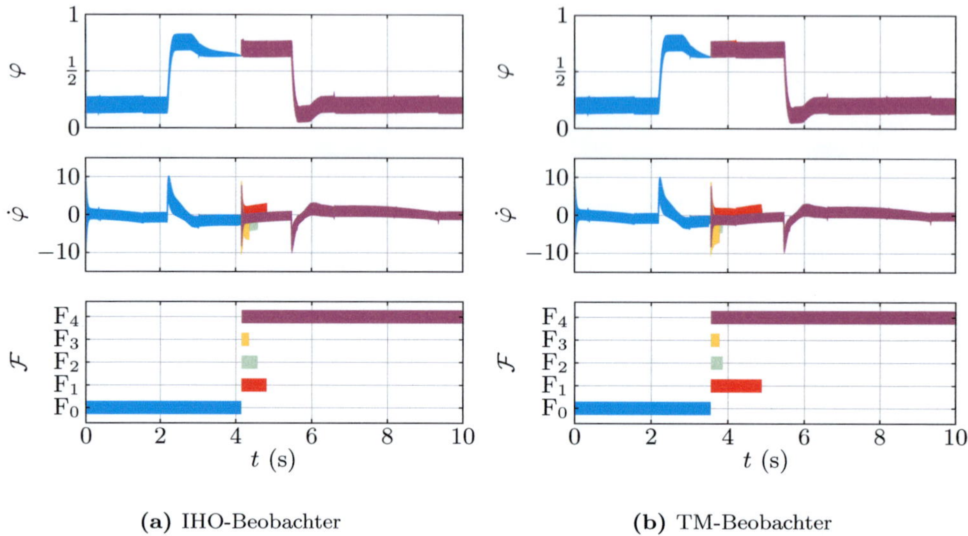

(a) IHO-Beobachter   **(b)** TM-Beobachter

Abbildung 6.23: ALD-Diagnoseergebnisse im Laborversuch: Fehler F_4

Die Diagnoseergebnisse unter Verwendung des TM-Beobachters sind hier sehr ähnlich wie die des IHO-Beobachters. Den einzigen deutlich erkennbaren Unterschied stellt die mithilfe des TM-Beobachters frühere Fehlerdetektion im Fall des Fehlers F_4 dar. Die geringen Unterschiede sind darauf zurückzuführen, dass die potenzielle Darstellbarkeit nicht konvexer Mengen mittels der Taylor-Modelle aufgrund des hier verwendeten einfachen Systemmodells nur wenig zum Tragen kommt. Da außerdem die Rechenzeit des TM-Beobachters mit etwa 45 s für den Datensatz des fehlerfreien Falls um zwei Größenordnungen über der Rechenzeit des IHO-Beobachters mit 0,45 s liegt, ist für diese Anwendung der Einsatz des IHO-Beobachters klar vorzuziehen.

Insgesamt ist festzustellen, dass in allen Fällen der tatsächlich vorhandene Fehler trotz der Verwendung eines einfachen Systemmodells mit großen Parameter- und Messunsicherheiten und der relativ geringen Fehlerstärken korrekt detektiert und isoliert werden kann. In keinem Fall treten Fehlalarme oder falsche Isolationen auf, was aufgrund der Robustheit des verwendeten Diagnoseverfahrens zu erwarten war und auf eine korrekte Bestimmung der Unsicherheiten schließen lässt.

6.4.3   Diagnoseergebnisse im Fahrversuch

In den Abbildungen 6.24 bis 6.27 sind die Diagnoseergebnisse auf Basis der Messdaten aus den Fahrversuchen dargestellt. Wie im Fall der Labormessdaten aus dem vorangegangenen Abschnitt bereits festgestellt wurde, unterscheiden sich auch hier die Ergebnisse bei Verwendung des TM-Beobachters praktisch nicht von denen des IHO-Beobachters, weshalb hier nur die mit dem IHO-Beobachter erzielten Ergebnisse dargestellt sind.

Der fehlerfreie Fall zeigt, dass trotz der möglichen Veränderung der Eingangsgröße zwischen zwei Messpunkten kein Fehlalarm auftritt. Eine nicht in den Messdaten der Eingangsgröße enthaltene Veränderung wurde daher erfolgreich mittels der zu diesem Zweck erhöhten Eingangsunsicherheit eingeschlossen (vergleiche Abschnitt 6.4.1).

Die Fehler F_1 bis F_3 können ebenfalls relativ schnell korrekt detektiert und anschließend auch korrekt isoliert werden. Die im Vergleich relativ lange Zeit bis zur Detektion des Fehlers F_3 ist auf den langen Abschnitt ohne Dynamik zu Beginn des Messdatensatzes zurückzuführen. Sobald sich in den Messdaten das dynamische Systemverhalten bemerkbar macht, wird der Fehler sehr schnell erkannt.

Ähnliches gilt für die zur Isolation des Fehlers F_1 benötigte Zeitspanne, die ebenfalls auffallend lang ist. Hier ist die Drosselklappe zu Beginn über einen längeren Zeitraum fast ganz geschlossen. Da das rückstellende Moment der Drehfeder nicht vorhanden ist, muss der Motor auch kein entsprechendes, entgegen gerichtetes Haltemoment aufbringen. Aus diesem Grund schwingt in diesem Zeitraum die Ankerspannung u hochfrequent um 0 V (vergleiche Abbildung 6.18).

Dieses Verhalten unterscheidet sich signifikant von dem des fehlerfreien Falls, womit die schnelle Fehlerdetektion erklärt werden kann. Zunächst kann jedoch nicht unterschieden werden, ob die ausbleibende Klappenbewegung auf die ausgefallene Rückstellfeder oder eine erhöhte Haftreibung zurückzuführen ist, weshalb die beiden Fälle F_1 und F_4 noch über einen längeren Zeitraum konsistent bleiben. Erst mit einer Veränderung der Anregung bei $t \approx 30$ s (vergleiche auch Abbildung 6.18) können dann auch diese beiden Fehler voneinander getrennt werden.

Der Fehler F_4, der sich nur geringfügig vom fehlerfreien Betrieb unterscheidet, kann im Fahrversuch aufgrund der erhöhten Eingangsunsicherheit weder mit dem IHO- noch mit dem TM-Beobachter detektiert werden (unterbliebene Detektion). Der Laborversuch aus dem vorangegangenen Abschnitt hat jedoch gezeigt, dass auch F_4 bei Verwendung geeigneter Unsicherheiten prinzipiell von F_0 unterscheidbar ist. Eine Verringerung der Unsicherheiten im Fahrversuch hätte jedoch zur Folge, dass die tatsächlichen Unsicherheiten nicht mehr durch die modellierten Unsicherheiten eingeschlossen werden. Dies muss jedoch im Sinne der Robustheit des Diagnoseverfahrens in jedem Fall vermieden werden. Aufgrund der geringen Fehlerstärke ist die unterbliebene Detektion hier noch tolerierbar. Eine weiter erhöhte Reibung, die auch mit den erhöhten Unsicherheiten erkannt werden könnte, konnte jedoch aufgrund der drohenden Systemabschaltung durch die Diagnoseeinrichtung des Seriensteuergeräts im Versuchsfahrzeug nicht realisiert werden.

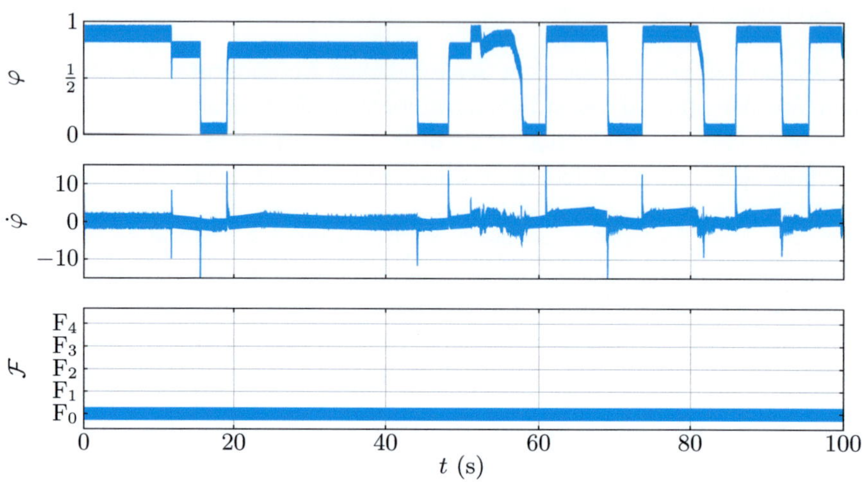

Abbildung 6.24: ALD-Diagnoseergebnisse im Fahrversuch: fehlerfreier Fall

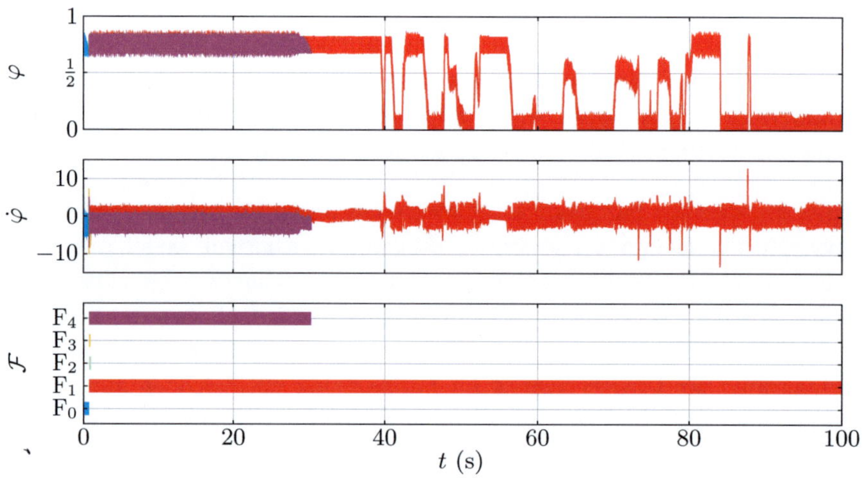

Abbildung 6.25: ALD-Diagnoseergebnisse im Fahrversuch: Fehler F_1

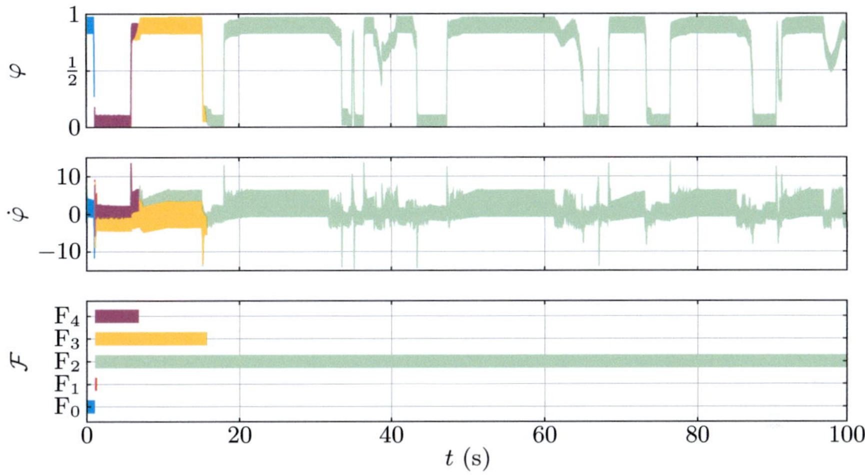

Abbildung 6.26: ALD-Diagnoseergebnisse im Fahrversuch: Fehler F_2

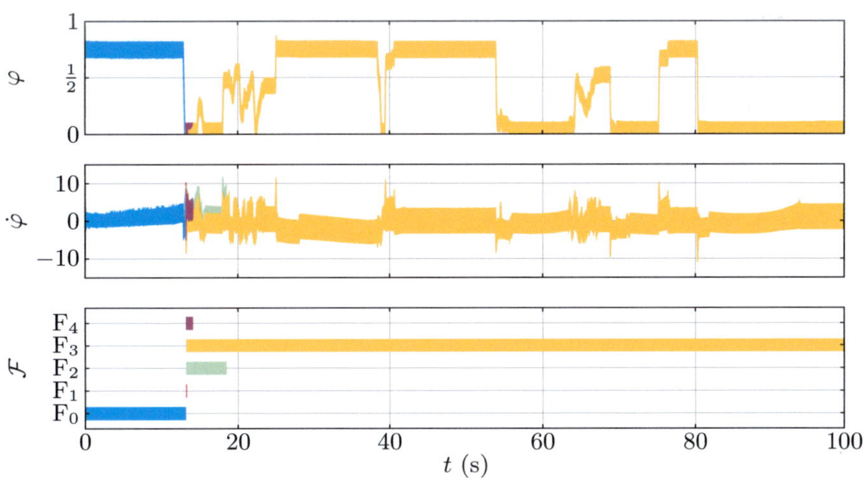

Abbildung 6.27: ALD-Diagnoseergebnisse im Fahrversuch: Fehler F_3

Insgesamt ist festzustellen, dass auch im Fahrversuch mit dem konsistenzbasierten Diagnoseverfahren auf Basis der Zustandsmengenbeobachter dieser Arbeit sehr gute Diagnoseergebnisse erzielt werden. Es sei nochmals darauf hingewiesen, dass sämtliche betrachteten Fehler in den gewählten, geringen Fehlerstärken durch die ursprüngliche, vom Zulieferer gelieferte Diagnoseeinrichtung im Steuergerät nicht erkannt werden. Da die betrachteten Fehler in den gewählten Fehlerstärken nicht OBD-relevant[3] sind, ist dies jedoch auch nicht erforderlich. Es zeigt jedoch klar den Mehrwert, der mit den Verfahren dieser Arbeit auch in einer in der Praxis relevanten Anwendung erzielt werden konnte.

6.5   Zusammenfassung

In diesem Kapitel wurden anhand verschiedener Anwendungsbeispiele die Möglichkeiten und Grenzen des konsistenzbasierten Diagnoseverfahrens aus dem Kapitel 5 auf Basis der in dieser Arbeit entwickelten Verfahren zur Zustandsmengenbeobachtung nichtlinearer Systeme aus dem Kapitel 4 aufgezeigt. Wie häufig bei der Behandlung nichtlinearer Systeme existiert auch unter den beiden Zustandsmengenbeobachtern dieser Arbeit kein für alle Anwendungszwecke eindeutig besseres Verfahren. Es wurde jedoch anhand von Beispielen gezeigt, dass mit den beiden Zustandsmengenbeobachtern dieser Arbeit durch Auswahl des richtigen Verfahrens und einer geeigneten Parametrierung eine große Zahl unterschiedlicher Problemstellungen gelöst werden kann. Zur besseren Einschätzung der Verfahren wurden dabei neben den Möglichkeiten insbesondere auch die Grenzen der entwickelten Verfahren beleuchtet.

Nach zwei einführenden Simulationsbeispielen wurde das konsistenzbasierte Diagnoseverfahren auf Basis der beiden in dieser Arbeit entwickelten Zustandsmengenbeobachter anhand eines inversen Pendels demonstriert, für das Messdaten aus einem Laboraufbau verwendet wurden. Schließlich wurde das Diagnoseverfahren zur Fehlererkennung für eine Ansaugluft-Drosselklappe eingesetzt. Dabei wurden neben Messdaten aus einem Laboraufbau auch Messdaten aus Fahrversuchen betrachtet.

Insgesamt konnten mit den Verfahren dieser Arbeit sehr gute und überzeugende Diagnoseergebnisse erzielt werden. Durch die Anwendung auf praxisnahe Beispiele unter Verwendung von Messdaten aus Labor- und Fahrversuchen wurde die praktische Einsetzbarkeit der Verfahren verdeutlicht.

---

[3]Die vom Gesetzgeber vorgeschriebene Erkennungsempfindlichkeit für emissionsrelevante Fehler wird auch durch die ursprüngliche Diagnoseeinrichtung in jedem Fall eingehalten, weswegen die hier betrachteten Fehlerstärken für die On-Board-Diagnose (OBD) nicht relevant sind.

Kapitel 7

Zusammenfassung

Die zentrale Herausforderung der Fehlerdiagnose ist die zuverlässige und frühzeitige Erkennung von Fehlern, bei der weder vorhandene Fehler übersehen noch nicht vorhandene Fehler fälschlicherweise erkannt werden sollten. Zur erfolgreichen Lösung dieser Aufgabe wurde in dieser Arbeit ein modellbasiertes Verfahren zur konsistenzbasierten Fehlerdiagnose nichtlinearer Systeme mittels Zustandsmengenbeobachtung vorgestellt. Bei der Anwendung des aus der Literatur bekannten Konzepts der konsistenzbasierten Fehlerdiagnose auf unsicherheitsbehaftete nichtlineare zeitkontinuierliche Systeme in Zustandsraumdarstellung lag die wesentliche Herausforderung in der geeigneten Durchführung der Zustandsmengenbeobachtung, die daher den theoretischen Schwerpunkt dieser Arbeit bildete. Die praktische Einsetzbarkeit der vorgestellten Verfahren wurde an einer Reihe von Anwendungsbeispielen verdeutlicht.

Das für die Aufgabe der Fehlerdiagnose erforderliche Wissen über das Verhalten des betrachteten Systems wurde in dieser Arbeit durch Zustandsraummodelle repräsentiert. Bedingt durch Vereinfachungen und Ungenauigkeiten bei der Modellierung des Systemverhaltens und Störungen bei der Messdatenerfassung unterliegen üblicherweise sowohl die verwendeten Systemmodelle als auch die Messgrößen Unsicherheiten, die zur Erzielung eines robusten Diagnoseergebnisses geeignet zu berücksichtigen waren. Solche Unsicherheiten im Systemmodell sowie in den Systemein- und -ausgangsgrößen wurden im Rahmen dieser Arbeit als unbekannt, aber betragsmäßig beschränkt angenommen. Sowohl die Modellparameter der verwendeten Systemmodelle als auch die Ein- und Ausgangsgrößen werden damit durch Intervalle reeller Zahlen mit bekannter unterer und oberer Schranke repräsentiert. Diese rein deterministische Betrachtungsweise unterscheidet sich grundlegend von der in der Literatur weit verbreiteten Beschreibung mittels stochastischer Prozesse.

Die Berücksichtigung dieser Unsicherheiten erforderte die Betrachtung von Mengen möglicher Zustände, die konsistent mit den verwendeten Systemmodellen und den Messgrößen sind. Zur Zustandsmengenbeobachtung zeitkontinuierlicher nichtlinearer Systeme wurden in dieser Arbeit zwei Verfahren zur garantierten Einschließung der Lösung gewöhnlicher Differenzialgleichungssysteme modifiziert und erweitert. Sie bilden damit den Prädiktionsschritt der Zustandsmengenbeobachter. In diesem wird ausgehend von einer aktuellen Menge möglicher Zustände unter Berücksichtigung eines unsicherheitsbehafteten Systemmodells sowie einer unsicheren Eingangsgröße eine Menge möglicher Folgezustände prädiziert, die alle mit dem Modell und den Unsicherheiten konsistenten Zustände garantiert enthält. Im anschließenden Korrekturschritt wird im Rahmen einer Schnittmengenoperation die ebenfalls unsicherheitsbehaftete Ausgangsgröße berücksichtigt. Eine wesentliche Herausforderung bestand dabei in der geeigneten Einschließung der Schnittmenge mittels der zugrunde liegenden Mengenbeschreibung zur Erzielung einer möglichst geringen Überapproximation.

Die resultierenden Zustandsmengenbeobachter wurden im Hinblick auf existierende ähnliche Verfahren eingeordnet und abgegrenzt. Die beiden Konzepte zur Zustandsmengenbeobachtung wurden in dieser Arbeit erstmals in einem ausführlichen direkten Vergleich gegenübergestellt und evaluiert. Es hat sich gezeigt, dass keines der beiden Verfahren in allen Fällen als eindeutig besser bevorzugt werden kann. Vielmehr ergänzen sich die betrachteten Verfahren, sodass für ein gegebenes Anwendungsszenario das jeweils besser geeignete Verfahren ausgewählt werden kann. Im Wesentlichen ist dabei zwischen der für eine konkrete Anwendung notwendigen Genauigkeit und dem dazu erforderlichen Rechenaufwand abzuwägen.

Eine leere Schnittmenge im Rahmen der Zustandsmengenbeobachtung garantiert eine Inkonsistenz zwischen dem modellierten und dem tatsächlichen Verhalten des betrachteten Systems. Im Rahmen der konsistenzbasierten Fehlerdiagnose ließen sich somit durch den Ausschluss solcher inkonsistenter Systemmodelle Fehler detektieren beziehungsweise isolieren. Die explizite Berücksichtigung der Unsicherheiten mit den Verfahren dieser Arbeit ermöglichte ein robustes Diagnoseergebnis in dem Sinne, dass durch die Konsistenzprüfung ausgeschlossene Fehler garantiert nicht aufgetreten sein können. Die Empfindlichkeit des Diagnoseverfahrens wird ebenfalls durch die Unsicherheiten beeinflusst, die daher einerseits so klein wie möglich gewählt werden sollten, andererseits aber in jedem Fall die tatsächlichen Unsicherheiten abdecken müssen.

Anhand mehrerer Anwendungsbeispiele wurde das konsistenzbasierte Diagnoseverfahren im Zusammenspiel mit den in dieser Arbeit entwickelten Verfahren zur Zustandsmengenbeobachtung nichtlinearer Systeme veranschaulicht und evaluiert. Dabei wurden die Möglichkeiten und insbesondere auch die Grenzen der Verfahren erörtert. Neben einem inversen Pendel als Benchmark-System wurde auch eine in der Praxis relevante Anwendung aus dem Automobilbereich betrachtet. Die praktische Einsetzbarkeit der entwickelten Verfahren wurde anhand von Messdaten aus Laborversuchen sowie aus Versuchsfahrten anschaulich verdeutlicht. Mit den Verfahren dieser Arbeit konnte dabei ein deutlicher Mehrwert gegenüber den bisher in diesem Bereich eingesetzten Verfahren erzielt werden.

Anhang A

QR-Zerlegung

Die QR-Zerlegung [GVL96] zerlegt eine Matrix $\boldsymbol{A} \in \mathbb{R}^{m \times n}$ in das Produkt

$$\boldsymbol{A} = \boldsymbol{Q}\boldsymbol{R} \tag{A.1}$$

einer orthogonalen Matrix $\boldsymbol{Q} \in \mathbb{R}^{m \times m}$ und einer oberen Dreiecksmatrix $\boldsymbol{R} \in \mathbb{R}^{m \times n}$. Zur Berechnung dieser Zerlegung existieren verschiedene Verfahren, beispielsweise auf Basis des *Gram-Schmidtschen Orthogonalisierungsverfahrens*, mithilfe von *Givens-Rotationen* oder auch mithilfe von *Householder-Transformationen*. Letztere liegen auch den folgenden Betrachtungen zugrunde. Die verschiedenen Verfahren werden in [GVL96] detailliert beschrieben. Häufig wird in der Literatur $m \geq n$ vorausgesetzt, der Fall $m < n$ kann jedoch analog behandelt werden.

Eine $j \times j$-Householder-Transformation ist gegeben durch die symmetrische und orthogonale Matrix

$$\widetilde{\boldsymbol{H}}_j = \boldsymbol{I}_j - \frac{2}{\boldsymbol{v}^{\mathrm{T}}\boldsymbol{v}}\boldsymbol{v}\boldsymbol{v}^{\mathrm{T}} \tag{A.2}$$

mit dem so genannten Householder-Vektor $\boldsymbol{v} \in \mathbb{R}^j$ [GVL96]:

$$\boldsymbol{v} = \boldsymbol{x} - \begin{pmatrix} \|\boldsymbol{x}\|_2 & 0 & \ldots & 0 \end{pmatrix}^{\mathrm{T}}. \tag{A.3}$$

Dabei steht $\boldsymbol{x}$ gerade für den Vektor, dessen Elemente x_i mit $i > 1$ nach Null überführt werden sollen:

$$\widetilde{\boldsymbol{H}}\boldsymbol{x} = \begin{pmatrix} \|\boldsymbol{x}\|_2 & 0 & \ldots & 0 \end{pmatrix}^{\mathrm{T}}. \tag{A.4}$$

Das erste Element des Ergebnisvektors ist gleich der Euklidischen Norm von $\boldsymbol{x}$, da sich die Länge des Vektors $\boldsymbol{x}$ unter der orthogonalen Transformation $\widetilde{\boldsymbol{H}}$ nicht ändert:

$$\left\|\widetilde{\boldsymbol{H}}\boldsymbol{x}\right\|_2^2 = \left(\widetilde{\boldsymbol{H}}\boldsymbol{x}\right)^{\mathrm{T}}\widetilde{\boldsymbol{H}}\boldsymbol{x} = \boldsymbol{x}^{\mathrm{T}}\widetilde{\boldsymbol{H}}^{\mathrm{T}}\widetilde{\boldsymbol{H}}\boldsymbol{x} = \boldsymbol{x}^{\mathrm{T}}\boldsymbol{x} = \|\boldsymbol{x}\|_2^2. \tag{A.5}$$

Zur Berechnung der QR-Zerlegung werden iterativ $k = \min\{m, n\}$ solcher Householder-Transformationen ausgeführt, um die gegebene Matrix $\boldsymbol{A}$ in die obere Dreiecksform zu überführen. Dabei wird in jedem Iterationsschritt nur der noch nicht bearbeitete Rest der Matrix $\boldsymbol{A}$ durch sukzessiv verkleinerte Householder-Matrizen betrachtet. Im i-ten Schritt lautet die verwendete Householder-Matrix also

$$
\boldsymbol{H}_i = \begin{pmatrix} \boldsymbol{I}_{i-1} & \boldsymbol{0} \\ \boldsymbol{0} & \widetilde{\boldsymbol{H}}_{n-i+1} \end{pmatrix}. \tag{A.6}
$$

Ausgehend von einer $m \times n$-Matrix

$$
\boldsymbol{A} = \begin{pmatrix} \boldsymbol{a}_1 & \boldsymbol{a}_2 & \dots & \boldsymbol{a}_n \end{pmatrix} = \begin{pmatrix} a_{11} & a_{12} & \dots & a_{1n} \\ a_{21} & a_{22} & \dots & a_{2n} \\ \vdots & \vdots & \ddots & \vdots \\ a_{m1} & a_{m2} & \dots & a_{mn} \end{pmatrix} \tag{A.7}
$$

wird nun eine Householder-Transformation $\boldsymbol{H}_1$ so berechnet, dass die Elemente von $\boldsymbol{a}_1$, die unterhalb der Hauptdiagonalen stehen, nach Null überführt werden:

$$
\boldsymbol{R}^{(1)} = \boldsymbol{H}_1 \boldsymbol{A} = \begin{pmatrix} \boldsymbol{r}_1^{(1)} & \boldsymbol{r}_2^{(1)} & \dots & \boldsymbol{r}_n^{(1)} \end{pmatrix} = \begin{pmatrix} r_{11}^{(1)} & r_{12}^{(1)} & \dots & r_{1n}^{(1)} \\ 0 & r_{22}^{(1)} & \dots & r_{2n}^{(1)} \\ \vdots & \vdots & \ddots & \vdots \\ 0 & r_{m2}^{(1)} & \dots & r_{mn}^{(1)} \end{pmatrix}. \tag{A.8}
$$

Im nächsten Schritt werden nun die Elemente von $\boldsymbol{r}_2^{(1)}$ aus der Gleichung (A.8) unterhalb der Hauptdiagonalen mittels der entsprechenden Householder-Transformation $\boldsymbol{H}_2$ nach Null überführt. Die bereits bearbeitete erste Spalte bleibt hierdurch unverändert. Nach k solchen Schritten ergibt sich schließlich die gewünschte obere Dreiecksform, sodass die QR-Zerlegung mit

$$
\boldsymbol{R} := \boldsymbol{R}^{(k)} = \boldsymbol{H}_k \boldsymbol{H}_{k-1} \cdots \boldsymbol{H}_1 \boldsymbol{A} \text{ und} \tag{A.9}
$$

$$
\boldsymbol{Q} := \boldsymbol{H}_1 \cdots \boldsymbol{H}_k \tag{A.10}
$$

vollständig berechnet ist.

A.1   QR-Zerlegung mit Spaltenpivotisierung

Von besonderem Interesse ist in dieser Arbeit die Erweiterung der QR-Zerlegung um die so genannte *Spaltenpivotisierung* [GVL96], die im Allgemeinen für die QR-

Zerlegung von Matrizen ohne Höchstrang benötigt wird, im Rahmen dieser Arbeit jedoch auch für andere Zwecke sinnvoll ist. Die QR-Zerlegung mit Spaltenpivotisierung ist gegeben durch

$$AP = QR. \tag{A.11}$$

Sie unterscheidet sich von der gewöhnlichen QR-Zerlegung durch zusätzliche Spaltenvertauschungen der Matrix $A \in \mathbb{R}^{m \times n}$ mithilfe der Permutationsmatrix $P \in \mathbb{R}^{n \times n}$. Die Strategie zur Wahl der Permutationsmatrix P ist für die Anwendungen in dieser Arbeit von essenzieller Bedeutung und wird im Folgenden näher erläutert.

Ähnlich wie die Matrix Q entsteht die Permutationsmatrix $P := P_1 \cdots P_k$ aus dem Produkt von k Matrizen P_i ($k = \min\{m, n\}$), die selbst ebenfalls Permutationsmatrizen sind. Die Bestimmung der einzelnen Permutationsmatrizen P_i basiert auf der Euklidischen Norm des im i-ten Schritt zu bearbeitenden Vektors $r_i^{(i-1)}$. Ausgangspunkt ist das Zwischenergebnis

$$R^{(i-1)} = H_{i-1} \cdots H_1 A P_1 \cdots P_{i-1} = \begin{pmatrix} R_{11}^{(i-1)} & R_{12}^{(i-1)} \\ 0 & R_{22}^{(i-1)} \end{pmatrix} \tag{A.12}$$

mit der regulären oberen Dreiecksmatrix $R_{11}^{(i-1)}$. Die Permutationsmatrix P_i wird dann so bestimmt, dass durch sie gerade die i-te und die j-te Spalte von $R^{(i-1)}$ vertauscht werden, wobei der Index j die Spalte von

$$R_{22}^{(i-1)} = \begin{pmatrix} r_{22,i}^{(i-1)} & \cdots & r_{22,n}^{(i-1)} \end{pmatrix} \tag{A.13}$$

mit der größten Euklidischen Norm bezeichnet:

$$\left\| r_{22,j}^{(i-1)} \right\|_2 = \max \left\{ \left\| r_{22,i}^{(i-1)} \right\|_2, \ldots, \left\| r_{22,n}^{(i-1)} \right\|_2 \right\}. \tag{A.14}$$

In jedem Iterationsschritt wird also zuerst der längste Vektor $r_{22,j}^{(i-1)}$ nach vorne sortiert und anschließend mithilfe der Householder-Transformation H_i alle Elemente unterhalb der Hauptdiagonalen nach Null überführt:

$$H_i r_{22,j}^{(i-1)} = \begin{pmatrix} \left\| r_{22,j}^{(i-1)} \right\|_2 & 0 & \cdots & 0 \end{pmatrix}^{\mathrm{T}}. \tag{A.15}$$

Nach Abschluss der QR-Zerlegung sind die Hauptdiagonalelemente der Matrix R sämtlich positiv und so groß wie möglich und stellen eine monoton abnehmende Folge dar.

Anhang B

Algorithmische Differenziation

Im IHO-Verfahren (vergleiche Abschnitt 3.2) werden für die Taylor-Reihenentwicklung ℓ-ter Ordnung der Lösung $\boldsymbol{x}(t)$ des Differenzialgleichungssystems $\dot{\boldsymbol{x}} = \boldsymbol{f}(\boldsymbol{x})$ um den aktuellen Zeitpunkt t_k die Koeffizienten $\langle \boldsymbol{x}(t_k) \rangle_i$ des Taylor-Polynoms

$$\boldsymbol{x}(t) = \sum_{i=0}^{\ell} \langle \boldsymbol{x}(t_k) \rangle_i \, (t - t_k)^i + \text{Restglied} \tag{B.1}$$

benötigt. Außerdem werden für den Algorithmus II Jacobi-Matrizen $\frac{\partial}{\partial \boldsymbol{x}} \langle \boldsymbol{x}(t) \rangle_i$ der Taylor-Koeffizienten $\langle \boldsymbol{x}(t) \rangle_i$ benötigt, die als zeitliche Ableitungen der Lösung $\boldsymbol{x}(t)$ auch Funktionen von $\boldsymbol{x}$ darstellen.

Beide Aufgaben lassen sich mit dem Verfahren der Algorithmischen Differenziation [Gri00] elegant mithilfe der Berechnungsvorschrift der Systemfunktion $\boldsymbol{f}(\cdot)$ lösen, sodass der Anwender außer der Systemfunktion selbst keine zeitlichen oder räumlichen Ableitungen explizit angeben muss.

B.1 Rekursive Berechnung von Taylor-Koeffizienten

Die gesuchten Taylor-Koeffizienten können rekursiv aus der Berechnungsvorschrift für die Systemfunktion $\boldsymbol{f}(\cdot)$ berechnet werden (siehe auch Gleichung (3.46)):

$$\langle \boldsymbol{x}(t_k) \rangle_0 = \boldsymbol{x}(t_k), \tag{B.2a}$$

$$\langle \boldsymbol{x}(t_k) \rangle_i = \frac{1}{i} \langle \boldsymbol{f}(\boldsymbol{x}(t_k)) \rangle_{i-1} \quad (i > 0). \tag{B.2b}$$

Zur Berechnung der Taylor-Koeffizienten $\langle \boldsymbol{f}(\boldsymbol{x}(t_k))\rangle_i$ der Systemfunktion $\boldsymbol{f}(\cdot)$ wiederum werden nur die Taylor-Koeffizienten der Lösung $\langle \boldsymbol{x}(t_k)\rangle_j$ $(j = 0, \dots, i)$ benötigt, die entsprechend der Berechnungsvorschrift von $\boldsymbol{f}(\cdot)$ zu verarbeiten sind.

Die Rechenregeln für Taylor-Koeffizienten lassen sich leicht aus den Rechenregeln für endliche Reihen herleiten (siehe beispielsweise [MW99]). Da solche Reihen gliedweise summiert beziehungsweise subtrahiert werden, ergibt sich für die Taylor-Koeffizienten der Summe beziehungsweise der Differenz zweier Taylor-Polynome

$$\langle x + y\rangle_i = \langle x\rangle_i + \langle y\rangle_i \quad (i \geq 0), \tag{B.3}$$

$$\langle x - y\rangle_i = \langle x\rangle_i - \langle y\rangle_i \quad (i \geq 0). \tag{B.4}$$

Für die Multiplikation und die Division zweier Taylor-Polynome erhält man die Rechenregeln (siehe beispielsweise auch [Moo66])

$$\langle xy\rangle_i = \sum_{\nu=0}^{i} \langle x\rangle_\nu \, \langle y\rangle_{i-\nu} \quad (i \geq 0), \tag{B.5}$$

$$\left\langle \frac{x}{y} \right\rangle_i = \begin{cases} \dfrac{\langle x\rangle_0}{\langle y\rangle_0} & \text{für } i = 0, \\[2ex] \dfrac{1}{\langle y\rangle_0}\left(\langle x\rangle_i - \displaystyle\sum_{\nu=1}^{i} \langle x\rangle_\nu \, \langle y\rangle_{i-\nu}\right) & \text{für } i > 0. \end{cases} \tag{B.6}$$

Auch für die elementaren Funktionen lassen sich entsprechende Rekursionsformeln zur Berechnung von Taylor-Koeffizienten herleiten. Die Herleitung basiert auf der Kettenregel und wird im Folgenden anhand der Exponentialfunktion veranschaulicht. Es gilt nach Definition für den i-ten Taylor-Koeffizienten der Taylor-Reihe von $e^{x(t)}$ bezüglich t

$$\left\langle e^{x(t)} \right\rangle_i = \frac{1}{i!}\frac{d^i}{dt^i}\,e^{x(t)} = \frac{1}{i}\frac{1}{(i-1)!}\frac{d^{i-1}}{dt^{i-1}}\left(e^{x(t)}\frac{d}{dt}\,x(t)\right) = \frac{1}{i}\left\langle e^{x(t)}\frac{d}{dt}\,x(t)\right\rangle_{i-1}. \tag{B.7}$$

Nach der Formel für die Multiplikation aus der Gleichung (B.5) erhält man weiter

$$\left\langle e^{x(t)} \right\rangle_i = \frac{1}{i}\left\langle e^{x(t)}\frac{d}{dt}\,x(t)\right\rangle_{i-1} = \frac{1}{i}\sum_{\nu=0}^{i-1}\left\langle e^{x(t)}\right\rangle_\nu \left\langle \frac{d}{dt}\,x(t)\right\rangle_{i-1-\nu}. \tag{B.8}$$

Schließlich ergibt sich mit

$$\begin{aligned} \left\langle \frac{d}{dt}\,x(t)\right\rangle_{i-1-\nu} &= \frac{1}{(i-1-\nu)!}\frac{d^{i-1-\nu}}{dt^{i-1-\nu}}\frac{d}{dt}\,x(t) \\[2ex] &= \frac{i-\nu}{(i-\nu)!}\frac{d^{i-\nu}}{dt^{i-\nu}}\,x(t) = (i-\nu)\,\langle x(t)\rangle_{i-\nu} \end{aligned} \tag{B.9}$$

die Berechnungsvorschrift

$$\langle e^x \rangle_0 = e^{\langle x \rangle_0}, \tag{B.10}$$

$$\langle e^x \rangle_i = \sum_{\nu=0}^{i-1} \frac{i-\nu}{i} \langle e^x \rangle_\nu \langle x \rangle_{i-\nu} \quad (i > 0). \tag{B.11}$$

Entsprechende Formeln können analog für alle weiteren elementaren Funktionen hergeleitet werden. Diese sind beispielsweise in [Moo66] zu finden und werden daher hier nicht nochmals explizit aufgeführt.

Insgesamt können so mithilfe der Rekursionsbeziehung aus der Gleichung (B.2) und den angegebenen Rechenregeln alle benötigten Taylor-Koeffizienten für die Systemfunktion $f(\cdot)$ und damit auch für die Lösung $x(t)$ des betrachteten Differenzialgleichungssystems bestimmt werden.

B.2 Berechnung von Jacobi-Matrizen

In vielen Anwendungen wie beispielsweise gradientenbasierten Optimierungsverfahren oder auf Linearisierungen basierenden Schätzverfahren wie dem Erweiterten Kalman-Filter („extended Kalman filter", EKF) werden für bestimmte Funktionen $g(x)$ die Jacobi-Matrizen $\frac{\partial}{\partial x} g(x)$ benötigt. Da eine analytische Berechnung der partiellen Ableitungen in der Praxis meist zu aufwändig wäre, werden stattdessen oft numerische Approximationen – beispielsweise auf Basis des Differenzenquotienten – eingesetzt, die jedoch häufig auch problematisch sind (siehe beispielsweise [Feß10]).

Eine elegante Alternative zur Berechnung solcher partieller Ableitungen stellt die Algorithmische Differenziation dar, die jedoch erstaunlicherweise in der Literatur nur wenig verbreitet ist. Dieses Verfahren kommt auch in dieser Arbeit zur Berechnung der benötigten Jacobi-Matrizen zum Einsatz, zumal aufgrund der angestrebten garantierten Lösungseinschließung ein numerisches Näherungsverfahren ohnehin nicht in Frage kommt. Im Folgenden wird das Grundprinzip zur Bestimmung einer Jacobi-Matrix $\frac{\partial}{\partial x} g(x)$ für eine allgemeine, differenzierbare Funktion $g : \mathbb{R}^n \to \mathbb{R}^n$ skizziert. Weitere Details zur Algorithmischen Differenziation sind beispielsweise in [Gri00] zu finden. Die im Rahmen dieser Arbeit benötigten Jacobi-Matrizen $\frac{\partial}{\partial x} \langle x(t) \rangle_i$ erhält man durch Einsetzen von $\langle x(t) \rangle_i$ für $g(x)$.

Zur Bestimmung der gesuchten Jacobi-Matrix $\frac{\partial}{\partial x} g(x)$ aus der Berechnungsvorschrift für $g(x)$ wird jede auftretende unabhängige Variable x_i ersetzt durch ein Tupel (x_i, x_i'), das neben der Variablen x_i selbst noch den Gradientenvektor

$$x_i' = \begin{pmatrix} 0 & \dots & 0 & 1 & 0 & \dots & 0 \end{pmatrix}^{\mathrm{T}} = e_i \tag{B.12}$$

enthält. Analog werden konstante Parameter c durch Tupel $(c, \mathbf{0})$ repräsentiert. Mithilfe der üblichen Differenziationsregeln können nun Rechenregeln zur Berechnung eines allgemeinen Funktionsausdrucks auf Basis dieser Tupel angegeben werden.

Die Grundoperationen sind definiert durch

$$x + y \quad \Rightarrow \quad (x + y, \mathbf{x}' + \mathbf{y}'), \tag{B.13}$$

$$x - y \quad \Rightarrow \quad (x - y, \mathbf{x}' - \mathbf{y}'), \tag{B.14}$$

$$xy \quad \Rightarrow \quad (xy, \mathbf{x}'y + x\mathbf{y}'), \tag{B.15}$$

$$\frac{x}{y} \quad \Rightarrow \quad \left(\frac{x}{y}, \frac{\mathbf{x}'y - x\mathbf{y}'}{y^2} \right). \tag{B.16}$$

Auch für die elementaren Funktionen lassen sich wieder Rechenregeln angeben. So ergibt sich beispielsweise für die Exponentialfunktion

$$\mathrm{e}^x \quad \Rightarrow \quad (\mathrm{e}^x, \mathrm{e}^x \mathbf{x}'). \tag{B.17}$$

Auf diese Weise werden bei der Auswertung der Funktion $\mathbf{g}(\mathbf{x})$ parallel zum Funktionswert selbst alle benötigten partiellen Ableitungen für die Jacobi-Matrix berechnet, ohne dass eine Approximation oder die explizite Angabe partieller Ableitungen durch den Anwender notwendig ist.

Anhang C

Intervallalgorithmen

C.1 Einschließung von Matrixinversen

In den Verfahren dieser Arbeit werden an verschiedenen Stellen garantierte Einschließungen inverser Matrizen benötigt, da die Inverse M^{-1} einer gegebenen Matrix $M \in \mathbb{R}^{n \times n}$ aufgrund der beschränkten Genauigkeit im Rechner nicht exakt berechnet werden kann. Daher gilt im Allgemeinen auf dem Rechner lediglich die Näherung

$$MM^{-1} \approx I_n. \tag{C.1}$$

Für eine orthogonale Matrix M gilt theoretisch der Zusammenhang $M^{-1} = M^{\mathrm{T}}$. Bei der Rechnerimplementierung ist jedoch zu beachten, dass – wieder aufgrund der beschränkten Genauigkeit – die Matrix M nur näherungsweise und nicht exakt orthogonal ist, sodass auch in diesem Fall eine garantierte Einschließung der Inversen notwendig ist.

Aus diesen Gründen muss bei der Rechnerimplementierung von Einschließungsverfahren anstelle einer numerisch berechneten Näherung $M_{\mathrm{inv}} \approx M^{-1}$ eine garantierte Einschließung $[M^{-1}]$ verwendet werden, deren Berechnung im Folgenden erläutert wird (siehe beispielsweise [Moo66]).

Ausgangspunkt ist die Norm der Differenz zwischen der exakten inversen M^{-1} und der numerisch berechneten Näherung M_{inv}:

$$\left\| M^{-1} - M_{\mathrm{inv}} \right\|_\infty = \left\| M_{\mathrm{inv}} M_{\mathrm{inv}}^{-1} M^{-1} \left(I_n - M M_{\mathrm{inv}} \right) \right\|_\infty \tag{C.2}$$

$$= \left\| M_{\mathrm{inv}} \left(M M_{\mathrm{inv}} \right)^{-1} \left(I_n - M M_{\mathrm{inv}} \right) \right\|_\infty \tag{C.3}$$

$$\leq \left\| M_{\mathrm{inv}} \right\|_\infty \cdot \left\| \left(M M_{\mathrm{inv}} \right)^{-1} \right\|_\infty \cdot \underbrace{\left\| I_n - M M_{\mathrm{inv}} \right\|_\infty}_{=:q} \tag{C.4}$$

Der letzte Term aus der Gleichung (C.4) kann mithilfe der Intervallarithmetik einfach bestimmt werden. Aufgrund von $M_{\mathrm{inv}} \approx M^{-1}$ gilt dabei $q \ll 1$. Der zweite Term aus (C.4) lässt sich mit der – wegen $q \ll 1$ konvergenten – Neumannschen Reihe [BSMM01] sowie der Dreiecksungleichung abschätzen:

$$\left\| (M M_{\mathrm{inv}})^{-1} \right\|_\infty = \left\| (I_n - (I_n - M M_{\mathrm{inv}}))^{-1} \right\|_\infty = \left\| \sum_{k=0}^{\infty} (I_n - M M_{\mathrm{inv}})^k \right\|_\infty \tag{C.5}$$

$$\leq \sum_{k=0}^{\infty} \left\| I_n - M M_{\mathrm{inv}} \right\|_\infty^k = \sum_{k=0}^{\infty} q^k = \frac{1}{1-q}. \tag{C.6}$$

Damit ergibt sich insgesamt

$$\left\| M^{-1} - M_{\mathrm{inv}} \right\|_\infty = \frac{q}{1-q} \left\| M_{\mathrm{inv}} \right\|_\infty = \varepsilon. \tag{C.7}$$

Mit der Matrix

$$[E] = [-\varepsilon, \varepsilon] \cdot \begin{pmatrix} 1 & \cdots & 1 \\ \vdots & \ddots & \vdots \\ 1 & \cdots & 1 \end{pmatrix} \tag{C.8}$$

erhält man schließlich die gesuchte Einschließung der Matrixinversen zu

$$[M^{-1}] = M_{\mathrm{inv}} + [E], \tag{C.9}$$

die aufgrund von

$$M^{-1} = M_{\mathrm{inv}} + (M^{-1} - M_{\mathrm{inv}}) \subseteq M_{\mathrm{inv}} + [E] = [M^{-1}] \tag{C.10}$$

die exakte Inverse garantiert einschließt.

C.2   Präkonditioniertes Intervall-Gauß-Seidel-Verfahren

Das Intervall-Gauß-Seidel-Verfahren stellt eine Erweiterung des bekannten Gauß-Seidel-Verfahrens zur Lösung linearer Gleichungssysteme für Intervalle dar. In dieser Arbeit wird es im Rahmen des Korrekturschritts des IHO-Beobachters (vergleiche Abschnitt 4.2.2) eingesetzt. Die folgende Darstellung des präkonditionierten Intervall-Gauß-Seidel-Verfahrens zur Lösung linearer Intervallgleichungssysteme der Form

$$[A]([x] - c) = [b] \tag{C.11}$$

orientiert sich an [Bee06]. Dabei beschränken sich die Ausführungen auf den Fall von Gleichungssystemen mit quadratischer Intervallmatrix $[\boldsymbol{A}] \in \mathrm{I\!I\!R}^{n \times n}$. In [Bee06] werden zusätzlich auch über- und unterbestimmte Gleichungssysteme behandelt, die im Rahmen dieser Arbeit jedoch nicht von Interesse sind.

Während mit dem klassischen Gauß-Seidel-Verfahren ohne weitere Vorkenntnisse die Lösung $\boldsymbol{x}$ des Gleichungssystems $\boldsymbol{A}\boldsymbol{x} = \boldsymbol{b}$ berechnet wird, muss zur Durchführung des Intervall-Gauß-Seidel-Verfahrens vorab ein beschränkter Anfangs-Intervallvektor $[\widetilde{\boldsymbol{x}}] \in \mathrm{I\!I\!R}^{n}$ bekannt sein. Das Ziel des Intervall-Gauß-Seidel-Verfahrens ist dann die Berechnung einer verbesserten Einschließung $[\boldsymbol{x}] \subseteq [\widetilde{\boldsymbol{x}}]$. Aus diesem Grund wird das Intervall-Gauß-Seidel-Verfahren auch häufig als *Kontraktionsverfahren* bezeichnet [JKDW01].

In den meisten Fällen kann das Intervall-Gauß-Seidel-Verfahren seine Stärken nur im Zusammenspiel mit der so genannten *Präkonditionierung* ausspielen. Anstelle des Intervallgleichungssystems (C.11) wird also das mit der Matrix $\boldsymbol{P} \in \mathbb{R}^{n \times n}$ präkonditionierte System

$$(\boldsymbol{P}\,[\boldsymbol{A}])\,([\boldsymbol{x}] - \boldsymbol{c}) = \boldsymbol{P}\,[\boldsymbol{b}] \tag{C.12}$$

betrachtet. Es lässt sich zeigen, dass im Fall eines quadratischen Systems und eines regulären Präkonditionierers $\boldsymbol{P}$ die Gleichungen (C.11) und (C.12) dieselbe Lösungsmenge besitzen[1] [Bee06]. Der in der Literatur wohl am häufigsten verwendete Präkonditionierer

$$\boldsymbol{P} = \widehat{\boldsymbol{A}}^{-1} \tag{C.13}$$

trägt den Namen *Inverse-Midpoint-Preconditioner*. Er lässt sich einfach berechnen und wird daher auch in dieser Arbeit verwendet. Das präkonditionierte Intervall-Gauß-Seidel-Verfahren (PIGS) zur Lösung des Gleichungssystems (C.11) ist dann nach [Bee06] durch den folgenden Algorithmus gegeben:

$[\boldsymbol{x}]=\boldsymbol{PIGS}([\boldsymbol{A}],[\widetilde{\boldsymbol{x}}],\boldsymbol{c},[\boldsymbol{b}])$

    Setze $[\boldsymbol{x}] = [\widetilde{\boldsymbol{x}}]$

    Berechne $\boldsymbol{P} = \widehat{\boldsymbol{A}}^{-1}$

    Für $k = 1$ *bis* n:

$$[x_k] = [x_k] \cap \left(c_k - \frac{\sum\limits_{i=1, i \neq k}^{n} \left(\boldsymbol{p}_k^{\mathrm{T}}\,[\boldsymbol{a}_i]\right) ([x_i] - c_i) - \boldsymbol{p}_k^{\mathrm{T}}\,[\boldsymbol{b}]}{\boldsymbol{p}_k^{\mathrm{T}}\,[\boldsymbol{a}_k]} \right)$$

---

[1]Sind diese Voraussetzungen nicht erfüllt, so ist die Lösungsmenge der Gleichung (C.12) eine Obermenge der Lösungsmenge der Gleichung (C.11)

Ist eine der in der letzten Zeile berechneten Schnittmengen leer, so kann das Gleichungssystem in $[\widetilde{x}]$ keine Lösung besitzen. Daher kann mit diesem Algorithmus nicht nur eine verbesserte Einschließung der Lösung eines linearen Intervallgleichungssystems berechnet, sondern auch die Abwesenheit einer Lösung nachgewiesen werden. Diese Eigenschaft wird auch in den Verfahren dieser Arbeit ausgenutzt.

Abbildungsverzeichnis

2.1 Konsistenzbasierte Fehlerdiagnose mittels Zustandsmengenbeobachtung im $\mathbb{R}^2$ 20

2.2 Einschließung der Eingangsgröße durch stückweise konstante Eingangsmengen 27

3.1 Intervallvektoren als Beschreibungsform für Mengen 34

3.2 Beispiele für Intervallfunktionen 35

3.3 Wrapping-Effekt 36

3.4 Einschließung von $f(a) = \sin\left(\frac{\pi a}{2}\right)$ durch Taylor-Modelle 41

3.5 Lösungseinschließung mit dem IHO-Verfahren 51

3.6 Einfluss der Basismatrix auf die transformierte Mengendarstellung im IHO-Verfahren 62

3.7 Lösungseinschließung durch das Taylor-Modell $\mathcal{T}(a, t_k + h_k \tau)$ im k-ten Integrationsschritt 65

3.8 Präkonditionierung von Taylor-Modellen 75

3.9 IHO-Verfahren und TM-Verfahren im Vergleich 79

4.1 Ablauf eines Zeitschritts des IHO-Beobachters 87

4.2 Vorteil der zusätzlich berechneten transformierten Darstellung aus der Prädiktion für den Korrekturschritt 88

4.3 Überapproximation des IHO-Beobachters bei der Basiswahl im Prädiktionsschritt mit und ohne QR-Zerlegung 90

4.4 Einschließung $\mathcal{X}_\mathrm{s}(t_{k+1})$ der Schnittmenge im IHO-Beobachter 94

4.5 Mengendarstellung des TM-Beobachters 100

4.6 Prädiktionsschritt des TM-Beobachters am Beispiel von $\mathcal{T}_1$ 101

4.7 Präkonditionierungsstrategien im Vergleich 105

4.8 Korrekturschritt des TM-Beobachters am Beispiel von $\mathcal{T}_1$ 107

4.9 Einfluss des Wertebereichs der Variablen eines Taylor-Modells auf die Zustandsmenge 109

4.10 Korrektur des inneren Taylor-Modells 110

4.11 Beispiel zum Korrekturschritt des TM-Beobachters 117

4.12 Zustandsmengenbeobachtung am Beispiel des Van-der-Pol-Oszillators: exaktes Modell, $\Delta y = 0{,}1$ 122

4.13 Zustandsmengenbeobachtung am Beispiel des Van-der-Pol-Oszillators: exaktes Modell, Einfluss der Ausgangsunsicherheit Δy 124

4.14 Zustandsmengenbeobachtung am Beispiel des Van-der-Pol-Oszillators: unsicheres Modell 125

4.15 Zustandsmengenbeobachtung am Beispiel des Van-der-Pol-Oszillators: exaktes Modell, TM-Beobachter, Abtastzeit $T_A = 0{,}1$ s 126

4.16 Zustandsmengenbeobachtung am Beispiel des Feder-Masse-Dämpfers: Einfluss der Beobachterordnung ℓ 130

4.16 Zustandsmengenbeobachtung am Beispiel des Feder-Masse-Dämpfers: Einfluss der Beobachterordnung ℓ (Fortsetzung) 131

4.17 Zustandsmengenbeobachtung am Beispiel des Feder-Masse-Dämpfers: veränderlicher Parameter 133

5.1 Prinzipieller Ablauf der Fehlerdetektion und -isolation 140

6.1 Diagnose des Van-der-Pol-Oszillators: Fehler F_1 150

6.2 Diagnose des Van-der-Pol-Oszillators: Fehler F_2 150

6.3 Diagnose des Van-der-Pol-Oszillators: Fehler F_3 152

6.4 Diagnose des Van-der-Pol-Oszillators: unbekannter Fehler 152

6.5 Diagnose des Van-der-Pol-Oszillators: Fehler F_2, Verwendung eines TM-Beobachters ohne zweite Mengendarstellung 153

6.6 Diagnose des Feder-Masse-Dämpfers: Fehler F_1 155

6.7 Diagnose des Feder-Masse-Dämpfers: Fehler F_2 157

6.8 Laboraufbau eines inversen Pendels 158

6.9 Schematische Zeichnung des inversen Pendels 159

6.10 Messdaten des inversen Pendels im fehlerfreien Fall 161

6.11 Diagnose des inversen Pendels: fehlerfreier Fall 164

6.11 Diagnose des inversen Pendels: fehlerfreier Fall (Fortsetzung) 165

6.12 Diagnose des inversen Pendels: Fehler F_1 167

6.13 Diagnose des inversen Pendels: Fehler F_2 168

6.14 Abgasrückführung mit Ansaugluft-Drosselklappe 169

6.15 Ansaugluft-Drosselklappe im Fahrzeug 170

6.16 Aufbau der Ansaugluft-Drosselklappe 171

6.17 ALD-Messdaten aus dem Laborversuch 174

6.18 ALD-Messdaten aus einer Versuchsfahrt 174

6.19 ALD-Diagnoseergebnisse im Laborversuch: fehlerfreier Fall 176

6.20 ALD-Diagnoseergebnisse im Laborversuch: Fehler F_1 176

6.21 ALD-Diagnoseergebnisse im Laborversuch: Fehler F_2 177

6.22 ALD-Diagnoseergebnisse im Laborversuch: Fehler F_3 177

6.23 ALD-Diagnoseergebnisse im Laborversuch: Fehler F_4 178

6.24 ALD-Diagnoseergebnisse im Fahrversuch: fehlerfreier Fall 180

6.25 ALD-Diagnoseergebnisse im Fahrversuch: Fehler F_1 180

6.26 ALD-Diagnoseergebnisse im Fahrversuch: Fehler F_2 181

6.27 ALD-Diagnoseergebnisse im Fahrversuch: Fehler F_3 181

Nomenklatur

In dieser Arbeit sind Vektoren und Matrizen zur Unterscheidung von skalaren Größen im Fettdruck gesetzt. Kalligraphische Schriftzeichen kennzeichnen Mengen.

Produktnamen sind durch Kapitälchen hervorgehoben.

Symbole und Formelzeichen

Operatoren und Funktionen

$\lvert x \rvert$	Betrag einer reellen Zahl x
$\lfloor x \rfloor = \max\limits_{k \in \mathbb{Z},\, k \leq x}(k)$	Abrundungsfunktion
$\lceil x \rceil = \min\limits_{k \in \mathbb{Z},\, k \geq x}(k)$	Aufrundungsfunktion
$\lVert \cdot \rVert_2$	Euklidische Norm eines Vektors oder einer Matrix
$\lVert \cdot \rVert_\infty$	Maximumnorm eines Vektors oder einer Matrix
$\mathrm{diag}(\boldsymbol{a})$	Diagonalmatrix mit a_i als Hauptdiagonalelementen
$\boldsymbol{A}^{\mathrm{T}}$	Transponierte der Matrix $\boldsymbol{A}$
$\det(\boldsymbol{A})$	Determinante der Matrix $\boldsymbol{A}$
$\inf([x]) = \underline{x}$	Infimum / Minimum des Intervalls $[x]$
$\sup([x]) = \overline{x}$	Supremum / Maximum des Intervalls $[x]$
$\widehat{x}$	Mittelpunkt des Intervalls $[x]$
$\mathrm{mag}([x])$	Größe des Intervalls $[x]$
$\mathrm{w}([x])$	Breite des Intervalls $[x]$
$\langle x(t_k) \rangle_i = \frac{1}{i!}\frac{d^i}{dt^i} x(t_k)$	i-ter Koeffizient der Taylor-Reihe von $x(t)$ um $t = t_k$
$\Phi\{\,\cdot\,\}$	Integraloperator zur Lösungseinschließung mit Taylor-Modellen
$\mathrm{bd}(\mathcal{T})$	Wertebereichseinschließung des Taylor-Modells $\mathcal{T}$

Mengensymbole

$\Delta\boldsymbol{u}$	Eingangsunsicherheit
$\boldsymbol{\mathcal{U}}(t_k) \subset \mathbb{R}^p$	Eingangsmenge zum Zeitpunkt t_k beziehungsweise für das Zeitintervall $[t_k, t_{k+1}]$
$\boldsymbol{\mathcal{X}}(t_k) \subset \mathbb{R}^n$	Zustandsmenge zum Zeitpunkt t_k
$\boldsymbol{\mathcal{X}}_\mathrm{m}(t_k) \subset \mathbb{R}^n$	Messmenge zum Zeitpunkt t_k
$\boldsymbol{\mathcal{X}}_\mathrm{p}(t_k) \subset \mathbb{R}^n$	prädizierte Zustandsmenge zum Zeitpunkt t_k
$\boldsymbol{\mathcal{X}}_\mathrm{s}(t_k) \subset \mathbb{R}^n$	Einschließung der Schnittmenge $\boldsymbol{\mathcal{X}}_\mathrm{p} \cap \boldsymbol{\mathcal{X}}_\mathrm{m}$ zum Zeitpunkt t_k
$\Delta\boldsymbol{y}$	Ausgangsunsicherheit
$\boldsymbol{\mathcal{Y}}(t_k) \subset \mathbb{R}^q$	Ausgangsmenge zum Zeitpunkt t_k
$\boldsymbol{\mathcal{Z}} \subset \mathbb{R}^r$	Unsicherheitsbehaftete Modellparameter
$[\boldsymbol{x}]$	Intervallvektor
$[\boldsymbol{A}]$	Intervallmatrix
$\boldsymbol{\mathcal{D}} \subset \mathbb{R}^{n+p+r}$	Definitionsbereich eines Taylor-Modells
$\boldsymbol{\mathcal{P}}$	Polynomanteil eines Taylor-Modells
$\boldsymbol{\mathcal{N}}$	nichtlinearer Polynomanteil eines Taylor-Modells
$\boldsymbol{\mathcal{I}}$	Intervallrest eines Taylor-Modells
$\boldsymbol{\mathcal{T}} = \boldsymbol{\mathcal{P}} + \boldsymbol{\mathcal{I}}$	Taylor-Modell
$\boldsymbol{\mathcal{T}}_\mathrm{a} = \boldsymbol{\mathcal{P}}_\mathrm{a} + \boldsymbol{\mathcal{I}}_\mathrm{a}$	äußeres Taylor-Modell
$\boldsymbol{\mathcal{T}}_\mathrm{i} = \boldsymbol{\mathcal{P}}_\mathrm{i} + \boldsymbol{\mathcal{I}}_\mathrm{i}$	inneres Taylor-Modell
$\boldsymbol{\mathcal{T}}_\mathrm{p} = \boldsymbol{\mathcal{P}}_\mathrm{p} + \boldsymbol{\mathcal{I}}_\mathrm{p}$	prädiziertes Taylor-Modell
$\mathbb{N}$	Menge der natürlichen Zahlen
$\mathbb{Z}$	Menge der ganzen Zahlen
$\mathbb{R}$	Menge der reellen Zahlen
$\mathbb{IR}$	Menge der reellen Intervalle
$\boldsymbol{\mathcal{M}}$	Teilmenge eines Banachraums
$\boldsymbol{\mathcal{F}}$	Fehlerliste

Zustandsraumdarstellungen

$\boldsymbol{u}(t) \in \mathbb{R}^p$	Eingangsgröße
$\boldsymbol{x}(t) \in \mathbb{R}^n$	Zustandsgröße

$\boldsymbol{y}(t) \in \mathbb{R}^q$	Ausgangsgröße
$\boldsymbol{z} \in \mathbb{R}^r$	Modellparameter
$\boldsymbol{f}(\cdot) \in \mathbb{R}^n$	Systemfunktion
$\boldsymbol{g}(\cdot) \in \mathbb{R}^q$	Ausgangsfunktion
$\boldsymbol{A} \in \mathbb{R}^{n \times n}$	Dynamikmatrix eines linearen Systems
$\boldsymbol{B} \in \mathbb{R}^{n \times p}$	Eingangsmatrix eines linearen Systems
$\boldsymbol{C} \in \mathbb{R}^{q \times n}$	Ausgangsmatrix eines linearen Systems
$\boldsymbol{D} \in \mathbb{R}^{q \times p}$	Durchgriffsmatrix eines linearen Systems

Zeit

t	Zeit
t_k	k-ter Abtastpunkt ($k \in \mathbb{N}$)
T_A	Abtastzeit
t_f	Zeitpunkt, zu dem ein Fehler auftritt (üblicherweise unbekannt)
t_d	Zeitpunkt, zu dem ein Fehler detektiert wird
t_i	Zeitpunkt, zu dem ein Fehler isoliert wird

Abkürzungen

IHO	Intervall-Hermite-Obreschkoff
TM	Taylor-Modell
PIGS-Verfahren	Präkonditioniertes Intervall-Gauß-Seidel-Verfahren
FDI	Fehlerdetektion und -isolation
AGR	Abgasrückführung
ALD	Ansaugluft-Drosselklappe
CAN	Controller Area Network (vor allem im Automobilbereich verbreitetes Bussystem)
OBD	On-Board-Diagnose
VTG	Variable Turbinen-Geometrie (eine Vorrichtung zur leistungsabhängigen Verstellung der Leitschaufeln von Turboladern)

Literaturverzeichnis

[Aßf09]   Aßfalg, Jochen: *Robust Fault Detection and Isolation of Nonlinear Systems with Augmented State Models*. Dissertation, Universität Stuttgart, 2009.

[Bee06]   Beelitz, Thomas: *Effiziente Methoden zum Verifizierten Lösen von Optimierungsaufgaben und Nichtlinearen Gleichungssystemen*. Dissertation, Universität Wuppertal, 2006.

[Ber97]   Berz, Martin: *From Taylor Series to Taylor Models*. In: *AIP Conference Proceedings*, Band 405, Seiten 1–23, 1997.

[BKLS06]   Blanke, Mogens; Kinnaert, Michel; Lunze, Jan; Staroswiecki, Marcel: *Diagnosis and Fault-Tolerant Control*. Springer, Berlin, 2. Auflage, 2006.

[BM98]   Berz, Martin; Makino, Kyoko: *Verified Integration of ODEs and Flows Using Differential Algebraic Methods on High-Order Taylor Models*. In: *Reliable Computing*, Band 4, Seiten 361–369, 1998.

[BM04]   Berz, Martin; Makino, Kyoko: *Higher Order Multivariate Automatic Differentiation and Validated Computation of Remainder Bounds*. In: *Transactions on Mathematics*, Band 3, Seiten 37–44, 2004.

[BM05]   Berz, Martin; Makino, Kyoko: *Suppression of the Wrapping Effect by Taylor Model-Based Verified Integrators: Long-Term Stabilization by Shrink Wrapping*. In: *International Journal of Differential Equations and Applications*, Band 10, Nr. 4, Seiten 385–403, 2005.

[Boc66]   Boche, Ray: *Complex Interval Arithmetic With Some Applications*. Technischer Bericht LMSC4-22-66-1, Lockheed Aircraft Corporation, Missiles and Space Division, Sunnyvale, 1966.

[BSMM01]   Bronstein, Ilja. N.; Semendjajew, Konstantin A.; Musiol, Gerhard; Mühlig, Heiner: *Taschenbuch der Mathematik*. Harri Deutsch, Frankfurt, 5. überarbeitete und erweiterte Auflage, 2001.

[Buc10]   Buchholz, Michael: *Subspace-Identification zur Modellierung von PEM-Brennstoffzellen-Stacks*, Band 07 der Reihe *Schriften des Instituts für Regelungs- und Steuerungssysteme, Karlsruher Institut für Technologie*. KIT Scientific Publishing, Karlsruhe, 2010.

[Com05]   Combastel, Christophe: *A State Bounding Observer for Uncertain Non-linear Continuous-Time Systems Based on Zonotopes.* In: *Proceedings of the 44th IEEE Conference on Decision and Control and the European Control Conference*, Seiten 7228–7234, Sevilla, 2005.

[CP99]   Chen, Jie; Patton, Ron J.: *Robust Model-Based Fault Diagnosis for Dynamic Systems.* Kluwer Academic, Boston, 1999.

[CR96]   Corliss, George F.; Rihm, Robert: *Validating an A Priori Enclosure Using High-Order Taylor Series.* In: Alefeld, Götz; Frommer, Andreas (Herausgeber): *Scientific Computing, Computer Arithmetic, and Validated Numerics*, Seiten 228–238, Akademie Verlag, Berlin, 1996.

[DFN⁺05]   Doll, Gerhard; Fausten, Hans; Noell, Roland; Schommers, Joachim; Spengel, Christoph; Werner, Peter: *Der neue V6-Dieselmotor von Mercedes-Benz.* In: *MTZ - Motortechnische Zeitschrift*, Band 66, Seiten 624–634, Vieweg, Wiesbaden, 2005.

[Din08]   Ding, Steven X.: *Model-Based Fault Diagnosis Techniques: Design Schemes, Algorithms and Tools.* Springer, Berlin, 2008.

[DP80]   Dormand, John R.; Prince, Peter J.: *A Family of Embedded Runge-Kutta Formulae.* In: *Journal of Computational and Applied Mathematics*, Band 6, Nr. 1, Seiten 19–26, 1980.

[Ebl07]   Eble, Ingo: *Über Taylor-Modelle.* Dissertation, Universität Karlsruhe, 2007.

[Eij81]   Eijgenraam, P.: *The Solution of Initial Value Problems Using Interval Arithmetic.* Nummer 144 in Mathematical Centre Tracts, Stichting Mathematisch Centrum, Amsterdam, 1981.

[Feß10]   Feßler, Dirk K.: *Modellbasierte On-Board-Diagnoseverfahren für Drei-Wege-Katalysatoren*, Band 08 der Reihe *Schriften des Instituts für Regelungs- und Steuerungssysteme, Karlsruher Institut für Technologie.* KIT Scientific Publishing, Karlsruhe, erscheint 2010.

[Föl93]   Föllinger, Otto: *Lineare Abtastsysteme.* Oldenbourg, München, 5. Auflage, 1993.

[Föl94]   Föllinger, Otto: *Regelungstechnik.* Hüthig, Heidelberg, 8. überarbeitete Auflage, 1994.

[Fra90]   Frank, Paul M.: *Fault Diagnosis in Dynamic System Using Analytical and Knowledge-Based Redundancy - A Survey and Some New Results.* In: *Automatica*, Band 26, Nr. 3, Seiten 459–474, 1990.

[Fra94]   Frank, Paul M.: *Diagnoseverfahren in der Automatisierungstechnik.* In: *at – Automatisierungstechnik*, Band 42, Nr. 2, Seiten 47–64, 1994.

[Ger98]   Gertler, Janos J.: *Fault Detection and Diagnosis in Engineering Systems.* Marcel Dekker, New York, 1998.

[Gol91]   Goldberg, David: *What Every Computer Scientist Should Know About Floating-Point Arithmetic*. In: *ACM Computing Surveys*, Band 23, Nr. 1, Seiten 5–48, 1991.

[Gri95]   Griewank, Andreas: *ODE Solving via Automatic Differentiation and Rational Prediction*. In: Griffiths, David F.; Watson, George A. (Herausgeber): *Numerical Analysis 1995*, Band 344 der Reihe *Pitman Research Notes in Mathematics Series*, Seiten 36–56, Addison-Wesley Longman Ltd., Harlow, 1995.

[Gri00]   Griewank, Andreas: *Evaluating Derivatives: Principles and Techniques of Algorithmic Differentiation*. SIAM, Philadelphia, 2000.

[Gri02]   Grießer, Martin: *Verfahren und Vorrichtung zur Erkennung eines Druckverlustes von Reifen in Kraftfahrzeugen und dessen/deren Verwendung*, 24.01.2002. Schutzrecht DE 100 58 140 A1, Anmelder: Continental Teves.

[GVL96]   Golub, Gene H.; Van Loan, Charles F.: *Matrix Computations*. The Johns Hopkins University Press, Baltimore, 3. Auflage, 1996.

[Has08]   Haschka, Markus S.: *Online-Identifikation fraktionaler Impedanzmodelle für die Hochtemperaturbrennstoffzelle SOFC*, Band 04 der Reihe *Schriften des Instituts für Regelungs- und Steuerungssysteme, Universität Karlsruhe (TH)*. Universitätsverlag Karlsruhe, Karlsruhe, 2008.

[Hoe01]   Hoefkens, Jens: *Rigorous Numerical Analysis With High-Order Taylor Models*. Dissertation, Michigan State University, 2001.

[IB97]   Isermann, Rolf; Ballé, Peter: *Trends in the Application of Model-Based Fault Detection and Diagnosis of Technical Processes*. In: *Control Engineering Practice*, Band 5, Nr. 5, Seiten 709–719, 1997.

[Ise97]   Isermann, Rolf: *Supervision, Fault Detection and Fault Diagnosis Methods - an Introduction*. In: *Control Engineering Practice*, Band 5, Nr. 5, Seiten 639–652, 1997.

[Ise06]   Isermann, Rolf: *Fault Diagnosis Systems: An Introduction from Fault Detection to Fault Tolerance*. Springer, Berlin, 2006.

[JKDW01]   Jaulin, Luc; Kieffer, Michel; Didrit, Olivier; Walter, Éric: *Applied Interval Analysis*. Springer, London, 2001.

[JW00]   Jondral, Friedrich; Wiesler, Anne: *Grundlagen der Wahrscheinlichkeitsrechnung und stochastischer Prozesse für Ingenieure*. Vieweg+Teubner, Wiesbaden, 2000.

[Kal60]   Kalman, Rudolf E.: *A new Approach to Linear Filtering and Prediction Problems*. In: *Transactions of the ASME - Journal of Basic Engineering*, Band 82, Seiten 34–45, 1960.

[Kap05]   Kaplan, Michael: *Computeralgebra*. Springer, Berlin, 2005.

[Kie97]   Kiencke, Uwe: *Ereignisdiskrete Systeme: Modellierung und Steuerung verteilter Systeme*. Oldenbourg, München, 1997.

[Knü99]   Knüppel, Olaf: PROFIL/BIAS: *Programmer's Runtime Optimized Fast Interval Library & Basic Interval Arithmetic Subroutines*. Technischer Bericht, Institut für zuverlässiges Rechnen, Technische Universität Hamburg-Harburg, 1999.

[KRAH06]   Kletting, Marco; Rauh, Andreas; Aschemann, Harald; Hofer, Eberhard P.: *Interval Observer Design Based on Taylor Models for Nonlinear Uncertain Continuous-Time Systems*. In: *Proceedings of the 12th GAMM-IMACS International Symposium on Scientific Computing, Computer Arithmetic and Validated Numerics (SCAN)*, Duisburg, 2006.

[Kre80]   Krebs, Volker G.: *Nichtlineare Filterung*. Oldenbourg, München, 1980.

[LC09]   de León Cantón, Plinio: *Dependable Control of Uncertain Linear Systems Based on Set-Theoretic Methods*. Shaker, Aachen, 2009.

[Lin01]   Lindemann, Michael: *Erkennung von Verbrennungsaussetzern mit Hilfe von Klopfsensoren*, Band 464 der Reihe *Fortschritt-Berichte VDI, Reihe 12*. VDI Verlag, Düsseldorf, 2001.

[Loh88]   Lohner, Rudolf: *Einschließung der Lösung gewöhnlicher Anfangs- und Randwertaufgaben und Anwendungen*. Dissertation, Universität Karlsruhe (TH), Karlsruhe, 1988.

[LS07a]   Lin, Youdong; Stadtherr, Mark A.: *Guaranteed State and Parameter Estimation for Nonlinear Continuous-Time Systems With Bounded-Error Measurements*. In: *Industrial & Engineering Chemistry Research*, Band 46, Nr. 22, Seiten 7198–7207, 2007.

[LS07b]   Lin, Youdong; Stadtherr, Mark A.: *Validated Solutions of Initial Value Problems for Parametric ODEs*. In: *Applied Numerical Mathematics*, Band 57, Nr. 10, Seiten 1145–1162, 2007.

[LS08]   Lin, Youdong; Stadtherr, Mark A.: *Fault Detection in Nonlinear Continuous-Time Systems with Uncertain Parameters*. In: *American Institute of Chemical Engineers Journal*, Band 54, Nr. 9, Seiten 2335–2345, 2008.

[Lun06]   Lunze, Jan: *Ereignisdiskrete Systeme: Modellierung und Analyse dynamischer Systeme mit Automaten, Markovketten und Petrinetzen*. Oldenbourg, München, 2006.

[Lun08a]   Lunze, Jan: *Regelungstechnik, Band 1*. Springer, Berlin, 7., neu bearbeitete Auflage, 2008.

[Lun08b]   Lunze, Jan: *Regelungstechnik, Band 2*. Springer, Berlin, 5., neu bearbeitete Auflage, 2008.

[Mak98]   Makino, Kyoko: *Rigorous Analysis of Nonlinear Motion in Particle Accelerators*. Dissertation, Michigan State University, 1998.

[Mat10]   Matlab: *The Mathworks: Matlab Online-Hilfe.* `http://www.mathworks.com/access/helpdesk/help/techdoc/`, zuletzt besucht im Februar 2010.

[MB96]   Makino, Kyoko; Berz, Martin: *Remainder Differential Algebras and their Applications.* In: *Computational Differentiation: Techniques, Applications, and Tools,* Seiten 63–75, SIAM, 1996.

[MB99]   Makino, Kyoko; Berz, Martin: *Efficient Control of the Dependency Problem Based on Taylor Model Methods.* In: *Reliable Computing,* Band 5, Seiten 3–12, 1999.

[MB03]   Makino, Kyoko; Berz, Martin: *Taylor Models and Other Validated Functional Inclusion Methods.* In: *International Journal of Pure and Applied Mathematics,* Band 4, Seiten 379–456, 2003.

[MB05]   Makino, Kyoko; Berz, Martin: *Suppression of the Wrapping Effect by Taylor Model-Based Verified Integrators: Long-Term Stabilization by Preconditioning.* In: *International Journal of Differential Equations and Applications,* Band 10, Nr. 4, Seiten 353–384, 2005.

[Mün06]   Münz, Eberhard: *Identifikation und Diagnose Hybrider Dynamischer Systeme,* Band 01 der Reihe *Schriften des Instituts für Regelungs- und Steuerungssysteme, Universität Karlsruhe (TH).* Universitätsverlag Karlsruhe, Karlsruhe, 2006.

[Moo59]   Moore, Ramon E.: *Automatic Error Analysis in Digital Computation.* Technischer Bericht LMSD84821, Lockheed Aircraft Corporation, Missiles and Space Division, Sunnyvale, 1959.

[Moo62]   Moore, Ramon E.: *Interval Arithmetic and Automatic Error Analysis in Digital Computing.* Dissertation, Stanford University, 1962.

[Moo66]   Moore, Ramon E.: *Interval Analysis.* Prentice-Hall, Englewood Cliffs, 1966.

[MW99]   Merziger, Gerhard; Wirth, Thomas: *Repetitorium der höheren Mathematik.* Binomi, Springe, 4. Auflage, 1999.

[Ned99]   Nedialkov, Nedialko S.: *Computing Rigorous Bounds on the Solution of an Initial Value Problem for an Ordinary Differential Equation.* Dissertation, University of Toronto, 1999.

[Ned06]   Nedialkov, Nedialko S.: *VNODE-LP: A Validated Solver for Initial Value Problems in Ordinary Differential Equations.* Technischer Bericht, Department of Computing and Software, McMaster University, Hamilton, 2006.

[Neu02]   Neumaier, Arnold: *Taylor Forms - Use and Limits*. In: *Reliable Computing*, Band 9, Nr. 9, Seiten 43–79, 2002.

[NJN07]   Neher, Markus; Jackson, Kenneth R.; Nedialkov, Nedialko S.: *On Taylor Model Based Integration of ODEs*. In: *SIAM Journal on Numerical Analysis*, Band 45, Nr. 1, Seiten 236–262, 2007.

[NJP01]   Nedialkov, Nedialko S.; Jackson, Kenneth R.; Pryce, John D.: *An Effective High-Order Interval Method for Validating Existence and Uniqueness of the Solution of an IVP for an ODE*. In: *Reliable Computing*, Band 7, Nr. 6, Seiten 449–465, 2001.

[Nyb99]   Nyberg, Matthias: *Model Based Fault Diagnosis – Methods, Theory and Automotive Engine Applications*, Band 591 der Reihe *Linköping Studies in Science and Technology*. Department of Electrical Engineering, Linköping University, Linköping, 1999.

[OAW⁺98]   Olsson, Henrik; Aström, Karl J.; Canudas de Wit, Carlos; Gäfvert, Magnus; Lischinski, Pablo: *Friction Models and Friction Compensation*. In: *European Journal of Control*, Band 4, Seiten 176–195, 1998.

[Obr40]   Obreschkoff, N.: *Neue Quadraturformeln*. In: *Abhandlungen der Preußischen Akademie der Wissenschaften*, Band 4, Verlag der Akademie der Wissenschaften, Berlin, 1940.

[PFC00]   Patton, Ron J.; Frank, Paul M.; Clark, Robert N.: *Issues of Fault Diagnosis for Dynamic Systems*. Springer, Berlin, 2000.

[PL06]   Planchon, Philippe; Lunze, Jan: *Robust Diagnosis Using State-Set Observation*. In: *Proceedings of the 6th IFAC Symposium on Fault Detection, Supervision and Safety for Technical Processes (SAFEPROCESS)*, Seiten 1459–1464, Beijing, 2006.

[Pla07]   Planchon, Philippe: *Guaranteed Diagnosis of Uncertain Linear Systems Using State-Set Observation*. Logos, Berlin, 2007.

[PQEH02]   Puig, Vicenç; Quevedo, Joseba; Escobet, Teresa; de la Heras, Salvador: *Passive Robust Fault Detection Approaches Using Interval Models*. In: *Proceedings of the 15th IFAC World Congress*, Seiten 443–448, Barcelona, 2002.

[PQT00]   Puig, Vicenç; Quevedo, Joseba; Tornil, Sebastián: *Robust Fault Detection: Active Versus Passive Approaches*. In: *Proceedings of the 4th IFAC Symposium on Fault Detection, Supervision and Safety for Technical Processes (SAFEPROCESS)*, Seiten 155–161, Budapest, 2000.

[PS00]   Peña, Juan M.; Sauer, Thomas: *On the Multivariate Horner Scheme*. In: *SIAM Journal on Numerical Analysis*, Band 37, Nr. 4, Seiten 1186–1197, 2000.

[PSE+06]   Puig, Vicenç; Stancu, Alexandru; Escobet, Teresa; Nejjari, Fatiha; Quevedo, Joseba; Patton, Ron J.: *Passive Robust Fault Detection Using Interval Observers: Application to the DAMADICS benchmark problem.* In: *Control Engineering Practice*, Band 14, Seiten 621–633, 2006.

[Rau08]   Rauh, Andreas: *Theorie und Anwendung von Intervallmethoden für Analyse und Entwurf robuster und optimaler Regelungen dynamischer Systeme*, Band 1148 der Reihe *Fortschritt-Berichte VDI, Reihe 8*. VDI Verlag, Düsseldorf, 2008.

[RMB05]   Revol, Nathalie; Makino, Kyoko; Berz, Martin: *Taylor Models and Floating-Point Arithmetic: Proof That Arithmetic Operations Are Validated in* COSY. In: *Journal of Logic and Algebraic Programming*, Band 64, Seiten 135–154, 2005.

[RRC05]   Raïssi, Tarek; Ramdani, Nacim; Candau, Yves: *Bounded Error Moving Horizon State Estimator for Non-Linear Continuous-Time Systems: Application to a Bioprocess System.* In: *Journal of Process Control*, Band 15, Seiten 537 – 545, 2005.

[Rum99]   Rump, Siegfried M.: *INTLAB - INTerval LABoratory.* In: Csendes, Tibor (Herausgeber): *Developments in Reliable Computing*, Seiten 77–104, Kluwer Academic Publishers, Dordrecht, 1999. http://www.ti3.tu-harburg.de/rump/, zuletzt besucht im Februar 2010.

[SB00]   Stoer, Josef; Bulirsch, Roland: *Numerische Mathematik, Band 2.* Springer, Berlin, 4. neu bearbeitete und erweiterte Auflage, 2000.

[WK09]   Wolff, Florian; Krebs, Volker G.: *Nonlinear Set Observation for Consistency-Based Diagnosis Using Implicit Interval Methods.* In: *Proceedings of the 7th IFAC Symposium on Fault Detection, Supervision and Safety for Technical Processes (SAFEPROCESS)*, Seiten 1204–1209, Barcelona, 2009.

[WKK08]   Wolff, Florian; Krutina, Patrick; Krebs, Volker G.: *Robust Consistency-Based Diagnosis of Nonlinear Systems by Set Observation.* In: *Proceedings of the 17th IFAC World Congress*, Seiten 10124–10129, Seoul, 2008.

[Wol05]   Wolff, Florian: *Modellierung und Regelung von inversen Pendeln.* Studienarbeit 183, Universität Karlsruhe, 2005.

[Zan06]   van Zanten, Anton: *Elektronisches Stabilitätsprogramm (ESP).* In: Isermann, Rolf (Herausgeber): *Fahrdynamik-Regelung - Modellbildung, Fahrerassistenzsysteme, Mechatronik*, Seiten 169–212, Vieweg, Wiesbaden, 2006.